ものと人間の文化史

119

有用植物

菅　洋

法政大学出版局

温帯から熱帯までの豊富な果物がみられるメキシコの市場（本文221ページ）

メキシコにおけるサボテン栽培（上）と果実の軟毛を除く作業風景（下）（本文20ページ）

メキシコの農科大学にある像の足元にパイナップルがある（本文231ページ）

白山だだちゃ豆記念碑（同碑建設委員会，2002年）（本文201－2ページ）

目次

序章　有用植物とは何か　1
第一章　メキシコの民族植物学　11
マゲイ（竜舌蘭）　12
プルケ　12　メスカル　15　マゲイからとる繊維　18
サボテン　20
ゴム——マヤ・アステカの球技　25
アステカの栄養論争　27
トウモロコシとインゲンマメ　34
トウモロコシの起源　34　多様な用途　37　インゲンマメの起源　39
カカオとバニラ　43
カボチャ　46

チャヨーテ 49
トウガラシ 50
アボカド 52
サツマイモ 54
ヒカマ 58
ウアウトリ（アマランサス） 59
トマテとヒトマテ 61

第二章　日本の民族植物学 67

ワサビ 68
アサツキ 69
ユリ類 70
ワラビ 72
フキ 73
セリ 74

ジュンサイ　76
サンショウ　77
ミョウガ　78
オカヒジキ　78
ウド　80
ミツバ　81
ツルナ　81
ハマボウフウ　82
タデ　83
マツナ　83
ツクシ　84
ヤマゴボウ（ゴボウアザミ）　85
日本ナシ　86
カキ　88
日本クリ　92

第三章　多様な有用植物　97

嗜好料植物　97
コーヒー　97　チャ　105　コーラとガラーナ　109
甘味料作物　110
サトウキビ　111　サトウダイコン（テンサイ）　114　サトウカエデとサトウヤシ　116　ステビア　117　甘味成分を持つ有用植物の探索　118
ゴムは跳ねる　119
ゴムの特性の発見　119　ゴムと植民地　120
繊維をとる原料植物　122
ワタ——繊維植物の王様　124　木になるワタ——カポック　128　タイマ（アサ）とアマ　129　ラミー（からむし、苧麻）　132　イグサとシチトウイ　132　リュウゼツラン類とマニラ麻（アバカ）　134　ケナフ　135　製紙に使われる植物　135
油をとる植物　138

サフラワー（ベニバナ） 138　オリーブ 140　ナタネ 142　ゴマ 144　ヒマワリ 145　ヤシ油 146　ラッカセイ 147　ヒマ 148　その他の油料植物 149

第四章　世界の食糧植物 155
コムギ 155
コムギの生物学 155　コムギ栽培のはじまり 160　モチ性コムギの話 161
「緑の革命」余話 163
ジャガイモ 166
オオムギ 169
ライムギ 173
イネ 177
イネの起源と日本への伝来 177　浮きイネ――環境適応の極致 180　さまざまの性質を求めて 183　品種の概念の進化――「ささろまん」に見る 185

第五章　史前帰化植物 189
アズキとリョクトウ 191

ウルシ　193
サトイモとヤマノイモ　194
コンニャク　196
ソバ　197
ダイズ　200
ヒョウタン（ひさご）　202
雑穀類　204
ヒエ　204　アワ　206　キビ　208
クワ　209
ダイコンとカブ　210
ウリ　215
ハス　217

第六章　果実の利用　221

ナツメヤシ（デーツ）　222

イチジク　224
パンの木　227
パイナップル　229
柑橘類　233
バナナ　239
リンゴ　242
ブドウ　245
モモとアーモンド　252
セイヨウナシ　255
オウトウ　256
ウメ　257
クルミとイチョウ　258
キウイフルーツ　260
マンゴーとパパイヤ　261

グアバ　264
ユカタン半島のキッチンガーデン　266

第七章　薬用植物　269

タバコ　269
アルカロイドなどを生産する薬用植物　273
ヤクヨウニンジン　278
洗濯に使う植物　279
染料とする植物　280

第八章　ハーブと香辛料植物　283

大航海時代の幕あけ　283
コショウ　285
ナツメグ　286
シナモン　287
クローブ（チョウジ）　288

アブラナ科の香辛料　289
ハッカ　290
ラベンダー　291
ホップ　292

第九章　有用植物ア・ラ・カルト　295
アーテチョーク　295
原料作物としてのサツマイモ　297
シンボル（紋章）としての植物　298
クワイとチョロギ——めでたい縁起物　301

終　章　二一世紀型の有用植物　305

あとがき　311

序章　有用植物とは何か

有用植物とは何か。第一義的には読んで字の通り、人間が用があって利用する植物、すなわち別言すれば辞典に言う「役に立つ」植物のことである。その用とは生存に必須な最低の条件を満たすのに必要なものから、必要度の低いサブ・カルチャー的な植物もある。昔、子供の「ままごと遊び」で地面に敷いたゴザに座った子供が、近くにある雑草の花、たとえばイヌタデの花を摘んできて、食事の用意を模擬する。これらの雑草とて、その時は用を足している。そういう意味では、有用植物とも言える。もっとも、近頃は、このイヌタデさえも山野草ブームで、矮性のヒメイヌタデの鉢植えを観賞用に、ホーム・センターなどで売っているのを見かけることもある。また、ビニール・シートのない時代、子供が「ままごと遊び」に使うゴザは、畳替えで不要となった古い畳表を捨てないで使う場合も多かった。

森に生息するチンパンジーは、小枝を取って木の洞の中のミツバチの巣から蜂蜜を取り出したり、あるいは体の具合の悪い時には特別の植物を取ってたべるという。明らかに、薬草として役に立てているのである。このように、類人猿さえも用を足すために、植物を利用することがある。

また、人間は自然の草木を見て癒される。花卉園芸の起源もここにあるのだろう。そうなると、山野に生える一草一木のどれも無用な存在とは言えないだろう。このように、範囲を拡大していけば、どのような植物もすべて有用である。しかし、さしあたりそこまで定義を拡大する必要はないだろう。大体、この地球、特に熱帯降雨林あたりには、まだ人間が記載もしていない未発見の新種植物が多く存在していると言われ、しかもそのあるものは人間が発見して記載する前に絶滅してしまうものさえもあると考えられている。

このように有用植物というと漠然と「人間の役に立つ植物」のことだろうというくらいの一般的な合意は成立するとしても、その範囲をどこまで拡大するかとなると、定義には意外な困難に出会うのである。

アメリカで発行されている歴史ある学術雑誌に *Economic Botany* がある。この雑誌の題名は直訳すれば「経済的植物学」となるが、私の感覚では「有用植物学」に非常に近い。アメリカ的プラグマティズムから言えば、経済的に価値のある植物という意味かも知れないが、毎号掲載される論文は地球上の民族的文化と関連した多様な植物の植物学、生態学、利用法、遺伝学、文化との関連などが主体である。すでに文明に取り入れられ、現在重要な栽培植物となっているものを取り扱う場合は、その起源論、進化論、伝播論などが主体である。

そのような論を踏まえて、最大公約数的に有用植物を定義すれば、「人間が生活の用に役立てるため栽培しあるいは自然界から採取する植物」ということができよう。生活の総体が、時間的・空間的ひろがりをもって社会をなし、それが文化を形成する基盤となるので、人間集団の形づくる文化の違いに応じて、その文化圏における有用植物の種類やそれぞれの植物の占める位置が異なるのは当然である。

アフリカに起源したとされる人類が、その地を出て世界の気候帯の異なる各地に拡散し適応し、異なった文化を形成しては消滅し、地層にその痕跡を残した。しかし、地球上の気候は太陽エネルギーの分布の関係上、おおまかには極地、寒帯、温帯、熱帯と昔からそんなに変わっていないので、そこに住んだ人々がそれぞれの気候帯において、そこに適応していた植物の中から選択・選抜し有用植物としてきたのである。しかし、異なった地帯に発生した有用植物が他の地帯の文化の形成や衰退にも大きく関与した場合がある。南米大陸に起源したジャガイモのたどった軌跡などを検証すれば明白である。南米大陸を征服したスペイン人がヨーロッパ世界にもたらしたジャガイモは、最初は珍奇な植物として宮廷の植物園などで栽培されたが、当時導入されたものは現在の品種改良されたジャガイモと違って、現在もアンデス山系で原住民が栽培するものにその原型が存在するように、塊茎の部分的陥没が大きく、したがって表面の凹凸が著しい。これを最初に見た西欧人は、その奇怪な形態に恐れをなし、これを食すると体になんらかの影響が現れると考えたらしい。しかし、やがて寒冷な気候に対する適応性があり、味も悪くなく料理が簡便なことなどが評価され、十七世紀には広く栽培されるようになった。アイルランドに導入され、食糧として多くの人の命を支えたが、一八四五年と翌四六年に病害の発生で収穫できず、それが引き金となって飢餓が起こり、アイルランドからアメリカ新大陸への大量移民のきっかけとなったのは有名な挿話である。

このように、ジャガイモに代表されるイモ類は、水分含量が少なく貯蔵性に富み栄養価も高いムギ類、イネ、トウモロコシに代表される穀物類と共に人類最大の有用植物の一群となったのである。一般に作物と呼ばれる植物は、まず農作物と園芸作物に大別され、前者は食用作物、飼料（および緑肥）作物、工芸作物に三分される。後者は野菜、果樹、観賞（花卉と花木にさらに二分）作物に分けられる。

化学合成の発達する前の、例えば戦前に大学の農学部で講義された作物に関する内容を見れば、主要な有用植物のおおまかなリストを作ることができる。例えば、明峰（一九三三―一九三九年）の調査によって示そう（第1表、八〜九頁）。この表を一覧していると、いろいろのことに気がつく。まず第一に、この表には上の分類でのべた中で観賞作物が入っていない。現代の園芸ブームを考えれば、そのために利用される植物の正確な数は誰にもわからないというのが正しいであろう。明峰氏がその調査対象としなかったらしいのは、むしろ賢明であったと言うべきであろう。（最近の概算では、現在わが国で栽培されている花は四〇〇科、一五〇〇属、五〇〇〇種に達し、しかもこの一〇年間で三〜四割も増加しているという。品種の数は二万種に達するという。）食料としている菌類の数などもこの表では一九三〇年頃の日本で四種とされているが、現代の培養技術の進歩のおかげで、大幅に増加しているはずである。一方、織物の繊維用に利用するために栽培される植物は、戦後は化学繊維の発達によりこの表より大幅に減少しているはずである。大体、もう大学の農学部でさえ工芸作物の講義を止めてしまった所が大部分である。

またこの表には若干解説が必要なものもありそうである。調味料として利用するものの中で、装飾用とあるのは料理などの色どりとして添えられるが、多くは食べないもの（まったく食べないわけではないが）で、例えば、刺身に添えられるシソの花の咲いている花穂とか、フライ類に添えられるパセリなどである。しかし、この表で日本ではその利用が記載されておらず、戦前とはいえ不思議である。繊維として利用するものの中の真田《さなだ》は麦稈真田《ばっかんさなだ》のことで、麦藁帽子を編むのに使った。麦稈はまたストローとして珍重されたが、現代ではほとんどすべてプラスチックに代わってしまった。また技工用とは、手芸的なものに使用されたものであるが、私は一九七五年頃メキシコの国立人類学博物館の売店で、「トウモロコシの神」の絵を求めた際、その絵の周りには麦稈で編んだものが額縁風にめぐらされていた。

有用植物の中で、前表で欠けていると思われる最大のものは、観賞作物の他では建築材料に用いられる多様な樹種であろう。造船用の木材などもこの範疇に入るだろう。また、製紙用の植物の数も意外に少ないので、この数については保留が必要のように思われる。

また、見逃せないものに燃料として燃やされる草木がある。ほとんどあらゆる樹木や草本も枯れたり乾燥させると燃料となるので、ここでまた前述したように風景の中にあるすべての植物が燃料として有用植物になってしまうのである。そういうわけで、有用植物とは何かという定義は、最大に拡大した場合にはほとんどすべての植物に還元されてしまうのである。

有用植物はこのように、定義によってはその範囲は制限なしに拡大してしまうので、これを取り上げるには特定の視点を設定することが不可欠となる。一つの方法は、植物間にあまり軽重をつけず記述スペースを限定してその範囲内で要約するもので、例えば、「有用植物図鑑」とか「資源植物図鑑」とか「食用植物図鑑」のように植物図鑑の形式を踏襲し、植物の図の下に簡便な解説を付け加える方法である。この際、範囲を無制限に拡大すればそれは「植物図鑑」そのものに収斂してしまう。しかし、この種の本は必要なときに役にたつが、読み物としての魅力に欠ける。

もう一つの方法は、人間生活への必要度の大きなものを取り上げ、百科事典的に過不足のない解説を加えるもので、農学部などで教科書や参考書として使われるものはこの範疇に入るだろう。しかし、この種の本では取り上げられる植物は重要なものに限られ、記述も概して無味乾燥である。しかし、昔は農学部の教科書として、「食用作物学」「飼料作物学」「工芸作物学」「蔬菜園芸学」「果樹園芸学」「花卉園芸学」などの良い本があったが、多くは絶版となってしまった。現在もこのような題名をつけた本はあるが、現代学生の気質を反映してか一部を除けば記述も大変簡略になってしまった。「工芸作物学」などは本そのものも見かけない。大体、農学部の学生でさえもオオムギとコムギの区別もできないような時代である。この種の本で出色なのは星川清親の『新編食用作物』であろう。これはしかし、一般向きの本ではなく専門家向きの大冊の本であるが、食用となる作物に興味のある人にはたくさんの知識を提供してくれる良い本である。

しかし、私がこの本でめざしたのは、上に挙げたような第一の図鑑的な方法でもないし、また第二の教科書的記述でもない。採用した方法は、文化史、民族植物学を基盤にして人間の生活を主体に、科学史上興味あるエピソードを交え、できる限り一般の人が興味を持って読んでいけるように工夫したつもりである。取り上げた植物はやはり栽培植物を主体としたが、食料としての重要性にしたがって軽重をつける方法は採らなかった。人間がそれぞれ適応して住んだ場所において文明を形づくる上で、どのように植物に依存し、植物は人間との関わり合いでどのように適応し進化して人間の生活を支えたのかなどの視点から記述を進めた。(1~5)

(1) 赤藤克己『改著作物育種学汎論』(養賢堂)、一九五八年。
(2) 星川清親『新編食用作物』(養賢堂)、一九八〇年。
(3) 女子栄養大学出版部編『食用植物図説』(女子栄養大学出版部)、一九七〇年。
(4) 高嶋四郎・傍島善次・村上道夫『標準原色図鑑全集13 有用植物』(保育社)、一九七一年。
(5) 長岡求監修『育ててみたい鉢花五〇〇種』(日本放送出版協会)、二〇〇三年。

第1表　世界と日本で栽培される植物の数（1930年頃）

作物の種類	世界		日本	
	数	比率(%)	数	比率(%)
1　食料として利用	888	39.9	218	45.3
(1)　実の小さい穀類，マメなど	106	4.8	30	6.2
(2)　実の大きなもの	38	1.7		
(3)　根を利用	72	3.2	17	3.5
(4)　地下茎を利用	43	1.9	15	3.1
(5)　地上茎を利用	40	1.8	13	2.7
(6)　葉を利用	149	6.7	51	10.6
(7)　花を利用	22	1.0	8	1.7
(8)　果実を利用	440	19.8	89	18.5
(9)　菌を利用	6	0.3	4	0.8
2　調味料として利用				
(1)　香味を利用	126	5.7	21	4.4
(2)　辛味を利用	31	1.4	9	1.9
(3)　酸味を利用	4	0.2	3	0.6
(4)　甘味を利用	23	1.0	3	0.6
(5)　塩味を利用	1	0.04		
(6)　油味を利用	5	0.2		
(7)　装飾に利用	9	0.4		
3　飼料として利用	327	14.7	45	9.4
(1)　イネ科の草類	164	7.4	21	4.4
(2)　マメ科の植物	110	4.9	10	2.0
(3)　その他	53	2.4	41	8.5
4　嗜好料として利用	70	3.1	15	3.1
(1)　飲料に利用	58	2.4	11	2.3
(2)　喫煙や咀嚼に利用	14	0.6	4	0.8
5　薬用として利用	342	15.4	70	14.6
6　繊維を利用	97	4.4	29	6.0
(1)　織物や縄に利用	62	2.8	13	2.7
(2)　箒などに利用	7	0.2	5	1.0
(3)　筵，茣蓙に利用	18	0.8	9	1.9
(4)　真田や技工に利用	9	0.4	2	0.4
(5)　充塡材に利用	4	0.2		
7　木栓に利用	1	0.04		
8　油料として利用	56	2.5	14	2.9
9　蠟を採るのに利用	6	0.3	1	0.2
10　樹脂，ゴムに利用	10	0.4	1	0.2
11　弾性ゴムに利用	11	0.5		

12	タンニンに利用	14	0.6		
13	製紙に利用	9	0.4	8	1.7
14	糊の原料に利用	7	0.3	5	1.0
15	染料に利用	48	2.2	13	2.7
16	香料に利用	62	2.8	1	0.2
17	石鹼に利用	1	0.1		
18	肥料に利用	81	3.6	24	5.0
19	害虫駆除に利用	4	0.2		
20	魚毒として利用	3	0.1		
	合計	222	100	481	100

明峰〔(1933，1938，1939）は赤藤（1958）による〕を改変，作物の用途をやさしい言葉におきかえ，比率（%）を細部にわたって計算した.

第一章　メキシコの民族植物学

民族植物学とは、ある地域や地方に住むある民族や国民において、そこで彼らが日常に利用している植物が、彼らの先祖により野生状態からどのように栽培化され、その民族の生存をどのように支え、さらにその民族の歴史や文化の発展とどのように関わってきたかを、またそれは現在どのような形で伝承されているかを、植物学、農学の視点のみならず文化人類学、歴史地理学などの視点も加えて考究しようとするものである。

このような立場から見たとき、メキシコはその展示場といってよいほど、その材料が豊富な所である。本書の表題である有用植物という立場からみても、きわめて興味深い素材の数々を提供する。ここでは、そのような立場から、近代になって導入されたような作物は除外して、まさに上に述べた民族植物学の視点から眺めた有用植物について、私が一九七五年から一九七六年にかけてメキシコに滞在したおりの経験や諸先人の記録を参考にしながら述べてみたい。

マゲイ（竜舌蘭）

プルケ

マゲイと呼ばれるヒガンバナ科のメキシコ原産の竜舌蘭は、メキシコにおいて、その民族文化に重要な役割を担っている。その第一は、プルケおよびメスカルと呼ばれるアルコール飲料の原料となり、まさにわが国において、米から作る酒に匹敵する食文化を担っているのである。

プルケは古くから用いられていたことが、古代文明の壁画にも残っている。スペイン人が到着する前のメキシコ中央高原において、アステカ族もプルケを宗教儀式と密着した飲料として用いていた。わが国において米から作る酒が神酒《おみき》として、特に神道とつながりがあったのとも似ている。

ところで、ともにマゲイを材料にするとはいえ、プルケとメスカルには大きな違いがあり、一口に言ってプルケは自然醗酵した酒で、アルコール含量もビール程度であるのにたいして、メスカルは蒸留酒で、同じ竜舌蘭でもメスカルをつくる「種」とプルケをつくる「種」は異なっている場合が多い。有名なテキーラは、大都市グアダラハラの近くのテキーラ村で産するメスカルで、外国ではこれだけが有名になった。つまり、テキーラはメスカルの一種なのである。

アステカ人の言葉であったナワトル語のオクトリ・ポウリキ（腐敗または変質した醗酵酒の意）をスペイン人が誤って聞いたことからプルケという言葉が生まれたという。

プルケがもっともよく作られるのは、マゲイと呼ばれる一群の植物のうちアガベ・アトリビエンスという種で、マゲイのうちでは大型の部類に入る。植え付けて一〇〜一二年くらいで、いわゆる花が咲くため

メキシコのハンドバッグにデザインされたマゲイからのアグアミエルの採取

の花茎が立ってくる。この花茎が伸び始める直前頃に花茎をとり、葉の集合している中央部をえぐり取ると、そこの窪みに植物の液汁がしみだしてきて溜まる。この液汁はアグアミエルと呼ばれるが、これをアココテと称される長い形のヒョウタンを使い吸い取る。このスペイン語はアグアは水、ミエルは蜜、蜂蜜、糖蜜の意味である。アグアミエルと続けた場合、辞書によると一般には蜂蜜水であるが、メキシコでは特別に竜舌蘭水の意味となる。この吸い取る管の中間部に溜まり袋をもうけてあり、朝夕六時頃に一日二回吸い取る。この液汁は一株当たり毎日、二リットルくらいとれるが、大きい多産の株からは八リットルもとれる場合もあるという。これを醱酵させる場所に運び、牛皮の毛のついた面をそのまま上にして敷き詰めた桶に入れる。醱酵は一～四週間かかるが、これは季節により異なっている。私がメキシコで家内に買ったハンドバッグには、この切り取った花茎の窪みに溜まったアグアミエルを吸い取る様子がデザインされて刻まれていた。プルケにはアガベ・アトリビエンスの他にアガベ属の他の種、例えばコンプリカタ、グラシリスピナ、マピサガなどが使われる。これらの植物は、ひこばえを取って増やすが、七～八年から一〇～一二年くらいで成熟して花茎が立ってくる。一度花をつけるとその株は枯れる。このようなタイプの植物を植物学上では、一巡植物という。つまり、種子から種子へ「生活環」が一巡すると枯れるものであり、多くの一年生植物はこれにあたるが、一巡するのに何年かかるかは問題にならない。われわれになじみの深い竹も一巡植物で、めったに花をつけないが六〇年に一度花をつけると言われ、一度花をつけると枯れる。毎年花をつけても枯れない植物は、多巡植物と呼ばれる。多くの多年生植物は多巡植物である。多巡植物には、地上部は毎年枯れるが地下部が生き残る宿根植物や地上部も生き残る樹木がある。普通の果樹は典型的な多巡植物である。

普通、アルコール醱酵させてアルコール飲料を作るには、葡萄汁、麦芽、酵母汁などの糖を含む汁を用いるが、古今東西すべて酵母が使われてきた。酵母はいわゆる真核生物で、遺伝子DNAの入れ物である染色体は、核に収納されている。これに対して、前核生物といわれる細菌、すなわちバクテリアは核を持たず、DNAは細胞の中に拡散して存在する。遺伝子DNAの情報が蛋白質に翻訳される時にその情報を運んだり、その工場になったりするRNAの合成酵素の性質とか、それがDNAに付着する所の構造などが、酵母の場合は高等植物に似たところがある。ところで、メキシコのプルケは前核生物のバクテリアであるザイモモナス細菌でアルコール醱酵が行なわれる珍しい例として知られている。その醱酵の代謝経路すなわち、糖からエタノール（エチルアルコール）に至る道筋は、普通の正常なアルコール醱酵と違い、エントナーとドウドルフが一九五二年に発見したエントナー・ドウドルフ経路といわれる経路をたどる。

普通のアルコール醱酵（解糖）においては、グルコース（ブドウ糖）から、グルコース-一燐酸、グルコース-六燐酸、フルクトース（果糖）-一、六-二燐酸、グリセロアルデヒド-三燐酸を経てピルビン酸になり、最終的にエタノールとなる。これが、エントナー・ドウドルフ経路では、グルコース-六燐酸からグリコン酸-六燐酸となり、これが二-ケト-三-デオキシ-六-フォスフォグルコン酸となってピルビン酸となる。一方、このとき直接ピルビン酸にならず、一度グリセロアルデヒド‐三燐酸を経てピルビン酸になる経路もあり、両方の道筋をたどる。

マゲイの茎をくりぬいて溜まる液汁、すなわちアグアミエルには、糖分が含まれるのでたちまち多くの乳酸菌やその他の微生物が繁殖して、白く濁ってくる。その中の微生物の一つが、ザイモモナス・モビールと言われるアルコール醱酵をする珍しい細菌である。この液汁を上述の牛の皮を張った大きな樽に移すと、バクテリアによる醱酵は終了し、その時から酵母による醱酵が開始される。一週間くらい醱酵すると、アルコールの濃度が四パーセントくらいになる。このアルコール醱酵をする細菌ザイモモナスのザイモは酵母のことで、モナスは棒状のバクテリアのことなので、ザイモモナスはすなわち「酵母みたいな棒状のバクテリア」の意味になる。[1・2] 他にプソドモナス属、リゾビウム属の好気性細菌にもこの経路でアルコール醱酵を行なうものがある。

メスカル

メスカルの語源は、アステカの言葉であるナワトル語のメトル（竜舌蘭一般の呼び名）とイスカリ（料理するとか、焼くとかの意味）からきているらしい。この言葉はしかし、メスカル飲料のみならず、竜舌蘭それ自体にも用いられた。メスカルは、自然醱酵酒であるプルケを蒸留し、もっとアルコール濃度を高くしたもので、これを始めたのはスペイン人であった。メキシコに来たスペイン人は母国で強い酒を飲んでいたため、プルケ程度のアルコール含量では満足しなかったらしい。アルコール濃度を一四パーセントより高めたいときは、醱酵により得られたものを蒸留する。水の沸点は一〇〇度であるが、エチルアルコールのそれは七八・三度である。醱酵した液には水の沸点より沸点が低い他の種々の物質が含まれ、これが蒸

メキシコのグアダラハラ近郊のテキーラ用の竜舌蘭の栽培

留酒に材料により異なった風味や色さらに味を与えるのである。かくして、ビール状のものを蒸留してウイスキーが得られ（材料がトウモロコシならバーボンウイスキーとなる）、葡萄酒を蒸留してブランデーが得られる。プルケを蒸留したものがメスカルとなるのである。日本の蒸留酒として焼酎が発達したが、材料は米、麦、イモなどさまざまである。

メスカルをつくるマゲイは、テキーラ地方で使われるアガベ・テキラーナの他に、プルケをつくるのに使われる大型のマゲイであるアガベ・アトロビエンスやアガベ属の他の種のキチネリアナ、パルマリス、ペスムラエ、プソイド－テキラーナなどが使われる。ソノラ地方で作られるメスカルには、パシフィカとパルマリが用いられているという。

メスカルの製法は、主に中央高原で作られるプルケと違って、マゲイ類はある一定の大きさになると、花茎が立ってくるとかこないとかに関係なく、株ごと収穫し、株の中央から四方に出ている肉の厚い葉を削ぎ取ると、残った短い茎についた葉の基部はちょうどパイナップル状になるので、スペイン語のパイナップルである「ピーニャ」と呼ばれるものになる。一個の大きさは一五～九〇キログラムにもなり、大きいものは四〇〇キロ

メキシコのチョルーラにおけるアステカ時代のピラミッドの上に作られたキリスト教の教会

グラムをこすものもあるという。これを、ゆっくり蒸し焼きにしたものは甘く、サトウキビと似た味がする。これをロバに引かせた石臼で搾汁する。この液汁を三週間くらい醱酵させた後に、土製の壺にいれて蒸留する。これが、伝統的なメスカルの製法である。

グアダラハラ近郊のテキーラ村の近代的製法では、テキーラといわれるメスカルの一種では、金属製の蒸留器が使われている。大量生産されない地方のメスカルは、一種の地酒として消費されるが、メキシコの食文化の中に溶け込んでいる。人間は住んだ地域の風土に応じて、その土地に育つ植物からアルコール飲料を作ることを発明したが、このメキシコにおけるマゲイと呼ばれる竜舌蘭の利用は、民族植物学の立場から見ても、出色のものであろう。アガベ属には、二五〇から三〇〇くらいの種が存在するが、いまだに分類が完全ではなく、研究の余地があるとされている。メキシコには六二種が分布するとされる。

マゲイの焼いた株は、メキシコの乾燥地や半乾燥地において農業が発達する以前から、重要な食糧であった。マゲイは多目的に使われ、食糧、儀式、非アルコール飲料、アルコール飲料、繊維、薬用などに用いられた。アステカの時代もこの植物は、重要なものであった。先住民のウイチョル族は、竜舌蘭を神が最初に創造した植物であると信じていた。これらアルコール飲料はスペイン人到着以前のメキシコにおいて、宗教儀式に欠かせないものであった。アガベ・サルニアナの甘い汁やアグアミエルは、中央高原の先住民やメステソ（先住民とスペイン人の混血した人々）にとっては、伝統的に重要なアルコール飲料であった。プエブラ近くのチョルーラの紀元二〇〇年頃の大ピラミッドの壁画に、プルケを飲む人々が描かれていた。ベラクルスに上陸したスペイン人のエルナン・コルテスは、アステカの王都テノチテトランに向かう前に、このチョルーラで大虐殺を行ない、征服後にスペイン人はこの大ピラミッドを埋め立てた上にキリスト教の教会を建てた。現在、ピラミッドは発掘され、一部は地下に入って見学できるようになっている。(3・4)

マゲイからとる繊維

アガベ・レチェフィラの繊維は、メキシコの北中央部の乾燥地で八〇〇〇年も前から使われていた考古学的な証拠がある。中央コウアイラ州のフライトフル洞窟の発掘によると、大量の縄類とサンダルが露出した状態で発見されている。一六世紀にスペイン人がメキシコ北部にたどりついた時、狩猟や採集に頼っていた人々が、竜舌蘭の花茎を使って矢を作り、縄から弓の弦を作っているのを発見した。近代になってからも、このマゲイの繊維製品はその地方で、ユーフォルビア・アンテシフィリカの葉のない茎からとるローソクの蠟の硬化剤として使われるワックスやグァユールと呼ばれるキク科の灌木パルセニウム・アルジェンタツムから採ったゴムと共に、重要な現金収入源となった。

この繊維をとるマゲイは、コウアイラ、ヌエバレオン、サンルイシポトシ、タマウリパス、サカテカス、チワワ、デュランゴなどの諸州に約一一〇〇万ヘクタールに及んで生えているが、収穫されるのは約三割

メキシコで畑の境界に植えられた竜舌蘭とその抽薹した電柱のような太く大きな花茎

に満たない。

メキシコで産する繊維で他に有名なものに、主にユカタン半島で産するサイザルとヘネケンがある。前者はアガベ・シサラナからとる繊維で、綱や粗布に使われる。後者はアガベ・フォルクロイデスからとる繊維で、収量はサイザルよりよいが質は劣る。綱などに使われる。その他にメキシコで繊維をとるアガベ属の植物には、アボリジウナム、カンタラ、フンキアナ、グラシリスピナ、キルチネリアナ、ロファンサ、ビクトリアエ－レジナエ、ザプペなどがある。テキーラをつくるテキラーナでさえ副産物として、葉は繊維用に利用されている。こうして見てくると、多種多用な竜舌蘭というヒガンバナ科の多年生植物はメキシコの乾いた大地に適応して、多様な種の分化をとげ、その多くがここに住んだ民族によりその生活に密着して、その利用がはかられてきたことがわかる。(4・5) その多くはまだ半野生状態にあると言ってもよいだろう。

サボテン

メキシコと言えばポンチョ姿とサボテンを連想するくらい、サボテンはメキシコの風土を象徴している。そこに住んだ民族がこれを利用しないはずはない。日本ではもっぱら、愛好家によって鑑賞用に栽培されるだけであるが、メキシコでは、その若い葉は野菜として、また実は一種の果物として食されている。

一番よく利用されている種類は、メキシコでノパールと呼ばれるウチワサボテン（オプンテア・メガカンサ）で、その分布も広い。私が一年滞在したメキシコ国立農科大学大学院の園芸学科でも、このウチワサボテンの品種改良を行なっていた。そして、果実用、野菜用、飼料用の三つの異なるタイプの系統を選抜して、気候の異なる地方で適応性や収量性などをテストしていた。ウチワサボテンの果実は、鶏の卵をちょっと小さくしたくらいで、中には水分の多いちょうど西瓜のような果肉がつまっていて、なかなか旨いものである。果実の表面には細かい刺が生えており、飯塚宗夫は出荷する時は鋸くずと一緒にコンクリートミキサーで攪拌して、この刺をもみ落とすと述べている。これは大規模な栽培の場合であろうが、私は有名なピラミッドのある遺跡テオテワカンの近くで、収穫したサボテンの果実を地面に一面に並べ、その上をほうきで何回も往復して掃きながら刺を落としているのを見た。自家用あるいは小規模の場合はこのような方法も使うものと思われる。（口絵写真）

一方、このサボテンの若い葉は、刺をけずり落として野菜として利用する。メキシコの地方の市場などでは、先住民やメステソの婦人が座り込んで、サボテンの刺を落としているのを見かける。私もその風景を大学の近くのテスココの市場でよく見かけた。野菜と果実両用の種類として、この他にオプンテア属の

右上：メキシコの農科大学におけるサボテンの品種改良圃．右下：育成された系統．左から果実用，飼料用，野菜用．左上：サボテンの花．左下：メキシコ国立農科大学大学院で育成された果実用サボテンの系統．

ロブスタ、ストレパカンサ、フィカス-インディカなどがあり、主として果実だけが利用されるものにハイプテアカンサがある。分類上で属が違う植物では、ハイロセレウス・ウンダタスやアカンソセレウス・ペンタゴヌスがあって、現地ではピタヤと称している。

シリンドロプンテア・インブリカータの黄色い果実はチョコノスティと呼ばれ、きわめて強い上品な酸味を持つため、食酢用として用いられる。動物の飼料用に使われる種類も数種知られている。

面白いのは、コチニールという赤い染料を生産するダクチロピウス属の昆虫の宿主となるオプンテア・チョセニリフェラという種類である。テオテワカンの遺跡は太陽と月のピラミッドで有名であるが、その遺跡の一画に宮殿

上：テオテワカン遺跡の宮殿跡で発見された彩色された壁画．コチニールを使ったものと思われる．
下：サボテンに寄生する昆虫をすりつぶして赤い染料のコチニールが得られる．

と思われる建物があり、そこの壁画に残されたジャガーなどの赤い色彩は、この昆虫の生産するコチニールを使って描かれたものといわれる。私はメキシコ滞在中に何度もテオテワカンに行ったが、いつだったか案内人がこの虫を潰して赤い液汁がでるのを実演して見せてくれたことがある。スペイン人は、アステカ征服後この染料を知り、宿主のサボテンとこの昆虫をカナリア諸島に導入して、コチニール染料の生産を始めた。

余談であるが、ハーバート・ベーカーの紹介によると、このサボテンと昆虫のセットはオーストラリアにも導入されたが、ここではサボテンだけが殖えて昆虫は気候が合わなかったのか定着しなかった。この刺のあるサボテンは家畜も食えず、広大な土地がこのサボテンの侵入により危機に瀕することになった。オーストラリアでは処置に困り、このサボテンを食害する蛾の一種カクトブラスチス・カクトルムを再びメキシコより導入したところ、この昆虫は今度は大変な速度でこのサボテンを食ったので、最後にはこのやっかいなサボテンを駆除することに成功したという。これは、珍しい雑草の「生物学的防除」の模範的例とされている。

メキシコ北部の先住民は、ロフォフォラ・ウイリアムスイという小型の円筒形の刺のないサボテンを食べて一種の幻覚症状におちいり、それを宗教儀式に使っていた。メキシコのハリスコ州からナヤリット州にかけての山中に住むウイチョル族はアステカ族の一族と言われているが、スペイン人の侵入とともにその影響を避けて山中深く逃れたといわれる。そのためスペイン人がもたらしたキリスト教も彼らには届かず、種族古来の土着宗教の儀式が残った。その儀式では、幻覚をもたらすペヨーテを食べて神の世界に入ろうとするのである。先住民はこのサボテンからとった薄片を、ペヨートルと呼ぶ。ペヨーテはこのナワトル語がスペイン語化したものである。ある州ではこれは非常に古くからの部族の伝統的宗教儀式だとして、非常に限定された条件で特別に使用が許されていた。しかし、ある州ではそれでも現在は危険だとして使用が禁じられている。それらの先住民は、このサボテンを探しにその聖地とされるサンルイシ・ポトシ州のカセトルの砂漠に行く時は、一種の巡礼のような立場で、特定の条件に合致した人だけがその採集を許されていたらしい。このサボテンは地上にはボタン状の小さな部分だけが顔をだし、地下に隠れている部分がその数倍もある。ペヨーテを化学分析した結果、少なくとも九種類のアルカロイドが含まれており、そのなかで最も重要なのはメスカリンで、現在では合成も可能である。厳重な管理の下で、治療に使われることもあったらしい。

アルカロイドは通常、環構造の中に窒素原子を含むアルカリ性物質のことを指している。メスカリンの窒素は環の外にあるが、アルカロイドとして分類されている。構造的には、アミノ酸のトリプタミンに近

メキシコの民芸店で売っていた
オッホ・デ・デオス（神の目）

縁である。

　このウイチョル族の祭りでは、「オッホ・デ・デオス」（神の目）と呼ばれる、子供の健康と食糧の十分な獲得を願うシンボルが飾られる。不思議なことにそれは、近代の抽象芸術としてでも十分通用するような、立派な工芸作品である。メキシコシティの民芸品市場では、それを様式化したものを観光客に売っている。私が、メキシコシティの民芸品市場で買ったものは、もちろんこのウイチョル族の祭り用のものに原形を求め、土産物用にどこかで量産しているものであろう。それは、六角形をしており、六角のそれぞれの角には、六個の小さな四角形が付いている。まん中の大きな六角形は、一番外側が一センチくらいの青色、その内側は一センチくらいの黄色、さらにその内側は二センチくらいの赤色、さらにその内側は二センチくらいの青色、その内側は一センチくらいの黄色で、あとは全部中心まで青色の毛糸を張ってある。六個の小さな四角形は、外側に青い縁どりがあって、その中はわずかに黄緑で、あとは中心まで再び全部青色であり、外側の四角には、まん中のおおきな六角に続く一陵を除く三陵には真っ赤な毛糸が房のように取り付けてある。

　ペヨートルの主成分であるメスカリンの化学構造は、いわゆる亀の甲と言われる六角のベンゼン環を持っている。そうすると、「オッホ・デ・デオス」が六角形をしているのは偶然の一致であろうか。不思議な気がする。もっとも、利根山光人の本に書かれているウイチョル族が作ったとされるものは、中心の大きな六角形は六角でなく、四角になっており、したがって、角は四つしかないので、外側の小さな四角も四個しか付いていない。そうすると、六角形にしたのは土産物用に大量生産している者が、派手にして人目を引くために、二辺を増やして六角にしたのであろうか。それとも六角の「オッホ・デ・デオス」の原形もあるのであろうか(4・6-8)。

ゴム――マヤ・アステカの球戯

マヤやアステカでは神事として、ポクアトクとよばれる球戯が行なわれていた。この球戯の起源は相当古く、マヤ古典期やオアハカ地方の古い文化のなかでも行なわれていた。球場の両側には高い壁があり、球場の中央にこの壁と直角な横断線で球場を二つに仕切っていた。英語の大文字のHの形である。選手はゴムを固めた球を中央の仕切り線を越して、相手方のコートに手を使わないで送り込む。使用できるのは、股と腰と脚に限られていた。両側の壁の上にある垂直の輪にこの球が入れば、それまでいくら負けていても勝負がひっくりかえった。それほどそこに球をいれるのは、至難の業であったらしい。球はゴムを固めたもので大変硬く、それに当たると選手は重傷を負ったくらいであった。腹部に綿入れの防護用の皮帯を着けており、上記の使用できる体の各部で玉を打つときは、肘や手をつくので皮の手袋をしていた。これでも、競技が終わったときには、体の各部に内出血が生じることも多く、切開して血を出すことも稀でなかったという。この球戯は宗教的なもので、球戯場自体が神殿の中にあり、球は天体の運行を象徴していたという。天体の運行や時の流れに異常な関心を示したマヤ人の一面を示している。しかし、後の時代には賭けの対象になったともいわれる。

この球技が神事として行なわれていたことを示す物語がある。スペイン人の征服者が侵入してくる前に、アステカ王国の暗い運命を予告するような凶兆がおこる。アステカの古都テスココの占い師がこの土地アナワク盆地に見知らぬ人が来て支配するようになると予言したため、アステカ王モンテスマとテスココ王ネツアワルピリの間で口論となり、この二人は神事の球技で決着をつけることにした。最初の二ゲームは、アステカ王モンテスマが勝ったが、最後の三ゲームをテスココ王ネツアワルピリが連取した。この敗北が、モンテスマをして王国の未来にいちじるしい恐怖感を抱かせ、彼自身も予言者としての自信を失わせることとなった。したがって、スペイン人が侵入してきた時、モンテスマは先年の神託と重ね合わせ、苦悩に苦悩を重ねることとなったのである。

西欧社会でこのゴムをはじめて見たのは、スペイン人である。彼らはアステカ人のこの球戯を見て、ゴムの存在を知ったのである。このゴムはクワ科のパナマゴムノキやキク科のグァユールから採ったものであった。グァユール（パルセニウム・アルジェンタツム）は砂漠地帯に生育する灌木で、アステカ人はこの植物の小枝を嚙み、繊維を捨てると弾力に富んだゴムの塊が残るので、これを集めてボールを作った。いわゆる天然ゴムの大部分はパラゴムノキ（ヘベア・ブラシリエンシス）から採取され、これはクワ科の樹木であるが、これはアマゾン流域で先住民が先史時代から用いていたものである。このゴムの運命については別の所でも述べる。

第二次世界大戦の時、当時ゴムの世界的産地であったマレー半島を日本軍が席巻したので、アメリカにはここからのゴムが入らなくなった。ゴムは重要な戦略物質であったため、アメリカでは、メキシコやアリゾナの砂漠地帯に生育するグァユールからゴムを採ることを考え、増産のための研究を行なった。例えば、パサデナのカリフォルニア工科大学で当時世界に先駆けて建設された、植物の生育を研究するための人工気象室を使った研究によると、この植物を昼夜連続して二六度の温度下で育てると、砂漠に生えているときには葉は灰色がかった色をしているのに、緑となって形も細長くなり、茎も細くなって植物は自分で立っていることができなかった。砂漠に近い灰色がかった植物に育つためには、夜の温度を低くすることが必要であった。一九四二年から一九四六年まで、約千人の研究者が、一万二三〇〇ヘクタールの土地に、一〇億本以上の苗を植え、約一三六〇トンのゴムを生産した。終戦時の一九四五年にはカリフォルニアの三つの工場で一日あたり一五トンを生産するまでになったが、戦争が終わり翌一九四六年にはこの一大ゴム増産計画は中止され、工場は閉鎖された。戦争が終わったこともあったが、合成ゴムのめどが立ち始めたことにもよる。グァユールの作るゴムは化学的にはパラゴムノキの作るゴムとまったく同じもので、古い時代、例えば一九一〇年頃は世界のゴム需要の一割（そしてアメリカのそれの半分）はグァユールのゴムでまかなわれていたという。

グァユールは半乾燥地に良く育ち、年間一六インチの雨量があればよい。メキシコのソノラ砂漠にある工場では、現在一日一トンの原料植物を処理できる能力を持っている。メキシコ北部の砂漠約四一万ヘクタールの土地には、二六〇〇万本のグァユールが生えている。いま、グァユールは二一世紀の資源植物として国連なども注目している。(9・10)

アステカの栄養論争

メキシコ中央高原に一六世紀まで栄えたアステカ王国では、主にその特異な宇宙観や宗教観から、おびただしい数の生贄《いけにえ》が神に捧げられ、そのあとで犠牲者の食人が行なわれていた。その宇宙観とは、「太陽は夜になると無数の星と戦っており、生きた人間の心臓を捧げないと再び朝になって太陽が昇ってこな

アステカの宇宙観を示す暦石を図案化したプレート

い」とするものであった。また、その宗教観から農耕儀礼と関連して、執拗に生贄の儀式が行なわれた。ある研究者は、中央メキシコの人口二五〇〇万人のうち、年に二五万人が犠牲になったとし、首都テノチテトランでは人口三〇万人で、一万五〇〇〇人が犠牲になったという数字を挙げている。

高山智博もアステカの生贄の祭りについて詳述している。雨の神のトラロックに捧げるために頭につむじが二つある乳のみ児が選ばれた。それは、竜巻を連想させ、雨の神にささげるにはもっとも適当と考えられた。山や湖で生贄にされた子供はそのあと、煮て食べたといわれる。戦争の捕虜は生きたままで、神官が石刃のナイフで心臓を取りだし、神にささげられた。この犠牲者の肉もトウモロコシなどと煮て食われ、トラカトラオリと呼ばれたという。私が一年間滞在したメキシコ国立農科大学大学院を去るとき、同僚のラルケ・サーベドラが記念にこのアステカの石刃のレプリカを私にくれた。アステカ暦では一年には一五の区分があるが、その多くで農耕儀礼特にトウモロコシの栽培農耕と関連して、生贄が神に供され、そのあとで食人が行なわれた。アステカ族はこの生贄にする捕虜を得る目的で、近隣諸部族に戦争をしかけ、その戦争は「花の戦争」と呼ばれた。世界中の農耕民族はその主食となる作物の豊作を祈って、山羊、豚、鶏などの動物を犠牲にして神に捧げてきた。

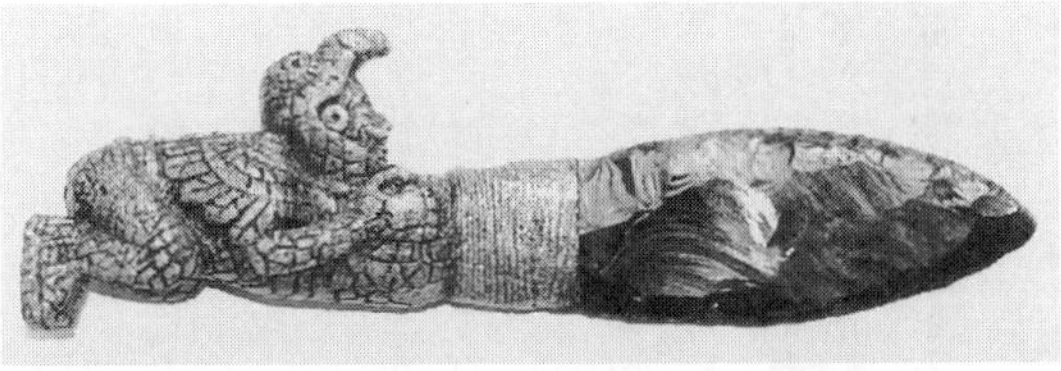

上：アステカ時代に生贄の心臓を取りだした黒曜石の刃をつけたナイフ（レプリカ）と、下：取りだした心臓を神に捧げるためにおかれたチャックモール（トーラ遺跡）

高山智博は、アステカ族はそれが動物ではなく、人間だったのだと述べている。

ところが、このアステカでの食人について、それは大型の食用家畜を持たなかったので、動物性蛋白質が不足しそれを補うという生態学的必要性から行なわれたのではないかという論があらわれた。この論にたいして、当時栽培されていた作物で、必要な栄養はまかなうことができ、人肉食はあくまでも神事としての宗教儀礼にすぎないという反論が書かれたが、現在の立場でみてもその方が正しいものであろう。民族植物学の特異な一断面として、この点について少し詳しく述べる。それは、とりもなおさず、メキシコにおけるトウモロコシ、インゲンマメなどの主要な有用植物の文化史の一面を述べることにもなるのである。

以下、オルテス・デ・モンテジャーノの論考によりそれを検証してみよう。草食の家畜からの動物性蛋白を必要とするアメリカやヨーロッパの食生活から考えれば、もしアステカのそれがこれらの大型の家畜なしに成り立っていたとすれば、それはまったく異なった民族的な特徴を示すものであろうと思われる。実際、現在のメキシコやグアテマラの先住民の食文化は、西欧やアメリカの「瓶詰め」に象徴されるそれの不足分を別の形で補っているのである。例えば、プルケには「瓶詰め」のアルコール飲料にはないミネラルやビタミン、特にアスコルビン酸に富んでいるし、トウモロコシから作るトルテージャは、その伝統的なアルカリ加工の過程で、小麦からつくるパンにはないナイアシン、アミノ酸が増加するし、カルシウム濃度は一〇〇倍にも増える。同時に食べられるインゲンマメを主とするマメ類は、補足的アミノ酸のリジンを多く含んでいる。そのため、トウモロコシとインゲンマメを一緒に食べるメキシコや中央アメリカには、ナイアシン欠乏が引き起こす欠乏症状のペラグラが見られないという。

アステカの主要な作物であったアマランサスを、スペイン人はそれが土着宗教と密接に結びついているとの理由で作付けを禁止した。この有用植物は蛋白質、特に植物蛋白には不足がちなリジンに豊んでいた。前コロンブス時代の食事は、現在の先住民の食事よりも、むしろ優れていたとさえ思われる。その上、アステカ時代は現在よりも、もっと多くの多様な種類の熱帯性果実や野菜を利用していた。私がメキシコに滞在中に、メキシコ植物学会が主催したアステカ時代の果樹園を探索する会があった。そのポスターには、「この果物は何だろう?」と書かれていた。このように、現在植物を専門とする植物学会の会員でも知らないような果実が、アステカ時代には食べられていたのである。

当時のことを記録したスペイン人の報告では、さらに右に加えてアステカ人は四〇種類もの水禽類、アルマジロ、ジネズミ類、イタチ、蛇類、ネズミ、イグアナ、鹿、七面鳥、犬を食していた。さらに、多種の魚類、蛙、アホロートル、魚卵、アスアスヤカトルと呼ばれた水棲昆虫とその卵(アウアウトル)、そしてトンボの幼虫が食べられた。数種のバッタ、蟻、虫も食べられた。それらはいずれも蛋白質の補助食として利用されたものと思われる。昆虫は草食動物に匹敵する蛋白源である。また、食人蛋白源説では、王都テノチテトランに持ち込まれた膨大な量の貢ぎ物が無視されているという。

　当時の重量の単位であるフェネガから現在の単位のキログラムへの変換比率がはっきりしないので、正確なことは判らないが、四つの換算比率で計算してみると、王都テノチテトランへの貢ぎ物の量は一年あたり、トウモロコシが六三六〇～一万六七三〇トン、インゲンマメが四四一〇～一万二五〇〇トン、キア（サルビア・ヒスパニカ）が四四一〇～一万二五〇〇トン、ウアウトリ（アマランサス属の一種、アマランサス・ロイコカルパス）が三七八〇～一万七一〇トンであった。

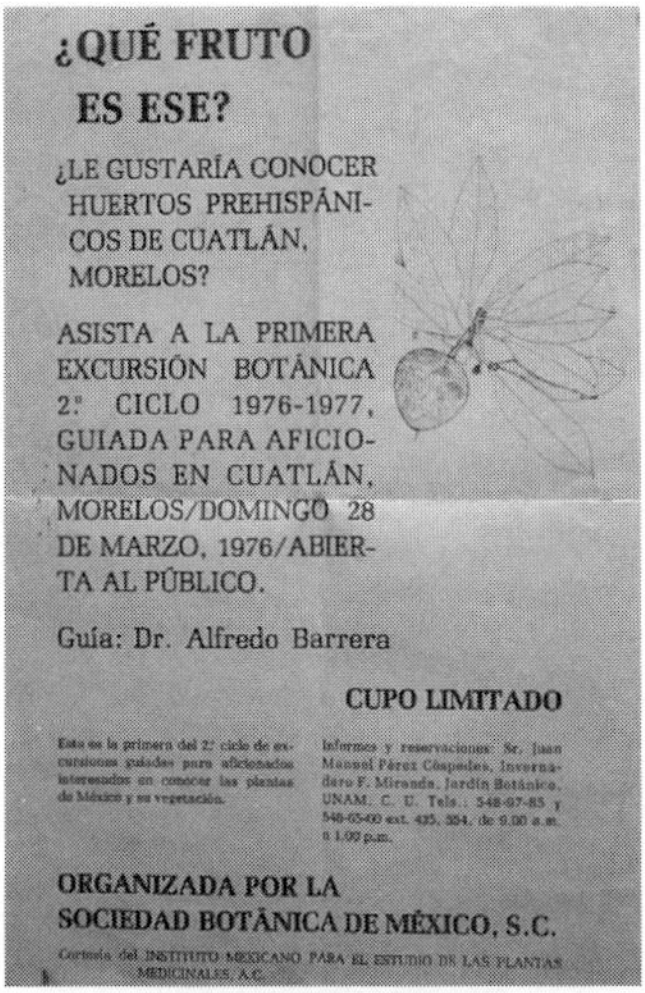

アステカ時代の果樹園を見る会会員募集のメキシコ植物学会のポスター．「この果実は何だろう」と書いてある．

　上記四つの有用植物の栄養充足にはたす役割は、どんなものであろうか。いま、一日にトウモロコシ四〇〇グラム、インゲンマメ、キア、ウアウトリをそれぞれ一〇〇グラム食べるとすると、合計で二二九一キロカロリーとなる。その栄養的な成分は、蛋白質七八・一グラム、脂肪四二・九グラム、カルシウム九七六ミリグラム、燐一五〇八ミリグラム、ビタミンA三・三六ミリグラム、チアミン二・八六ミリグラム、リボフラビン〇・九六ミリグラム、ナイアシン一五・〇ミリグラム、アスコルビン酸七六ミリグラムとなる。この数字は国連のFAO－WHOが標準とする数字の二二〇〇キロカロリーを超え、栄養成分ではリボフラビン一・八ミリグラム、ナイアシン二〇ミリグラムがわずかに及ばないが、他のものはいずれも国連の推奨する水準を凌駕するという。

アステカの王都テノチテトランの住民が、一日上記の食事をとるとすると、上述の貢ぎ物だけで、トウモロコシは四万三六〇〇〜一一万五〇〇〇人、インゲンマメは一二万一〇〇〇〜三四万二〇〇〇人、キアは一二万一〇〇〇〜三四万二〇〇〇人、ウアウトリは一〇万四〇〇〇〜二九万三四〇〇人の一年分の食糧をまかなえた計算になる。また、食人の蛋白質源論者は、飢饉における食糧不足をあげている。もっともひどい飢饉は、一四五〇年から一四五四年までの五年連続の不作の際に起こったといわれる。しかしこの不作のひどさは、前の二年については、王家による以前の余剰の貯蔵により和らげられた。ひどい飢餓は不作が連続して続いた時だけに起こったと思われる。これらの事実は、アステカ社会は常に飢餓に苦しめられたとする論を支持しないものであろう。メキシコはむしろ大変豊かで、多様な食糧源に恵まれていた。それらの飢饉について、スペイン人の書いた年代記は、飢餓で死んだ人は埋葬されないで野獣に食べられたと記録しているが、もし食人が飢餓のために行なわれたのだとすると、この記述はそれに合わない。

一方、一四五〇年の飢饉に際しては、アステカの王は巨大な水利事業を行ない、チナンパを拡大している。チナンパはアステカの特殊な農業形態である。もともと、アステカの王都テノチテトランは、テスココ湖に浮かぶ湖上都市であった。アステカ族は北方から移住してきた時にはまだ領土がなく、柳で編んだ籠を湖岸に繋いで、それに湖底の泥をすくい上げて作物を植え、領土を拡大していた。そのうち、柳は根を出して湖底に固着し、独特の浮き農園が実現したのである。チナンパは泥に含まれる有機物のおかげで、生産力の高い農法であった。

さらに、アステカは飢饉に直面して、支配領土の軍事的拡大を試み、征服した都市はスペイン人が到着する前ころには、一年あたりで二・六都市にも達した。これらの領地からは貢ぎ物が得られるようになった。

アステカの考えでは、生贄の犠牲者は、生贄になることによって神聖なものになると信じられていた。その人肉を食べることは、神そのものを食べることになったのである。この神との親交はアステカの宗教の重要な一面であった。彼らが幻覚を覚えさせる植物や茸を食べたのも、これを説明するものである。

食人の蛋白質源説論者のあげる生贄の数についても、こんなに多くはなかったという反論もある。アステカ暦には生贄のない月もあった。アステカを征服したコルテスが祖国の王にあてた手紙で、彼は必要以上にアステカの生贄を強調し、これらの異教徒の罪人をキリスト教徒にするのは教皇の義務だと書き、コルテス軍のなしたチョルーラやテノチテトランでの大虐殺を正当化するのに心をくだいた。征服者は数千人の非武装の非戦士を殺した。また、アステカの言葉のナワトル語からマヤ語への通訳は、唯一の土着の女性ドナ・マリナにより行なわれ、それがジェロニモ・デ・アギラによりスペイン語に訳された。コルテスはアステカの敵であった部族から情報を得、さらに二重の通訳を経たので、いくらでも事情は誇張して伝えられたと思われる。アステカの事情を書き残したドウランとサーグンはいくぶんアステカに同情的だが、それでも彼らは二人ともキリスト教の神父で、アステカの宗教を「悪魔の仕事」と考えていた。これらのことより、アステカの生贄は誇張して西欧世界に伝えられたと思われる。

以上のことを勘案すると、アステカの食人は儀式として行なわれたが、その数については一致した見解はない。人の生贄、食人およびアステカ戦士の行動はすべて、宗教と社会での地位の向上という動機によって行なわれたものであると結論できるという。したがって、人肉食を蛋白質不足を補うという生態学的立場で説明する必要はまったくないというのである。これは、正しい見解であろう。(11・12)

トウモロコシとインゲンマメ

トウモロコシの起源

メキシコの民族植物学上もっとも大切な作物は、トウモロコシとインゲンマメである。トウモロコシが中米に起源したであろうことは疑いないと思われるが、それがどのような経過をたどってこの優れた作物が生まれたのかについては、いまだに必ずしも決着がついていない。この分野で一般に流布するところでは、おおまかに言って二つの説があり、その一つはアカパンカビの研究でノーベル賞をもらったビードル一派に代表されるトウモロコシの「テオシント起源説」である。テオシントはトウモロコシの近縁種で、メキシコを中心に自生している。他の一つは、マンゲルスドルフ一派の主張するいわゆる「三部説」と言われるものである。なぜ三部説と言うかの理由は、この説が相互に関連ある三つの部分より成り立っているからである。すなわち、それは優れた作物進化の本を書いたハーランの取りまとめによると次の三部よりなる。(1)トウモロコシの先祖は野生のトウモロコシであるが、この植物は今は絶滅して存在しない。(2)現在、野生しているテオシントは、トウモロコシとトリプサカムの雑種から生まれたものである。(3)現在のトウモロコシは長い間にトウモロコシにテオシントの血が浸透した結果として大変幅の広い変異をもつ作物となった。このように、マンゲルスドルフはテオシントはいわゆる野草ではなく、人間が攪乱した環境でないと生き残れない雑草であると強く主張した。

ビードルはコーネル大学にいた若い頃はトウモロコシの研究者であった。その後にカリフォルニアで、アカパンカビを材料としていわゆる「一遺伝子一酵素説」を出してノーベル生理医学賞をもらったが、退

テオシントの雌花（左）と雄穂（右）

アステカ時代のトウモロコシの神を図案化した壁掛け

官してから再びトウモロコシの起源の研究に挑み、トウモロコシとテオシントのある組み合わせの交雑では、その雑種第二代にトウモロコシ型の穂をつける植物が分離してくることを発見し、外観上では大変に異なるこの二つの植物の穂の違いは、そんなにたくさんの遺伝子の違いによるものではないことを見いだし（多分五個くらい）、これならばテオシント型の穂から突然変異などの積み重ねでトウモロコシ型に変わることは可能だと考え、トウモロコシのテオシント起源説を強調したのだった。というのは、今までのトウモロコシ起源論では、いつもあのトウモロコシの不思議な穂の形がどのようにしてでき上がったのかが、論争の的だったからである。

ビードルがコーネル大学にいた頃、一九二九年に撮られたトウモロコシを材料にして細胞遺伝学を研究するロリンス・エマーソンのグループの写真が残っている。そこには四人の男性、一人の女性と一匹の犬が写っている。この五人の中から二人のノーベル賞受賞者が出たのである。一人はビードル、他の一人は「動く遺伝子説」をだして世を驚かせたバーバラ・マクリントックである。彼女の説は長い間無視されたが、最後に正しいことが認められ、一九八三年にノーベル生理医学賞を受けた。私はメキシコ滞在中に彼女に会ったことがある。この彼女の思い出については、別に書いたことがある。

もう一つビードル説に優位な証拠が近年見つかった。それは、一九七七年にグアダラハラ大学のグスマンが新しい多年生のテオシントの集団を発見したからである。このテオシントは染色体の数が栽培トウモロコシと同じであった。実は、多年生テオシントの違う種は一九一〇年に発見されていたが、これは染色体の数がトウモロコシの倍数ある四倍体であった。しかも、ハーランによるとこの植物は一九二一年にはまだ発見された場所にあったが、そのあと絶滅してしまい、現在では大学などで細々と保存されているだけだという。このようにテオシントに複数の野生のものが存在するということは、この植物が相当古い時代から存在して種の分化を引き起こしていることを示し、マンゲルスドルフのいうようにテオシントがトウモロコシとトリプサカムの雑種から起源したということは考えにくいという。しかし、マンゲルスドルフ説もまったく否定されたわけではない。

それどころか、すでに現役を退いていたマンゲルスドルフもこの新しい多年生テオシントの発見に触発されて、昔の教え子や共同研究者の助けを借りて実験を行なった。その結果彼は旧説を訂正したが、テオシント起源説はありえないと意気が高い。

彼の新しい説は、野生トウモロコシに由来する初期の栽培トウモロコシと多年生テオシントが約四〇〇〇年前に交雑し、その子孫が現在の栽培トウモロコシになったとするものである。しかし、この説でも依然として野生のトウモロコシがテオシントとは別に存在していたことになり、決着がついたとはいえないような気がする。

最近、ドーブレイはトウモロコシの起源の問題に、酵素の多型やクロロプラストのDNA構成などの分子生物学的な面からの接近を行なった。その結果、仮定の野生トウモロコシが存在したような形跡はみられず、トウモロコシはメキシコの一年生のテオシントから起源したという仮説を強く支持しているという。メキシコの一年生テオシントには二つの系列があり、ドーブレイらはこれらをテオシントの二変種としているが、一つは変種メヒカーナで、標高一〇〇〇〜二五〇〇メートルの中央および北部高原や谷に生えている。他のものは変種パービグルミスで、これはもっと標高の低い四〇〇〜七〇〇メートルの上記より南および西部の傾斜地の上部や河川の谷に生えている。彼は分子生物学的証拠は、この一年生テオシントのうち、後者からトウモロコシは起源したと結論している。そして、トウモロコシが異なった場所で数度にわたり、独立して栽培化されたような証拠はないといっている(13-18)。

多様な用途

メキシコでは、トウモロコシはどのようにして食べるのだろうか。現在はもちろん、コムギ粉で作ったパンも食べる。しかし、スペイン人がパンを持ち込むまでは、トウモロコシでつくるトルティーヤ（またはトルテージャ）が主食であった。メキシコでのトウモロコシの食べられ方を調査した飯塚宗夫によって紹介しよう（多少私の経験も付け加えた）。飯塚によると、これは中央高原にある首都のメキシコシティ周辺の場合であるという。

・アトーレ　「粉末にしたトウモロコシと牛乳を基本的素材とし、それに種々の材料により味をつける。チョコレート入りのものは、チャンプラードと呼ばれ、トウガラシ入りのものは、チレアトーレと呼ばれる」。
・**ゴルデイータス**　「インゲンマメをつぶして入れたアトーレで、砂糖を入れる場合と入れない場合がある」。
・**ペネケス**　「上のゴルデイータスに似るが、インゲンマメはつぶさないで丸のまま入れる」。
・**ソペス**　「スープの材料として、若い雌穂や未熟な粒を入れる」。
・**ポゾレ**　「極めて興味深いことに、カカワシントウレという特別の品種を用い、この品種の粒を丸のまま使ったスープで、多くの場合トウガラシで味をつけ豚肉を入れる。私も滞在した大学の食堂でときたまに、これが出て食べた。この品種は粒が特別に大きいような気がした」。
・**カルド・デ・ポヨ・コン・マイス**　「鶏肉のスープにトウモロコシの粒をいれたもの」。
・**エスキーテ**　「トウモロコシの粒とトウガラシを煮込んだもの」。
・**パステル・デ・エロテ**　「ミキサーを通したトウモロコシを入れたケーキ」。
・**タマレス**　「トウモロコシを粉に引いてこね、味をつけてから、トウモロコシの雌穂を包んでいる皮を乾燥したものに包み蒸したもので、大別して三種ある。ベルデ（緑）は、肉、ショウガ、香辛料、野菜などがはいる。ロッホ（赤）は、時によりトウガラシが入る。ベルデ（甘）は、砂糖がはいり甘い」。
・**トルティーヤ**　「もっとも普通なもので、いわば主食級でパンに匹敵する。乾燥したトウモロコシの粒を石灰水に漬けて水を吸わせた後に、ふかしてつぶし、ペースト状にしてから直径一〇〜一五センチの円盤状に作り、それを軽く焼いたもの。これにトウガラシ、トマテ、ヒトマテなどのはいったチリソースをつけて食べる。インゲンマメを煮たものをこれで包んだり、また肉を包んだり多様である」。
・**トスターダス**　「上のトルティーヤを油で揚げたもの。私のいた大学の食堂では、この上に挽き肉をのせて出したりした」。

・**タコス**　「肉、野菜、アボカドなどをトルティーヤで巻いて作ったもの」。

・**ケサディーヤス**　「トルティーヤを真ん中で折り、中にチーズ、ゆでてつぶしたジャガイモなどを入れ、油であげたもの」。

・**チラキーレス**　「トルティーヤをサルサ・ベルデで煮たもの」。

・**エンチラーダス**　「タコスをソースで煮込んだもの」。

・**パロミータス**　「いわばポップコーンである」。

これらの中で、私が滞在した大学の食堂でよくお目にかかった料理は、ポゾレ、タコス、トスターダス、ケサディーヤス、エンチラーダスなどである。大学の食堂だったせいか、パンが常食でトルティーヤはむしろ、あまり出なかった。トルティーヤは、冷めると急速に硬くなり旨くないので、レストランや街の食堂などでは、草の繊維や竹状のもので編んだ籠に入れ、厚い布巾をかけて冷めないようにして客に出す。家庭ですぐ食べる場合はともかく、大学の食堂のように長時間にわたりだらだらと学生が食事にくるような場所では、いつも食べ頃のものを準備しておくのは繁雑なのか、アメリカ式のスライスした食パンでない小型のヨーロッパ式のパンが多かった。それは、現在日本でいわゆるバターロールと呼ばれているくらいの大きさのパンで、バターなどは入っていない、フランスパン式のやや硬いパンである。(19)

インゲンマメの起源

トウモロコシに比べればインゲンマメの起源の問題はあまり困難には突き当たらない。というのは、現在でもメキシコのある地方にインゲンマメの野生種が自生しているからである。インゲンマメの属するフアゼオラスという属にはいくつかの「種」が存在している。植物の分類は細分主義をとると際限なく「種」の数は増えてゆき収拾がつかなくなるが、一九三七年にある研究者によると、このインゲンマメの属する属には約一八〇の「種」があり、メキシコに七〇種も生えていることになっている。しかし、植物学の話はさておいて食用として重要なのは、インゲンマメ、ベニバナインゲン、ライマビーン、テパリービーンの四種であり、特に前の二種が重要である。

インゲンマメとベニバナインゲンの野生種は今でもメキシコに自生しており、その分布の重なる地方ではこの両種の間に自然雑種ができ、原住民により利用されることもあるらしい。私が滞在したメキシコ国立農科大学大学院の遺伝学者、サルバドール・ミランダによってメキシコにおけるインゲンマメを中心とした民族植物学のさわりを述べてみよう。

ミランダによると、インゲンマメの野生種は今でも西シエラマドレ山脈のドランゴ付近から、南へ下り南シエラマドレ山脈のオアハカ近くまでの海抜八〇〇メートルから三〇〇〇メートル付近の山地に自生している。そして面白いのはミランダによると、この野生のインゲンマメはテオシントと分布が重複している地方では、テオシントに絡み付いて生育していることがあるというのである。

メキシコの伝統的農法ではインゲンマメはトウモロコシと混作され、インゲンマメはトウモロコシに絡み付いて生育する。トウモロコシは収穫末期になるといわゆる人間が食べる穂のついた上部で折り曲げられる。この農法は「ドブラドス」と呼ばれる。「ドブラドス」とは「折り曲げる」の意である。この折り曲げられたトウモロコシの上を、インゲンマメの蔓が覆う。そのため収穫されずに茎に着いたままの穂も、鳥などの被害を受けることも少ない。ミランダは、このようなトウモロコシとインゲンマメの混作は、昔野生のインゲンマメが野生のテオシントを支柱として絡み付いて生育しているのを見て、テオシントから

メキシコにおけるトウモロコシとインゲンマメの混作
ドブラドス農法．上の写真はトウモロコシがまだ若く
折り曲げられていないが，左の写真のように成熟した
トウモロコシは折り曲げられ，インゲンマメはその上
を覆って生育している．（ホスエ・コハシ氏提供）

トウモロコシが進化し野生のインゲンマメが栽培に移されても、その生育状態まで写し取ったのではないかというユニークな説をだしている。これこそ、まさに有用な植物が野生状態から人間の手で栽培に移され、その民族の生存にとって大きな役割をはたすようになっていくという民族植物学の視点からみれば、典型的な真骨頂の例となるものであろう。しかも、前述したように、このトウモロコシとインゲンマメの組み合わせは栄養的にみても、重要だとなればなおさらである。

ミランダによると、メキシコの西シエラマドレ山脈の東斜面に沿ったプエブラ州の北西部から集めたマメを形態や細胞遺伝学的に調べたところ、ベニバナインゲンとインゲンマメの二つの種の自然雑種の存在が確かめられたという。このような雑種にさらに何度もベニバナインゲンが交雑していることが発見されている。このようにある二つの、例えばAとBの「種」の間の雑種に一方のA「種」が何度も交雑すると、雑種から次第にB「種」の面影は消えてゆくが、それでもそのBの遺伝子はなんらかの形で残っており、その程度はどのくらいA「種」が交雑されたかによっている。このようにある「種」に別の「種」の遺伝子がじわじわと浸透してゆくような雑種を「浸透雑種」（イントログレッション）と呼んでいる。自然界では遺伝的多様性が増す一つの原因になっている。

ベニバナインゲンが普通のインゲンマメと異なる特徴の一つに、多年生になることがある。根に澱粉を貯蔵し太って冬を越す。この根にたまる澱粉も利用されたらしい。ベニバナインゲンもインゲンマメと同様にトウモロコシと混作されることが多い。ベニバナインゲンの野生種はインゲンマメと交雑するが、栽

メキシコにおいてサボテンの中に生えているベニバナインゲン．遠景にテオテワカン遺跡のピラミッドが見える．

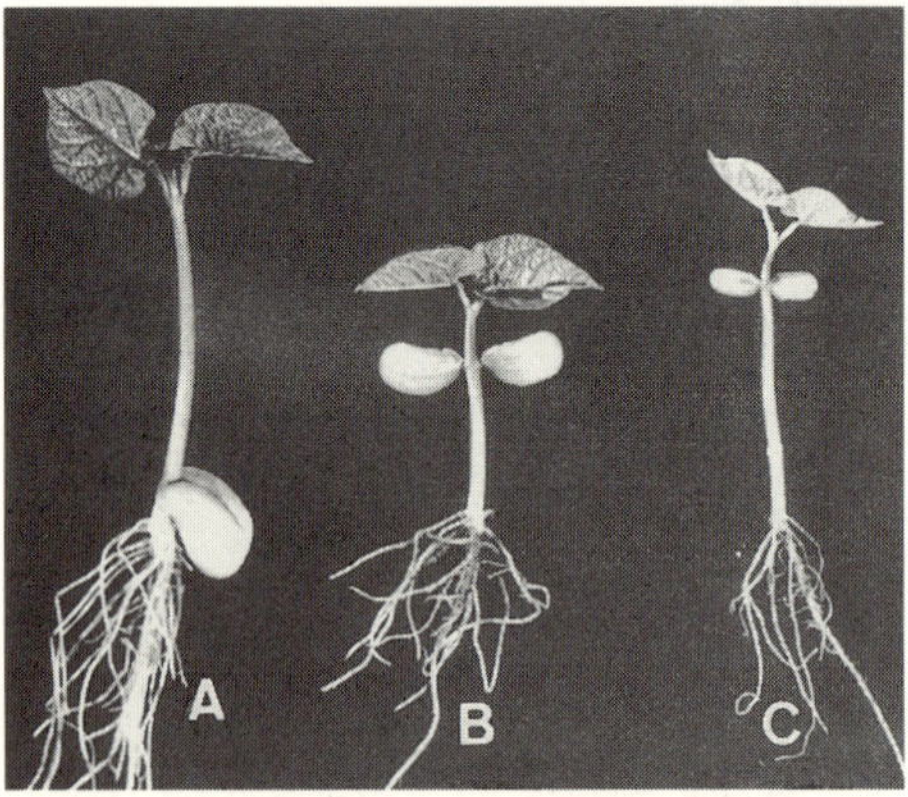

メキシコにおけるベニバナインゲン（A）とインゲンマメ（C）およびその雑種（B）(Miranda, 1967)

培品種は交配しても種ができないといわれている。

メキシコにおけるインゲンマメの食べ方はもちろん丸のまま煮て食べることが多いが、私のいた大学院のカフェテリアではデサユーノと呼ばれる朝食には、粉に碾いたインゲンマメを豚のラードと一緒に煮て少し塩味をつけたものがいつも出た。私はこれに砂糖を混ぜてこねるとちょうど日本の餡のようになるので、ときどき試したものである。アメリカの西部劇で野営するカウボーイの食事にいつも出てくる豆料理は、ダイズではなくこのインゲンマメで、リオグランデ河の国境を越えてメキシコから北上したものであろう。アメリカに大豆が入ったのはもっと後のことである。(20・21)

カカオとバニラ

カカオというアオギリ科の植物は、メソアメリカの古代文明では神が授けたものと信じられていた。リンネがこの植物の属名として与えた学名のテオブロマには「神の食物」という意味がある。煎ったカカオ豆とトウモロコシを一緒に粉砕して、できた粉を水で煮てからトウガラシを加えたものを、アステカやマヤの人たちはチョコラトルと呼んで貴重な飲料としていた。この植物はメキシコから南アメリカの森林に自生していたが、マヤ族やアステカ族は栽培していた。カカオ豆は通貨としても使われ、一〇〇個の豆で奴隷一人を買うことができたという。低地の領土からアステカの皇帝への献上物はカカオ豆でなされ、一五一九年にスペイン人エルナン・コルテスが最後のアステカ王となったモンテスマの宮殿を征服した時、そこに大量のカカオ豆があるのを見いだした。

スペイン人は先住民の処方をそのままは使わず、砂糖とバニラを加えて練り合わせ、いわゆるチョコレートをつくることを発見した。カカオの果実は樹の幹や主な枝に直接つくので、われわれの目から見ると非常に変わって見える。果実を割って中から種子を取り出すが、これがカカオ豆と呼ばれるものである。種子は醱酵させて中の胚を殺し、チョコレート特有の香りの元となる酵素を分離させる。この醱酵の間に種子の中の子葉はチョコレート色になるので、その後乾燥される。このようにして醱酵後乾燥した種子が輸出される。

カカオの花は前述のように、木の幹に直接着いて咲くという不思議な習性を持ち、この習性は茎からの開花を意味するカウリフローリイと呼ばれている。熱帯の樹木にはこのような習性を持つものが多く、幹に直接果実がぶら下がっている光景は温帯の人の目には驚異に見えるものである。このような開花習性を持つ植物は、熱帯降雨林の下層に分布する植物に多いので、このような林の下層を移動する蛾や蝶のような授粉を助ける昆虫を引き付けるためであろうと推測されている。

熱帯には木の幹に直接花が咲いて実のなるカウリフローリイとよばれる習性を持つものが多い

著者はメキシコ滞在中にバニラの細長い乾果を一本貰ったことがある。柔らかい紙に包んでおいたら一年以上もいわゆるバニラ特有のなんとも形容しがたい芳香を放ったのを思い出す。野生状態の植物からこの特有な芳香を出す特性を発見し、それを長い間利用してきたのは、メソアメリカの先住民である。バニラビーンはラン科の植物の果実で、アステカ族が大変貴重なものとして、その王に献上してきたものである。バニラは前述のカカオ豆からつくる飲料に密かに混合され、その処方を王は秘密にしていたらしい。

飯塚宗夫が紹介しているところによると、バニラを最初に記録した白人はコルテス配下のベルナール・デアツという男だという。彼の記録によると、アステカ王はトリルソチトルと呼ばれる細長い黒い棒状のものので、香りをつけたチョコラトルという飲み物を彼らに振る舞ったという。その処方については、秘密にして教えなかったといわれる。

原住民はコルテスらに征服されてからも、このバニラの製法や処方を秘密にして、征服者には明かさなかったといわれる。ヨーロッパ人がこの秘法を知ったのは、コルテスらが滅び行くアステカの宮殿でバニラの芳香を知った時から、一六〇〇年も経ってからであったという。それはキュアリングと呼ばれる一種の醱酵法で、バニラのさや状の果実が黄色に熟してきたころに収穫し、太陽の光で乾燥すると栗色に変わり軟らかくなってくる。これを手で揉んで圧し偏平にする。この揉んだバニラビーンを束ねて、菰《こも》でくるみねかせておくと、ビーンの表面に針状の白い結晶が現われるが、これがバニリンである。キュアリングの方法にはこの他にいくつかある。バニリンは現在合成されているが、天然のバニラビーンからの抽出物には二二〇以上の香気成分が検出されており、この特有の芳香はこれらの物質の複合されたもので、単一の合成物質ではとうてい模擬できないものである。スペイン人がメキシコを征服してから三〇〇年もメキシコは世界のバニラ生産を独占した。その理由は、この植物を旧世界に移植する試みが成功しなかったのもその理由の一つであるが、それには興味深い事実が隠されていた。それは、この植物の花粉の授粉をする蜂の種類が、このバニラ蘭の生育する地方に特有なものであったためであるが、最後には人工授粉の方法が発見されて、メキシコの独占は終わった。そのため、フランス人はバニラ蘭をマダガスカル、セイシェル、ザンジバルに移植した[7・22-24]。

カボチャ

メキシコの古代文明を支えた作物として、トウモロコシ、インゲンマメ、トウガラシとともにカボチャを挙げなければならない。現在、世界のどこかで栽培のみられる五種のカボチャのうち、四種はメキシコ起源であると見られている。他の一種は、南米のアンデス中部が起源とされている。日本では三種が栽培されるが、そのうち一種（ククルビタ・ぺポ）は食用として栽培が見られるようになったのは戦後で、戦前はオモチャカボチャとして鑑賞用あるいは愛玩用として、細々と栽培されるだけであった。他の二種は、いわゆるニホンカボチャ（ククルビタ・モスカタ）とセイヨウカボチャ（ククルビタ・マキシマ）であるが、前者が日本起源でもないのに、なぜニホンカボチャと呼ばれるのか定かでない。しかし、この種類が日本にはもっとも早く伝来したので、そう呼ばれるようになったのではないかと思われる。このニホンカボチャといわれる種類は、深いひだのある種類で、戦前は多く栽培されていたが、最近スーパーなどで売っているのはほとんどすべてセイヨウカボチャである。ニホンカボチャは一説によると、天文一〇年（一五四一）にポルトガル船が豊後に漂着し、同一七年（一五四八）大友宗麟の許可を得、貿易を求めたときカボチャを献上したという。カボチャの名はカンボチャ（カンボジア）の地名に由来すると言われる。セイヨウカボチャは文久三年（一八六三）にアメリカ経由で伝来した。最近、たまに市場でみかけるズッキーニと呼ばれるヘチマの幼果みたいな細長いカボチャは、食べ方も従来のカボチャと違うが、植物学的にはオモチャカボチャと同じぺポ種なのである。

さて、メキシコでは考古学的な出土品としてカボチャがあるが、最も古いのはぺポ種の野生種と思われ

カボチャ属の代表的な三つの種。左上：ニホンカボチャと言われるモスカタ種。宮崎県でハウス栽培されたもの。右上：未熟な果実が利用されるペポ種のズッキーニ。下：アメリカでハロウィンの日に売られているマキシマ種。

カリフォルニアのメキシコ国境に近い砂漠でのズッキーニ（ペポ種）の栽培風景

るもので、紀元前七〇〇〇年とされるオカンポ洞窟の発掘で発見されており、やや下ってテワカン谷では紀元前五〇〇〇年のものがある。テワカン谷の紀元前五〇〇〇年のものからは、モスカータ種（栽培型）も見つかっている。メキシコでは日本では栽培されないミクスタカボチャ（ククルビタ・ミクスタ）が栽培されているが、このミクスタ種のもっとも古いものは、テワカン谷では野生種が紀元前六八〇〇年、栽培種が紀元前五〇〇〇年と思われるものが発見されている。このミクスタ種は、果柄がこぶし状にふくれコルク化するのが特徴である。ククルビタ・フィシホリアの学名をもつクロタネカボチャは、最近日本では、キュウリの接ぎ木用に台木として用いられているが、メキシコでは食用に栽培される。この種は多年生で、飯塚宗夫によると、先住民の農家では家の周辺の土手の藪に植え、二、三年は放置したままで不良環境に強いという。マキシマ種はメキシコでは考古学的な出土はないので、比較的新しい時代になってから南米からもたらされたものであろう。最近、日本ではメキシコに種を送って委託の契約栽培を行なっているが、みなこのマキシマ種である。メキシコでは日本と違って、カボチャは伝統的に果実だけでなく幼果、熟果、種子、雄花、若い茎葉を利用する。面白いのは雄花をスープにいれたりフライにしたり他の料理に利用することである。種子は煎ってナッツとして利用する。メキシコには野生のククルビタの種がいくつか自生しているが、ククルビタ・テキサナといわれる種は、栽培種のペポ種と自由に交雑し、その遺伝子がペポ種の中に流れ込んでいる。その結果ペポ種が強勢を失わないでおられるという。同じ関係は、アルゼンチンでククルビタ・アンドレアナという野生種と栽培種のミクスタ種の間にも見られるという。また、メキシコでは、栽培種のミクスタ種に別の一野生種の遺伝子が同じように流れ込んで浸透雑種をつくることがある。日本では第二次世界大戦後くらいまでは、ニホンカボチャと言われるひだのあるカボチャがセイヨウカボチャと同じくらい栽培されていたが、現在一般に売られているものはほとんどすべてセイヨウカボチャである。私はいまから十年以上前になるが、宮崎県でニホンカボチャがハウスなどで栽培されているのを見たが、これらは多く大阪などの料亭向けとして出荷されているとのことであった。私の住む仙台市などでは、現在では深いひだのあるニホンカボチャをスーパーマーケットなどではほとんどみかけることはできない。しかし、私が少年のころ、昭和二〇年代には家庭菜園ではニホンカボチャも作ったものである。(25-27)

チャヨーテ

カボチャ以外のメキシコ起源と思われるウリ科植物で、興味あるものにチャヨーテ（セシウム・エデューレ）がある。チャヨーテは日本ではハヤトウリといわれる種類である。メキシコでは、未成熟の若い果実をスープやピクルスにしたり、若い葉や蔓は野菜として利用される。根は多肉質で肥大し、煮食するためによく利用される。チャヨーテの名前はアステカの言葉であったナワトル語のチャヨトルに由来する。アステカのことを記述した古い文献に、アステカ族がこの植物を利用していたことが記録されている。チャヨーテの起源を調査したニュウストロームによると、チャヨーテの変異がもっとも多く集積しているのはメキシコ南部やグアテマラで、この付近で栽培化されたものであろうという。近縁の野生種にチャヨーテと同じ属のコンポジツムがあり、この植物と栽培チャヨーテは交雑可能で、その雑種と思われる植物がある。栽培種の根は大きく多肉質であるが、野生種は根も太るが繊維が多い。また果実の糖成分は栽培種では一〇パーセントあるが、野生種では〇・五パーセントにすぎない。ブドウ糖と果糖の比率は、栽培種で低く野生種で高い。ブドウ糖は人間には果糖のように甘く感じられないので、栽培種では果糖の比率の高いものが選抜されてきたものと思われる。野生種の果実は苦味がある。グアテマラでは、農民はチャヨーテ畑の近くに生える野生種のコンポジツムを抜いて捨てる。というのは、この植物を放置すると栽培しているチャヨーテが苦くなるという。彼らは栽培種とこの野生のコンポジツムが容易に交雑することを知っているためと思われる。メキシコでも、ベラクルスやオアハカの近くで、野生状態のチャヨーテが発見されているが、これらは本当の野生のチャヨーテの生き残りなのか、栽培チャヨーテが逃げだして野生化し苦い果実をつけるようになったものか、栽培チャヨーテに野生種のコンポジツムの遺伝子が浸透した雑種なのか、今のところ断定されていない。しかし、栽培種に野生種の遺伝子が浸透することは、メキシコでは他の作物でも認められており、いわば作物の進化が現在進行形で行なわれている証拠ともいえるのである。(28・29)

トウガラシ

トウガラシがなければメキシコの食文化は成り立たない。テワカン谷の紀元前七〇〇〇年の遺跡にトウガラシが利用されていた証拠がある。トウガラシは狩猟により得た獣の肉の臭気を消したり、また保存にも効果があり、食欲を増進しビタミンAやCに豊むのでメキシコではトウモロコシ、インゲンマメと共に重要な植物となった。メキシコの主要なトウガラシはカプシウム・アヌウムで、多様な変異に豊んでいる。果実の色、辛味の程度は品種により多様である。飯塚宗夫はメキシコで数度にわたる有用植物の探索を行なったが、トウガラシについても、主要な品種の整理を行なっている。それによると、ハラペニョと呼ばれる種類はもっとも有名で値段も高く、果実には縦の亀裂があり、果肉は厚くおいしい。南のベラクルスやオアハカに多いという。完熟したときの果実の色は赤い。辛さは高度である。アンチョと呼ばれる種類はメキシコ中央高原に多く、前の種類より辛さは低い。パシイジャと呼ばれる種類は、果実が長くやや北のグアナフォト、ミチョアカン、キンタナロの各州に多い。辛さはアンチョ程度である。ミラオール種はサカテカスに多く、果肉の薄い種類で、辛い。セラノ種は熱帯から温帯まで栽培され、果肉は厚く辛い。他に、カリショ、コステーニョがある。後者の未熟果実はワカモーレ（メキシコ料理に定番のソース）に使われる。地域により大きな変異が存在する。ピキンと呼ばれるものは、メキシコの北回帰線付近よりコロンビアあたりまで野生し、多年生である。胃腸に害がないとされ、病人でも利用できる唯一の種類だという。辛い。ペロンと呼ばれる種類は、上述のものと異なり、カプシウム・プベセンスという種に分類される。標高二〇〇〇メートルで温度が五～一五度くらいでも実を結ぶ。果肉が厚くなかなか乾燥しないという、辛い。種は黒い色をしている。枝や葉に毛が生えている。モーレはメキシコ流のソースで、数種類のトウガラシを主体にしたさまざまの香辛料に野菜、クルミ、アーモンドなどをメタテですり潰し、これをラードで炒めて煮込んだものである。モーレは水煮した鶏や七面鳥の肉にかけて食う。モーレは家庭により千差万別で各々家庭により秘伝があり、一五～二〇種もの原材料が入るなどと、著者もメキシコ滞在中に聞いたことがある。メキシコの村にはそれぞれ守護神がある。著者のいた大学院の同僚のパウリナ・ロペスの村の守護神サンマヌエルの祭日に、私はパウリナの家でこのモーレ料理を食ったことがある。それは、表現しがたいほど旨いものであった。二〇種類もの材料を入れるといったのもまんざら嘘ではないと思ったものである。その主体はトウガラシだったのである。色は黒に近く、チョコレートも入っていたに違いない。パウリナの家で食ったのは、蒸した鶏肉にモーレをかけた料理である。太陽の国メキシコで、田舎の緑陰でモーレ料理を食うなどというのは、至福そのものであった。

トウガラシはもちろんアステカ時代も重要な香辛料であった。アステカ族の先祖であるトルテカ族は七～一一世紀から栽培を始めたらしい。これより以前からナフトラン族は粉末にしたり、または丸のままで種々の調理に使っていたらしい。アステカの諸行事や習慣などを記録したメンドーサの絵文書は、アステカについての数少ない資料として有名であるが、それにいたずらをした子供をトウガラシを燻した煙で折檻することが描かれている。山形県の羽黒山では山伏の修行の行程に「なんばんいぶし」があり、トウガラシの粉を燻してその煙の中で我慢するという「行」がある。何か、微笑ましい共通点である。メキシコの先住民は、昔ベーリング海峡が凍ってアジアとアメリカ大陸が陸続きであった頃に、アジアから渡って行ったモンゴロイドだとされる。トウガラシは一五世紀末にコロンブスによりヨーロッパに伝えられた。東洋に伝来したのは、一六世紀も半ばになってからである。(30・31)

アボカド

アボカドは森のバターの異名がある。著者がメキシコに滞在したのは一九七五～一九七六年である。今でこそアボカドは日本でも普通に見かけるが、当時はまったく文献でしか知らない植物であった。はじめて、この緑の果肉のスライスに醤油をつけて食ったときの印象は忘れられない。それより七年前にアメリカのカリフォルニア大学に一年滞在したときは、この植物の果実がきわめて脂肪分に富むので、アメリカでは植物脂肪の生合成や代謝の経路の研究にこの植物が盛んに使われているのを知って、はじめてこの植物の存在を知ったのである。

アボカドはスペイン語ではアグアカテと言われ、これはアステカのナワトル語のアウアカトルから来て

メキシコにおけるアボカドの品種

いる。スペイン語でアボカドは弁護士のことである。メキシコの南部では紀元前七〇〇〇年頃から利用され、紀元前五〇〇〇年頃には栽培されるようになり、紀元前四〇〇〇年頃には大きな実をつける樹の選抜が行なわれ始めたらしい。私は太平洋に近いハリスコ州にある農牧省の試験場に同僚と見学に行った時に、市場では見たこともないような大きな実をつけるアボカドが試験されているのを見た。

私がメキシコで最初にアボカドを食ったのは、大学院生と一緒にアステカ時代の果樹園を見学に行ったとき、メキシコ人の大学院生が持ってきて食わせてくれた。この時以降しばしば食ったものである。特に、醤油を少したらして食うと絶妙な味がでることを知ってからは、病みつきになるほどであった。

飯塚宗夫によると、栽培されているアボカドには三つの系統があり、それはメキシコ系、グアテマラ系、西インド系だという。メキシコ系は温暖な高地に分布する。アボカドは常に他花受粉によってしか実を結ばないので、常に遺伝的な多様性が保たれると言われる。メキシコ系にも品種がいくつか存在している。日本に輸入されているアボカドは多くフェルテという品種で、一九一一年にアメリカのカリフォルニアでメキシコのアトリスコ地方の実生を集めたものの中から発見されたもので、グアテマラ系との雑種であろうとされている。優れた特性を持っていたので、メキシコに逆輸入されて主要な品種となったという。

最近、日本でもアボカドは普通にスーパーマーケットなどでも入手できるようになった。多くはメキシコかフィリピンから

の輸入品である。(32)

サツマイモ

サツマイモもメキシコに起源したという意見が、現在では受け入れられつつあるが、かなり古い時代すなわちコロンブスが新大陸を発見する以前から太平洋の島々に存在する事実などから、今まで相当論争があった。私はメキシコ滞在中、滞在した大学の近くのアステカ時代の古都テスココの路上で、冬の夜に日本とそっくりの屋台の「焼き芋」屋をみて一驚したことがある。焼き上がった芋には、さらになにか非常に甘い蜂蜜状のシロップをかけて売っていた。また使い古しの新聞紙などに包んで買い手に渡すところなども、日本の焼き芋屋とそっくりであった。テスココの焼き芋屋はいつも、一〇歳くらいの少年と一緒にいて、私はなにかセンチメンタルな気分になることが多かった。

私はまた、大学の同僚と視察旅行に行ったときハリスコ州の太平洋に近い低地でアサガオの芽生えとそっくりのものが地面に敷き詰めるように生えているのを見て、サツマイモの研究者ならさぞ興奮するだろうと思った経験がある。また、それほど低地でなくとも、標高一五〇〇メートルくらいの中間地帯で、サツマイモやアサガオと同じ属の、イポメア属の植物が樹木状になり、ツリーイポメア（木のイポメア）と総称されてたくさん美しい花を咲かせているのを見た。もちろん、樹木にならない一年生のものもたくさんあった。

イポメア属は大きい属でその中には四〇〇もの種があるとされるが、芋が食用にされるのはイポメア・バタタスつまりサツマイモだけである。しかし、この植物は野生では存在しない。コロンブス以前にサツマイモは、メキシコと中央および南アメリカの一部で栽培されていた。また当時からポリネシア、ニュージーランドと西インド諸島で知られていたが、ヨーロッパ、アフリカ、アジアにはなかった。栽培種のサツマイモは染色体の数が体細胞で九〇本あり、イポメア属の基本の数の一五本からいうと六倍体となっている。三倍体の染色体が倍加して六倍体になったものと思われる。西山市三はメキシコに生えているイポメア・トリフィーダという六倍体の植物からサツマイモが生じたと考えた。この植物はサツマイモのように食用となるような塊根を生じないが、あるものは根が太く肥大する。サツマイモと雑種をつくり、生きた花粉をつくる。彼はメキシコのプエブラとベラクルスの中間で採取したこの植物を研究して、上記の結論を導いた。

メキシコにおける多様なイポメア属植物

アメリカの研究者にはこの植物は、栽培のサツマイモの実生が逃げ出して野生化し雑草的に生えているものだろうとして西山説に反対する人がいる。サツマイモがメキシコなどの中央アメリカ起源だとしても、なぜ古代からポリネシアなどの島々にあったのかという興味ある疑問を提出する。ハーバート・ベイカーによると、テキサス大学のドナルド・ブランドが古い文献を探し、一五〇五年より前にポルトガル人がサツマイモを南米からインドに運んだことをつきとめたという。これが商人によりインドネシアへ、そしてさらにポリネシア人により一六世紀に太平洋の島々に運ばれたものであろうと述べている。

このようにサツマイモはメキシコで起源したとも思われるが、それにしてはメキシコ人は、この作物には日本人が熱中するほどには熱中しないようであった。メキシコではサツマイモはカモテと呼ばれる。私は前述のように、焼き芋で見た以外は、料理に使うのをあまり見なかった。ダニエル・オースチンもメキシコにサツマイモを求めて旅したが、メキシコの六つの州ではまったく栽培を見かけず、ただモレロスやベラクルス州のいくつかの場所では村や町の近くで栽培種が逃げ出して野生化したと思われるものを見ている。彼は、それらは植民時代の種が起源であろうとしている。また、市場でもあまり見かけず、それが売られているのを見たのは、首都メキシコシティとプエブラの市場だけだったと書いている。やっと見つかるという具合で、種類も二種をみただけだった。ただ彼はプエブラで「カモーテ・デ・サンタクララ」と呼ばれる菓子が作られていると紹介している。その菓子は彼の記述によると、どうも日本の芋菓子に似ているようである。

多分、古いスペイン人が来る以前はもっと重要な作物だったのではないかと思われる。アステカではサツマイモは重要な作物として、考えられていたようである。同じイモ類でもジャガイモは南米アンデス地域の原産であるが、どうもインカとマヤ、アステカはジャガイモを知らなかったようである。ジャガイモがメキシコに伝わったのは、スペイン人が南米から一度ヨーロッパに伝え、そこから伝来したとされている。

飯塚宗夫によると、野生しているイポメア・ペスカプラエの蔓の先の軟らかい部分は、カモテと呼んで

メキシコで売られていた芋菓子（右の細長いもの）。左はドライフルーツ等の製品で、日本の和菓子に類似している。

野菜として食べるという。日本でも最近、農林水産省で蔓を野菜として食べる目的でそれに適したサツマイモの品種が育成された。この品種は葉柄が長く太く、葉柄を野菜として利用するもので「エレガントサマー」と命名された。第二次世界大戦中はサツマイモの蔓を食べた記憶があるが、それはもちろん芋用の品種の蔓を取って利用したもので、蔓利用の新品種はそれらよりは野菜専用に改良されたのであろう。

飯塚宗夫によるとまた、メキシコで主に薬用として利用されているイポメア属の植物が五種ほどある。おおくは下剤として用いられるという。南のチアパス州で先住民が神事に使う、イポメア・ビオラシアの種子には幻覚作用を起こす成分が含まれているという。北部のウイチョル族によるサボテンの一種の使用と類似している。ＬＳＤ類似の作用があるらしい。同じヒルガオ科の植物ではあるが、イポメアでなくリベア属の植物は、アステカ時代から幻覚剤として使用されたが、今日でも南のオアハカ州では、オロリクーと称して先住民が使うらしい[7・33-36]。その有効成分は環が複雑に繋がったアルカロイドの一種である。

ヒカマ

私の滞在したメキシコ国立農科大学の正門前でときおり、女の人がちょうど大きな蕪《かぶ》の形をした白いものを売っていることがあった。買うとそこで、皮を剝いて切ってくれる。置いてあるトウガラシとかレモンをかけて生で食う。少し甘く、なにもかけないと青臭さがのこる。これは、メキシコではヒカマと呼ばれるマメ科の植物の根部で、葉は日本によく生えている葛《くず》に似ていると言われる。マヤ人にとってもヒカマはかなり重要な有用植物だったし、現在もそうである。彼らの主食はトウモロコシであるが、次に重要な作物はインゲンマメで、トウモロコシと一緒に播き、蔓はトウモロコシに巻きついて生長する。他にカボチャ、トマト、ヒカマを作る。多分、ユカタン半島のような南の低地では暑く、ヒカマの少し甘い水分に富んだ根部は、日常生活での重要度が高いのであろう。大きいものは直径三〇センチで、一キロにもなる。播種後六～八カ月で収穫でき、手入れを良くすると一ヘクタールで七トンもとれるらしい。この根部には約一一パーセントの炭水化物、一・四パーセントの蛋白質が含まれる。先住民は蔓を繊維用に利用するらしい。飯塚宗夫が紹介しているところによると、ヒカマの語源は先住民のヒカマトルで、これには「へその緒のついた水っぽい根」という意味があるという。水分を約八七パーセントも含むので、メキシコの地方によっては、「水のヒカマ」の意味の「アグア・デ・ヒカマ」と呼び、乾く大地のメキシコでは水筒代わりになると飯塚宗夫は書いている。(37)

ウアウトリ（アマランサス）

アステカの言葉であるナワトル語でウアウトリとよばれたアマランサス属の植物（多分アマランサス・ロイコカルパス）は、アステカ時代には重要な作物であった。この植物の種子は、植物のアミノ酸では不足しがちなリジンに富み、大型の家畜を持たなかったアステカ族には栄養の上でも重要な役割を演じていた。もちろん、彼らは成分を知っていたわけではなく、経験的にそのことを学習したのかも知れない。

この植物は、アステカの土着宗教の儀式でも重要な役割を持っていた。ウアウトリの種子を粉に碾《ひ》いたものはツォアリと呼ばれた。これを水でこねてから蒸した。このパンにインゲンマメで目をつけ、カボチャの種子の歯をつけると、これがアステカの雨や雷の神のトラロックになった。アステカを征服したスペイン人は、キリスト教以外の宗教特にアステカの土着宗教を邪教とし、それを禁じたため、その宗教に重要な役割を持っていたウアウトリの作付けまでを禁止した。そのため、この優れた作物は長い間、中南米では姿を消した。

最近この植物は悪い環境にも耐え、しかも種子はリジンに富み栄養的にも優れているので、国連でも二一世紀の注目すべき遺伝資源として、リストに挙げているほどである。リジンは上述のように、多くの穀類の植物蛋白では不足しがちな必須アミノ酸で、メキシコにある国際研究機関の「国際トウモロコシ・小麦改良センター」では、トウモロコシにリジンの含量を増やす「オパーク」という特別の遺伝子を組み込む努力をしているほどである。ウアウトリの種子のリジン含量は、オパーク遺伝子を入れたトウモロコシより三割がたリジン含量が高いという分析結果もある。ウアウトリの収量がどのくらいであったかは定か

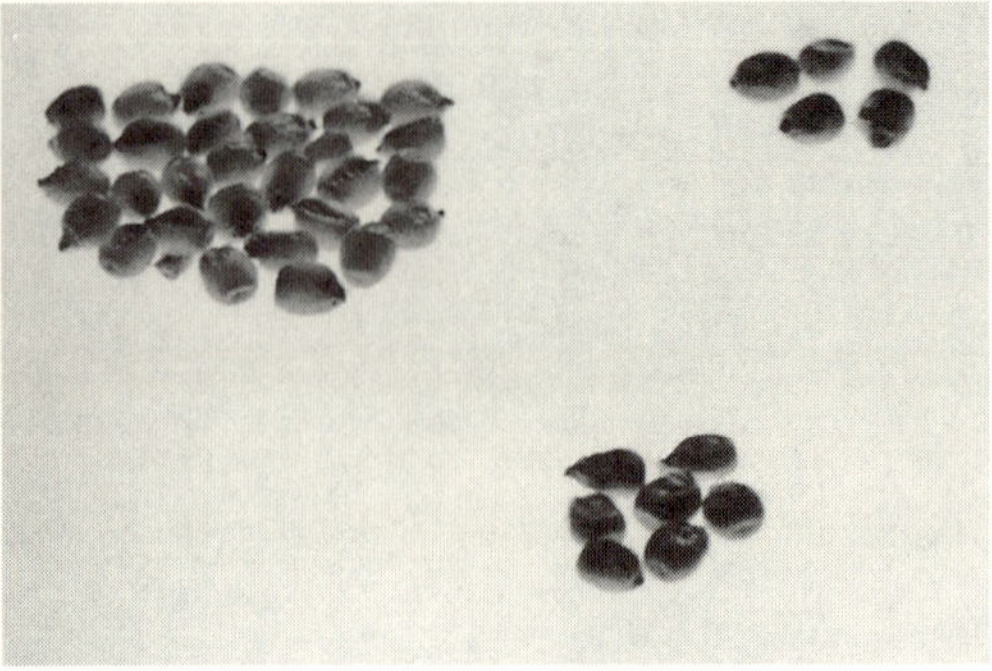

下から光をあてて透過性によりオパーク遺伝子をもつトウモロコシ粒を撰り分ける。

でないが、インドのグジャラート州での成績では一ヘクタール当たり一トンという。

この植物の特徴は、いわゆるC_4型の光合成をすることで、この型の植物はイネやムギで見られる普通のC_3型の植物より、高温や乾燥に対する耐性が強く、光合成の適温もC_3型よりも高い。光合成の初期の主産物は、アスパラギン酸であり、この物質はリジンを生合成する鍵となる中間物質である。

一説によると、ナワトル語でウアウトリと呼ばれていたものの中には、上のアマランサス属の他に、一部ケノポデウム属の植物もあったのではないかといわれる。南アメリカ起源のケノポデウム・キノアは、種子を雑穀として利用されていたので、アステカに献上あるいは税として徴収された中には、この植物も混じっていた可能性もある。メキシコでウアゾントルとよばれる植物も、ケノポデウム属の「種」の違う植物で、昔は雑穀として利用されたが、現在はむしろ種子でなく、葉茎を野菜として利用される。ウアウトリの中でも特に大粒で色の白い種類はカカワシントウレと呼ばれていたという。トウモロコシの品種でポゾレ料理に使われる大粒の品種にもこの名がついている。興味深い一致である。アステカの時代、大きくて色白のものを作物の別なくこのように呼んだのであろうか。種子を雑穀として利用する植物に

「キアグランデ」すなわち「大きなキア」とよばれるものがあり、これはハイプチス・スアベイレンスという植物である。また、ウアウトリと同じアマランサス属だが別の種のアマランサス・クルエンタスは現地でアマランスとよばれ、やはり雑穀とされる。(13・36・38・39)

トマテとヒトマテ

メキシコでトマテというのは、日本でわれわれが食するトマトではなく、ホオズキのように外側に植皮のあるフィザリス・イソカルパというナス科の植物で、ホオヅキトマトと訳されるものである。この植物はアステカの時代も含めて古くから利用されてきた。メキシコでは、トウガラシを主体とするチリソースなどに利用される。一方、いわゆるトマト(リコペルシコン・エスキュレンタム)はヒトマテと呼ばれ、その野生種はペルーやエクアドルの海岸などにあったが、これを作物としたのは自生地ではなくメキシコであった。というのは、この植物は、トウモロコシの雑草として南米から北上してきたものと説明されている。また、種子が鳥により運搬された可能性もある。

古いトマトは果実に深いヒダがあり、果実を輪切りにしたとき中は二つの室に分かれていた。現在われわれが食べるトマトはこのヒダはほとんどなく輪切りにしてみると中は多室である。このヒダをなくするのに四〇〇年もかかったとジャック・ハーランは書いている。イタリアで栽培される品種には今でもヒダがあるし、飯塚宗夫によると、メキシコのユカタン半島の外部とあまり交渉のない先住民の住むある地域には、今でもこのような古い形のトマトの遺伝子が保存されているという。

イタリア語やロシア語でトマトをポモドロといい、昔イタリアなどに最初に入ってきたトマトは、黄色

カリフォルニアにおけるトマト栽培。上：メキシコ国境に近い砂漠地帯での灌漑栽培。下：紙による保温栽培。煙突のように見えるのは降霜予報があると油をもやして防止する。

い果実をつけるものだったのではないかと想像される。ポモはリンゴのことで、ドロは黄色の意味だからである。つまり「黄色いリンゴ」というわけである。現在でも、イタリア南部には黄色い果実をつけるトマトが存在するという。飯塚宗夫はメキシコでは、アステカの言葉のナワトル語にトマトルがあって、これは必ずしもトマトだけを指すものではなく、ときにはナス科の植物全体を指すという。また、言葉の成り立ちから考えると、先にトマテつまりホオヅキトマトがあって、いわゆるトマト（ヒトマテ）はそれよりは後から利用されるようになったのであろうという。スペイン人が新大陸から鑑賞用あるいは薬用として、ヨーロッパに伝えたトマトを食用にしたのは、イタリア人である。現在のイタリア料理におけるトマトの地位を見れば歴然としている。トマトの属するリコペルシコン属には多数の野生種があり、エクアドル、ペルー、チリの海岸部やアンデス山地の中腹などに生えている。これらの植物が持つ悪い環境や病気にたいする抵抗性は品種改良上に重要なものもある。

　メキシコでハルトマタとよばれるハルトマタ・プロキュンベンスはトマトと同じナス科の植物で、野生と栽培の中間の半野生の栽培状態にある植物である。メキシコのタラウマラ、チワワなどでは歴史的にあるいは現在も食糧あるいは薬用として利用されている。この植物にはさまざまな呼称が使われてきた。ハルトマト、アルトマテが普通のようだが、なかには単にトマテ（メキシコのチワワ州）とよぶ例さえあった。トマテイジョは「小さいトマト」の意味だし、トマテイジョ・デル・モンテは「山の小さなトマト」の意味である。また、トマテ・デ・アレナは、「砂地のトマト」の意味であるし、アレナの代わりにアレニソを使う場合もあるが、これは「砂地のような」の意味である。利用される器官は果実、根、葉に及ぶが、食用にされるのはほとんど果実で、根や葉の利用は薬用に限られるようである。野生のものを利用する場合は畑で除草の際に、他の雑草と区別して除かないで残しておく例などがみられる。フィザリス属のホオズキトマトと似た利用のように思われる。(6・13・40)

（1）児島英雄「メキシコの酒」、『週刊朝日百科　世界の食べ物　五五　中央アメリカ二』（朝日新聞社）、一九八一年。
（2）『岩波生物学辞典』第四版（岩波書店）、一九九六年。
（3）Bahre, C.J. and Bradury, D.E., "Manufacture of mescal in Sonora, Mexico", *Economic Botany*, 34(4), 391-400. 1980.

(4) 飯塚宗夫「植物遺伝資源をめぐる諸問題(18)」、『農業および園芸』六〇、一一二六―一一三〇、一九八五年。
(5) Sheldon, S., “Ethnobotany of *Agave lacheguilla* and *Yucca carnerosana* in mexico's zona ixtlera”, *Economic Botany* 34(4), 376-390, 1980.
(6) 飯塚宗夫・河野義雄・柳原誠司「植物遺伝資源をめぐる諸問題(6)」、『農業および園芸』五九、一一一一―一一一五、一九八五年。
(7) ハーバート・G・ベイカー『植物と文明』、阪本寧男、福田一郎訳(東京大学出版会)、一九七五年。
(8) 利根山光人『メキシコ民芸の旅』(平凡社)、一九七六年。
(9) 吉野三郎『マヤとアステカ』(社会思想社)、一九六三年。
(10) ウェント F・W『植物の生長と環境』、輪田潔、富田豊雄訳(朝倉書店)、一九五九年。
(11) Oetiz de Montellano, “Aztec cannibalism: An ecological neccessity ?”, *Science* 200, 6121-617, 1978.
(12) 高山智博『アステカ文明の謎　いけにえの祭り』(講談社)、一九七九年。
(13) ジャック・R・ハーラン『作物の進化と農業・食糧』、熊田恭一、前田英三訳(学会出版センター)、一九八四年。
(14) Beadle, G.W, “The ancestry of corn”, *Scientific American* 242, 112-119, 1980.
(15) エブリン・フォックス・ケラー『動く遺伝子　トウモロコシとノーベル賞』、石館三枝子・石館康平訳(晶文社)、一九八七年。
(16) 菅洋「動く遺伝子」、『コスモス』四六、一九九八年六月号。
(17) Mangelsdorf, P.C., “The origin of corn”, *Scientific American* 254, 80-86, 1986.
(18) Doebley, J., “Molecular evidence and the evolution of maize”, *Economic Botany* 44 (3 Supplement), 6-27, 1990.
(19) 飯塚宗夫・鈴木健司「植物遺伝資源をめぐる諸問題(12)」、『農業および園芸』六〇、四〇一―四〇六、一九八五年。
(20) Miranda, S.C., “Origen de *Phaseolus vulgaris* (frijol comun)”, *Agrociencia* 1, 99-109, 1967.
(21) Miranda, S.C., “Infiltracion genetica entre *Phaseolus coccineus* L y *Phaseolus vulgaris* L”, *Serie de inves-*

tigacion No.9 Colegio de Postgraduados, Chapingo, Mexico. 1967.
(22) Purseglove, J.W., *Tropical crops Dicotyledons*, (Longman), 1976.
(23) Langeheim, J.H. and Thimann, K.V., *Botany Plant biology and its relation to human affairs*, (John Wiley and Sons), 1982.
(24) 飯塚宗夫「植物遺伝資源をめぐる諸問題（26）」、『農業および園芸』六一、七一七―七二二、一九八六年。
(25) 喜田茂三郎『趣味と科学　蔬菜の研究』（地球出版株式会社）、一九三七年。
(26) 安達巌『日本食文化の起源』（自由国民社）、一九八一年。
(27) 飯塚宗夫・須藤浩「植物遺伝資源をめぐる諸問題（８）」、『農業および園芸』九、一三五九―一三六三、一九八四年。
(28) Newstrom, C.E., "Evidence for the origin of chayote, *Sechium edule* (Cucurbitaceae)", *Economic Botany* 45, 410-428, 1991.
(29) 飯塚宗夫・須藤浩「植物遺伝資源をめぐる諸問題（９）」、『農業および園芸』五九、一四七七―一四八二、一九八四年。
(30) 飯塚宗夫・須藤章「植物遺伝資源をめぐる諸問題（10）」、『農業および園芸』六〇、一九―二二、一九八五年。
(31) 黒田悦子「メキシコの地方料理」、『週刊朝日百科　世界の食べ物　五四　中央アメリカ一』一九八一年。
(32) 飯塚宗夫「植物遺伝資源をめぐる諸問題（23）」、『農業および園芸』六一、三八三―三八七、　一九八六年。
(33) 飯塚宗夫「植物遺伝資源をめぐる諸問題（29）」、『農業および園芸』六一、一〇五三―一〇五八、一九八六年。
(34) Austin, D.F., "The camotes de Santa Clara", *Economic Botany* 27, 343-347, 1973.
(35) 農林水産省農産園芸局種苗課『種苗法による品種登録第一一一回』一九九八年。
(36) 飯塚宗夫「植物遺伝資源をめぐる諸問題（30）」、『農業および園芸』六一、一一六九―一一七二、一九八六年。
(37) 飯塚宗夫・鈴木健司「植物遺伝資源をめぐる諸問題（16）」、『農業および園芸』六〇、八七三―八七六、一九八六年。
(38) 塩谷格『作物の中の歴史』（法政大学出版局）、一九七七年。

（39） 山口彦之『作物改良に挑む』（岩波書店）、一九八二年。

（40） Davis, T.I. and Bye, R.A.Jr., "Ethonobotany and progressive domestication of Jaltomata (Solanaeae) in Mexico and central America", *Economic Botany* 36, 225-242, 1982.

第二章　日本の民族植物学

わが国の主要な農作物はほとんどすべて外国から渡来したものである。例えば、アワ、キビ、ヒエ、ソバ、オオムギ、コムギ、ダイズ、アズキ、イネ、サトイモ、ウリ、カブ、ダイコン、コンニャクなどは縄文時代に渡来したものと思われ、その後も弥生時代、古墳時代から二〇世紀に入るまで次々と農作物や動物が伝来した。安達巌によると、その数字は次のようなものである。縄文時代二四（五・三パーセント）、弥生時代二〇（四・四パーセント）、古墳時代二一（四・六パーセント）、飛鳥・奈良時代四八（一〇・五パーセント）、平安時代二二（四・八パーセント）、鎌倉・室町時代一二（二・六パーセント）、南蛮交易時代一六（三・五パーセント）、徳川時代前期八八（一九・三パーセント）、徳川後期および明治前期一五九（三四・九パーセント）、現代四六（一〇・一パーセント）で合計四五六となっている。この数字には動物も入っているので、そのまま有用植物の伝来数とはならないが、大体の傾向はうかがいうるであろう。

並河功は日本で土着の野生植物から生まれた作物を挙げているが、それはわずか一九種で、しかもその中には重要な作物は一つもない。日本では「和魂洋才」といって、連綿として外国から文物を取り入れ、それを改良して日本独自のものとしていったが、作物とてその例外でなかったことがわかる。しかも、並河功の挙げた一九種の作物には、現在でもまだ作物と呼ぶのを躊躇するようなものも含まれている。しかし、その顔触れをみると、いかにも日本文化を象徴するようなものもあり、そこに日本の民族植物学の片鱗をうかがうことができる。それはとりもなおさず、日本文化の特徴でもあるのだから、その大要を眺めてみるのも、けっして無駄ではあるまい。先人の研究を参考にして、並河功が数えた一九種を中心に、それ以外で外国の類似のものがあっても、明らかに日本で近縁種から独自に開発したと思われるものを付け加えて考察してみよう。(1・2)

ワサビ

ワサビ(ワサビア・ジャポニカ)はアブラナ科の植物で、中部、中国、四国などの高山、幽谷に自然の野生のものがあり、伊豆半島、奈良、信州、出雲、安芸などの山間の渓流の地で良品を産してきた。わが国で初めて記録に見えるのは、『播磨国風土記』であるという。また、平安初期の宮廷での年中儀式や制度などを漢文で記述した律令の施行細則である『延喜式』に、各地の年料を列挙した中に若狭、越前、丹後、但馬、因幡などにこの名が見えるという。『本草和名』などにも記述がある。遅くとも、一〇世紀には栽培されていたらしい。鎌倉時代(一一八三または一一八五—一三三三)には、僧侶がワサビ汁を飲んでいたという。足利時代中期(一三三八—一五七三)になると生の魚が食べられるようになり、ワサビの需要が増したという。栽培は慶長年間(一五九六—一六一四)に始まったと言われるが、その利用は徳川家康の命令で支配者階級に限られていたともいわれる。静岡県には次のような言い伝えがある。

ワサビの本場とされる、静岡県安倍郡大河内村字東木(昭和一二年当時の名称、以下も同じ)の言い伝えによると、建久四年(一一九三)に望月五郎兵衛、宮原清左衛門、白鳥五郎平の三家族が、無人の当地に甲斐より移住して開拓定住したが、慶長三年（一五九八）に至って、望月氏の子孫にあたる者が、従来は同地方に自生していたワサビを採取し栽培を試みた結果、好成績が得られたので、次第に繁殖を重ねた結果、近隣に伝播し安倍川上流の各地に産地が形成されたという。また、同県の田方郡大見村でも同地の山間部にワサビは自生していたが、その利用方法が知られず顧みられることはなかったという。ところが、偶然に明和年間（一七六四―一七七二）に安倍郡有東木の人が同地にその特産物であった椎茸の栽培法を研究にきたとき、湯ケ島の板垣勘四郎という者がその交換として、彼地のワサビ栽培の伝授を受けて試みたが大変有利であったので、次第にワサビ田を造成して産量を増し、江戸に出荷して有名となった。明治に至り天城山の乱伐で水質が悪くなり、病気も多発して危機に瀕したが、植林などを行なって水質の保全につとめた結果、明治三七、八年ころから回復したという。ワサビの辛み成分は、配糖体シニグリンがミロシナーゼによって加水分解したときに生ずるカラシ油などの揮発性物質で、特有の香りがある。

　平成一三年四月一七日付の『朝日新聞』に、飛鳥時代の日本最古の宮廷庭園である飛鳥京庭園跡から、ワサビなどの植物名が書かれた木簡が出土したという記事がでている。大半が天武天皇（在位六七三―六八六年）の前後の時代と見られるという。ワサビは漢字で「委佐俾」と書かれていた。たぶん朝鮮半島の影響を受けたこの庭園にも植物園のようなものがあったのだろうとのコメントが付されている。宮廷の植物園のようなものであったにしろ、ワサビの栽培は従来の知見より三世紀は遡ることになる。[1・3・4・28]

アサツキ

日本で栽培利用するアサツキ（アリウム・スケーノプラスム）はわが国に野生したものを栽培化したもの

と思われるが、この仲間は世界に広く分布し、その変異も大きいので分類が混乱している。ハーブの一種として利用されるチャイブもアサツキの仲間である。青葉高によると、わが国に産するアサツキの仲間も命名に混乱があるという。アサツキはネギやタマネギと同じアリウム属の植物でアリウム・スケーノプラスムとされるが、牧野富太郎の『日本植物図鑑』ではこれをアサツキとし、その変種フォリスムをエゾネギ、変種オリエンターレをシロウマアサツキとしている。一方、大井次三郎の『日本植物誌』では、アサツキは牧野説をとるが、他に変種ベルームをエゾネギ、変種シブトウエンスをシブツアサツキとした。もう一人、北村四郎の『原色日本植物図鑑』では、変種フォリスムをアサツキとし、変種ベルームをベンテンアサツキ、変種オリエンターレをシロウマアサツキ、変種シブトウエンスをシブツアサツキとした。青葉高によると、各地で栽培されたり野生しているのものを集めて比較すると、性質が異なるという。つまり、自然自生のものが、その地方で栽培に移され利用されているが、まだ品種と呼ばれるような段階でなく、もとの自生地の変異を保存しているものであろう。わが国では『和名抄』『延喜式』にその名が見えているというので、一五〇〇年もの歴史があるが、あまり人の手が加わっていないようである。青葉高によると、早晩の区別はある。アサツキの染色体の数は体細胞で一六本であるが、三倍体や四倍体の存在が報告されている。アサツキの由来は根深ネギに比べて浅いネギの意味だとか、ヒルツキ（ニンニク）より辛味が少ないので、昼に対する朝の意味だとか、いろいろの説があるという。全国にわたって野生し、古くから利用されてきたので、地方により異なる呼び名が多いという(5)。

並河功が挙げたユリ類（リリウム属）は、オニユリ（リリウム・ランシフォリウム）、コオニユリ（リリウム・マキシモビチイ）、ヤマユリ（リリウム・アウラツム）の三種である。ヤマユリなどは『古事記』にすでに記述がある。これがいつごろから栽培されたかはっきりしないが、皇極三年（六四四）六月に大伴長徳が育てたユリの中に、茎の高さが二・四メートルで、全部の茎が帯化した変異物があったなどという記事があるということから、その頃よりも以前から栽培されていたと推察される。また、『万葉集』にもユリを詠んだ歌が見られる。しかし、これらは鑑賞用としての栽培であって、食用としての記述は江戸期の元禄年間（一六八八―一七〇三）になって『農業全書』に現われたものが最初らしい。このように、徳川中期から、野菜としての利用が始まったと見られる。明治四二年には全国で七六〇ヘクタールくらいの栽培があり、北海道はじめ一二府県で栽培されていた。

ユリは日本原産のもっとも美しい花の一つである

　オニユリの花は朱赤色で暗紫色の斑点があり、花弁は反り返る。これに反しヤマユリの花は白く大きく、漏斗《じょうご》状を呈し赤褐色の斑点があり、芳香が強い。江戸後期以降日本原産のユリ類は欧米に輸出され、彼地でユリブームを引き起こした。戦後は多くの種間雑種が作られ、最近では「カサブランカ」のような銘花を生んだ。戦前もテッポウユリの球根はイースター用にたくさん輸出されたが、欧米でもこれを元に育種が進み多くの新品種が生まれた。ユリの鱗茎には約二〇パーセントの澱粉と四・五パーセントの蛋白質を含み、上述のように江戸時代からは食用に供された。現在の食用ユリの産地は北海道で、全国の八五パーセントを産する。暖地ではウィルス病が出やすいため、次第に産地はこれが出にくい北海道に限定された。現在北海道で栽培されるユリは、種類的にはコオニユリだという。そのなかに多くの品種が生まれている。北海道に自生するウバユリ、エゾスカシユリ、コオニユリの鱗茎をアイヌの人も食用としていた(3・6・7)。

ワラビ

わが国の山野に多く自生し、特に寒地の方に多い。ワラビ（プテリディウム・アキリヌム）の根から澱粉をとることは古くから行なわれ、ワラビ粉、山粉などと称された。例えば、野麦峠の東側にある長尾村では、明治中頃までは雑穀のヒエなどは栽培しないで、もっぱらワラビの根を掘ってその澱粉をとる最も重要な食物だったという。喜田茂一郎によると、ワラビの根から澱粉をとるには、根をよく洗い、台の上で木の鎚で叩き潰す。これを水の中でよく揉むと澱粉は根の糟《かす》と一緒に底に沈む。この沈澱した分を麻の袋に入れ、別に用意した桶の水に振り出すと澱粉は底に沈澱する。上澄みの水を捨て、再びあたらしい水を加えて沈澱を繰り返す。次第に灰汁《あく》が抜けて、沈澱層の表面には繊維屑などの層ができる。最後に水を捨て、沈澱物を包丁で切り取り表面の屑を削って除き乾燥し、砕いて粉とする。多分、ワラビは縄文時代から森や山の恵みとして利用されてきたものであろう。縄文時代にクズ、ワラビ、ウバユリなどの根からとる澱粉は一家族当たり一石（一八〇リットル）以上はあったものと推察されている。現在ワラビ餅と称して市販しているものは、本当のワラビの根から採った澱粉のものもあるかも知れないが、コーンスターチとかジャガイモの澱粉とか、代用品も多いのではないかと思われる。クズ餅も同様で、本当の葛澱粉のものかどうか疑問がある。

茎葉部の利用も、山野に自生するものを採取して行なわれてきた。灰汁分が多いので、食用とする前にこれを除く必要がある。並河功はワラビを作物にいれたが、それが栽培されているという話は寡聞にして私は知らない。しかし、最近では春先に出回るもので、促成栽培されているものがあるようである。タラノメとか、なんでも栽培する世の中であるから、試作している所があるのかも知れない(3・8・9)。

フキ

フキ（ペタシテス・ジャポニクス）もわが国の各地に自生する。フキは前のワラビと違って明らかに栽培に移された植物である。栽培されているものは、野生の自生するものとは違って大型で組織も軟らかく食用に適している。そのようなものが選ばれてきたものであろう。『和漢三才図会』に「津軽に産するものは、肥大して茎の周囲四、五寸（一寸は三・〇三センチメートル）、葉の径は三、四尺（一〇寸で一尺）になり、傘の代わりとして雨風を防ぐ。南の地方の人はこれを聞いても信じようとしない」という意味のことが書いてある。山口彦之によると、愛知県には愛知早生という系統が成立している。大阪には水ブキと呼ばれる系統がある。これらは、三倍体だとのことである。しかし、意外なことに巨大な秋田ブキは、染色体の数は増えていない二倍体だとのことである。

西垣繁一によって愛知早生ブキの来歴を述べると次のようである。愛知早生ブキは、愛知県の知多郡の原産といわれるが、はじめからこの地方の在来のものであったのか、他地方から移入したものであったのか、またいつ頃から作られたのか、詳細は明らかでないという。しかし、徳川末期の天保の頃、知多郡横須賀町加木屋の早川平左衛門という人が、宅地内に栽培して自家用にするほか、町内の青物商に販売していたという。明治維新後、同家は没落し廃屋になったが、屋敷跡に珍しい早生のフキが生えているのが発見され、以降町内に普及したという。この種類は明治二九年に尾西地方にも導入された。全部地下茎を使う栄養繁殖のため、たぶん愛知早生ブキの遺伝質は均一なものであろう。それに、三倍体だというので、有性繁殖はできなかったと思われる。このフキは草丈が一メートルにもなるというので、普通の野生のものに比べれば大型である。倍数性により大型化したものかも知れない。

秋田ブキの由来は言い伝えによると、天保年間（一八三〇―一八四三）に元秋田藩の梅津織之助という者が南部藩に転任した際、永年親しくしていた仁井田村仁井田（現在は秋田市）の熊谷惣蔵に北秋田郡長木村（現在は大館市）産のフキの根株を送ったのが現在の秋田ブキの原種といわれている。しかし、享保年間（一七一六―一七三五）に秋田佐竹藩の領主の佐竹義峰が、江戸城内で「藩内の長木沢にあるフキは太さが竹のようで、葉は傘と同じである」と自慢したが一笑に附され、いそいでそのフキを取り寄せて実物を見せたという話があるので、栽培に移される前からあったものらしい。大きいものは二メートルにも達するという。現在二系統あって、葉柄が淡緑のものと淡緑褐のものがあり、前者が従来からの秋田系統で、後者は北海道の系統だという。フキは『万葉集』には登場しないが、当時野生のものが利用されていたことは文献より明らかだと言われる。平安時代の「延喜内膳式」によると、フキは内膳司の菜園で栽培していたという。(3・6・10–12)

セリ

セリ（エーナント・ストロニフェラ）は日本全国の水辺、水路に自生する。いつどこで最初に栽培されるようになったのか、詳らかでない。多分、最初は自生するものを採取して利用していたものが、簡単に根をだすところから半野生状態を経て各地で栽培されるようになったものであろう。江戸は当時世界でも有数の大消費都市であったので、江戸の周辺ではこの季節を感じさせる野草は、結構需要があったのではなかろうか。そのためか、徳川中期には現在の東京都足立区周辺で、質の良いセリを産していたという。天明年間（一七八一―一七八八）頃に、西新井村本木の小宮新右衛門という人が、はじめてセリを栽培したといわれる。それ以降、江戸ではその周辺が特産地として有名になったという。昔は冬の青物のない季節にいちはやく緑の春の香を運ぶものとして、高級野菜のイメージが強く、高値で取り引きされたという。

セリは江戸の特産ではなく、今の岩手県の北上地方でも二〇〇年以上の栽培の歴史があるという。南部藩の入口にあたる黒沢尻の川辺に正保二年（一六四五）に藩直轄の中継港が設置された当時から栽培があったとされ、黒沢尻が仙台伊達藩に石巻経由で江戸からの船による往来の港として開港された明和七年（一七七〇）に至り、盛んになったといわれる。宮川八郎なる者が、仙台の名取からセリを持ち帰り、船着き場の近くで水栽培したのが始まりだという言い伝えもあるが、定かでない。宮城県名取市は仙台市に隣接するが、今でもセリの産地として知られ、仙台などに出荷されるから、ここも古くからの栽培地であったらしい。このような産地は全国的に散在したものであろう。というのは、セリのように水辺に作られる植物は輸送しにくく、特に江戸期以前はそうであったと思われるからである。『万葉集』にもセリは詠まれている。平安朝時代には、フキなどとともに栽培されていたという[12-14]。

ジュンサイ

並河功はなぜジュンサイ（ブラセニア・スクレベリ）を日本で生まれた作物に数えたのだろうか。というのは、この植物は池や沼に生育するいわゆる水生植物で、とくに栽培しているというものではないからである。ただ、自生品を採集するだけなら多くの山菜などと同じ範疇に入ると思われるからである。ただ、ジュンサイの生育する沼や水辺を他の水草や藻類などが繁茂しないように管理するのであれば、単なる野生のものを採集するのと違い、半栽培と言ってよいであろうから、そのような管理はされてきたのであろう。

ジュンサイはスイレン科の植物で、現在では市場にでるものの大部分を秋田県の産品で占め、しかもそれは山本郡山本町森のものだという。明治期の開田にともない灌漑用水が必要になり、多くの堤を築き溜池が三〇〇も残っているという。これらの池や沼にとくにジュンサイを入れたような記録もないという。自然に繁殖したものらしい。昭和一〇年頃、豊富なジュンサイに注目した鈴木太郎なる人物が、瓶詰めにして保存し、販売することを思いつき始めたという。出荷は関西方面に九割も行くという。ただ、繁殖のため茎の各節から根の出た苗を六〜八月頃に粘土を固めた玉に植えて濡れた新聞紙で包み、紙紐で結んで沼や池の底に沈めるのが良いとされているらしいが、どのくらい人工的な繁殖がなされているのか、詳らかでない。収穫した若い茎葉は熱湯処理した後に冷却し、調理して選別し瓶に詰めて殺菌封印するという。秋田駅では特産品として販売されている。『万葉集』には「ウキヌナワ」の名で登場するという。広野卓によると、平安時代には漬け菜にもしているので、万葉時代にも吸い物や漬けものに利用されていたのだろうと推論している。江戸時代に京都では、伏見沢のジュンサイが有名であったという(12・15)。

サンショウ

並河功が取り上げた植物の中で、サンショウ(ザンソキシラム・ピペリツム)は唯一樹木状になる植物である。サンショウはミカン科の植物で、わが国の山野に自生する。雌雄異株で、球状の小さな朔果が房状につき、成熟すると赤くなり裂開して、黒い種子が露出する。朝倉サンショウという種類は刺がなく、これについては『和漢三才図会』につぎのような記述がある(意訳した)。但馬の朝倉谷で初めて発見され、その谷の両岸四五町の間にみなサンショウがある。丹波・丹後ではその枝を接ぎ木して、丹波の朝倉サンショウとしている。近ごろでは津軽でも多く産出する。また『雍州府志』には「但馬の国朝倉より出るものは品質よく、京都富の小路で売っている」とあり、一方『延喜典薬式』には紀伊国のサンショウの記述があるといわれ、これは但馬のものと系統が異なるらしいが、詳らかでない。このような記述からみると、サンショウは自生のものだけでなく、栽培もされてきたようである。

サンショウには、葉、樹皮、果皮に刺激性の強い辛みがある。その成分はサンショールの存在による。春の若い葉を香味料として用いる他に、種子は香辛料として使う。また成熟する前に青い果実は青サンショウとして塩漬けにして蓄える(3)。

ミョウガ

ミョウガ（ジンジバール・オフィシナレ）はショウガ科の植物で日本の各地に自生しているため、古くから独特の香りが愛用されてきた。若い茎や花穂を利用する。花芽は地下茎の先端にでき、初夏七月初旬から花蕾として地上にでてくる。秋ミョウガは晩夏八月下旬から収穫する。最近では、ミョウガのライフサイクルを支配する環境条件が解明され、促成栽培が行なわれるようになり、かなり早くから市場に姿を表わしている。ミョウガは並河功が挙げた日本固有の作物の中では、もっとも特徴ある作物の一つとなった。品種分化というほどのものはないが、夏ミョウガと秋ミョウガの区別のあるのは、一種の系統分化であろうか。群馬県では通称「陣田早生」と呼ばれる夏ミョウガが栽培されているという(16)。

オカヒジキ

青葉高がオカヒジキ（サルソーラ・コマロビ）を紹介する文を書いた昭和五四年に彼はこの植物を「山形県特産の野菜で、ほかの府県ではほとんど栽培されていない」と述べた。しかし、現在は他の産地もできているのではないだろうか。オカヒジキはアカザ科の植物で、山形県の庄内地方の海岸に自生していた。青葉高によってこの植物が最初に山形県で特産物として栽培されてきた来歴を述べてみよう。庄内の物産を紹介した延宝元年（一六七三）『松竹往来』の青物の部に、北俣の岡ミルの名があるという。北俣は、海岸から二〇キロもある山あいの鉱泉のある集落で、当時から庄内海岸原産のこの植物を栽培して、一種

市販されるオカヒジキ

の特産品となっていたのではないかと青葉高は推察する。文政一一年（一八二八）『本草図譜』にはオカミル（江州）、クガヒジキ（松前）、オクヒジキ（米沢）、マツミル、エンケモン（蝦夷）などと記述されているという。山形県でも米沢のような内陸部では、この時代から作られていたことをうかがわせる。江戸期に最上川の船着き場のあった、現在の地名では南陽市にはいる宮崎という所で、栽培が始まったといわれる。明治期になり、同村砂塚の長谷部蔵平という者らが、普及と改良につとめた結果、栽培が広まったという。

オカヒジキは緑の茎に円柱形で多肉質の葉がつき、海草のヒジキに類似した形態をなすところからこの名がある。海岸の自生地では、大きくなると枝わかれして直径一メートルにも広がり、老化すると葉は硬くトゲ状になるので、海水浴客からは嫌われたと青葉高は書いている。種子には休眠があり、数カ月は発芽しないという。自生地では冬を越すか、あるいは湿った状態にして低温におくと発芽するようになる。開花は短日により起こるので、冬のハウス栽培では電照して長日にする。青葉高はオカヒジキの種をこも包みにして、樹上で冬期間低温にあわせながら貯蔵するという珍しい写真を紹介している。ニラのように同じ株から数度刈って収穫できるらしい。最近では、各地のスーパーの店頭でも見かけるようになった。(17)

ウド

ウド（アラリア・コーダタ）は春の到来を告げる香り豊かな山菜である。全国の山野に自生し、現在でも山の自生品がヤマウドとして相当出回るが、栽培品は暗いむろなどで軟化栽培した白い、いわば徒長した茎を利用する違いがある。栽培品と野生のものと遺伝的な差異はあまりないのではないかと想像される。ただ産地では、軟化栽培した時によく伸び、白い良品が得られるような株を保存して使用していると思われる。日本の全国に分布するとすると、地方により自生のものに変異が存在するのは当然でろう。それから、各地方で採取し栽培が始まったとすると、地方により芽のでる時期の早晩などに相当違いはありうるであろう。

大正一一年（一九二二）に東京で平和博覧会があったとき、埼玉、東京、神奈川、愛知、京都、大阪などの産地から出品されたというから、全国的に栽培は広がっていたものであろう。愛知県の尾張も良品を産することで有名らしい。愛知のウドについて、西垣繁一の記述により紹介すると、この地方の栽培は江戸期に始まり、昭和初年には一五〇ヘクタールに作られたという。この品種は「紫芽」で関東でも「愛知紫」として知られ、春ウド系だという。愛知県では、元禄一一年（一六九八）に尾張藩が編集した『尾張風土記』に海部郡のウドについての記述があるというので、その時代から栽培があったと思われ、安政年間（一八五四―一八五九）にはすでに相当の栽培がみられたという。明治一二年ころに、中島郡の津坂茂右衛門は、それまでの同地方のウドは雑駁であったため改良につとめ、明治一五年にいたって、優良なものを選び「坊主」とした。葉柄が短く、軟化茎に赤い斑点があった。他産地では「愛知坊主」と呼ばれた。大正七、八年頃に同じ中島郡の住田善次は、実生から晩生の軟化した茎がやや細く葉柄の伸びやすい「白芽」を選びだしたが、性質が弱い欠点があった。これから、昭和の始めに選び出されたのが、前述の「紫芽」だという(18)。

ミツバ

セリ科の植物(クリプトタエニア・ジャポニカ)で、わが国の北から南まで各地の山野に自生し、古くから野生のものが食用にされたが、江戸中期の一七世紀の末に栽培が始まり、一八世紀の始めにはすでに軟化栽培が行なわれていたらしい。茎の赤いものと青いものがある。種子をまいてから二〜三カ月で収穫する糸ミツバ、春に種をまいて株をふとらせ、次の年の春に株際に土寄せして軟化して根をつけたままで収穫するものを根ミツバ、軟化して三〇センチくらいに切ったものを切りミツバという(19・20)。

ツルナ

ザクロソウ科の植物(テトラゴニア・エキスパンサ)で、わが国だけでなくアジア南部、オーストラリア、ニュージーランド、中国などにも野生する。海岸に生える蔓性の植物である。茎葉ともに多肉質で軟らかい。栽培は容易である。多分、自生するものが利用されてくるうちに、自然に栽培化されたものであろう。

日本以外にも自生するとすると、この植物を栽培に移したのは日本だけなのであろうか。しかし、この植物は有名なキャプテン・クックの航海の際にニュージーランドから採集され、英国で栽培された記録があり、「ニュージーランドのホウレンソウ」の異名があるという。しかも、この植物はニュージーランド原産で栽培化された唯一のものだという。また、この植物は植物学的にはマツバギクの類に属するが、この属の他の種は食用には利用されていない。味はホウレンソウに近いが、乾燥に耐える性質があるのでホウレンソウが採れない季節に野菜として奨励された歴史が西洋にはあるらしい。この植物が現在西欧諸国で栽培されているのかどうか情報がない。このように自生地が広い場合には、異なった地域でまったく独立にそこで栽培化されることがある。ツルナは一名ハマヂシャともいう(19・27)。

ハマボウフウ

セリ科の植物（フェロプテルス・リットラリス）で、北海道から沖縄まで、海岸の砂地に自生する。台湾、中国にも生える。根は深く、地下茎とともに黄赤色で地上部は短い。江戸時代から自生のものを採取して利用されてきたが、栽培されるようになったのは明治期以降である。砂の多い土壌や火山灰土壌に良く育つ。春に種を撒き、株を養成してから一〇月末に掘り上げ、床にふせ込んで、軟化栽培をする。葉柄は一五センチほどに伸びたとき、太陽にあてて鮮やかな赤色に着色したものを収穫する。この植物も台湾や中国にも自生するとすると、利用しているのは日本だけなのであろうか。根は漢方で風邪の薬のボウフウの代用とされる(20・21)。

タデ

タデ科の植物（ポリゴヌム・ハイドロペピル）で、わが国の山の川辺、湿地に自生する。普通栽培されるのは、ヤナギタデである。芽物用に子葉が濃赤紫色で辛みのある、ベニタデを使用する。刺身のつまとして利用する。アオタデ種は本葉四～五枚のときに収穫する。若い生長部分をタデ酢として鮎料理に使う。使用法がきわめて限定されている珍しい例であろう。ベニタデは、高級料理店などで使用するが、日本的作物の極致であろう。星川清親によると、早春に種まきをして、梅雨に入る前に定植し、一〇月に採種し水分を与えて桶に蓄え、適時必要に応じて加温し、発芽させて使用するという。上のタデの変種であるアザブタデやホソバタデも香辛料や刺身の「つま」に使われる。後者は栽培もする。『万葉集』にもタデを詠んだ歌がある。この時代には野生のものを採集しただけなのか、必ずしも定かでないが、半栽培的な状態のものもあったようである。この時代には実を味料としたり、根は薬用に供したらしい(12・20・21)。

マツナ

マツナ（スアイダ・グラウカ）はアカザ科の植物で海岸に自生しており、栽培もされる。若い葉や若芽を利用するが、種をまいてから三カ月くらいで収穫可能である。比較的低温適応性があるので、ハウスを利用すると冬季の栽培も可能である。詳細についてはあまり記述がない。

ツクシ

ツクシ（エキセツム・アエベンス）はトクサ科の植物でスギナの胞子茎をいい、春を告げる植物として親しい。ときたま、野外で摘んだものを利用することはあるが、栽培されているという話を私は寡聞にして知らない。早春に温床に入れて軟化栽培することもあるという記述もある。並河功がなぜこの植物を日本で作物化した植物一九種の中にいれたのか、判らない。ただ、採集したものを利用するにしても、トクサ科の植物を食べる民族は日本人以外ないと思われる。そういう稀少価値は十分にあろう[20]。

以上のように見てくると、日本の民族植物学に登場する有用植物は、いかにも日本的な四季の訪れを演出するような植物が多い。これは、日本の食文化の特徴でもある。ここにあげた植物は、多く野生のものが利用されるといった歴史を経て、栽培に移されたのは意外に新しいものが多い。外国から伝来した主要農作物がむしろこれらよりは古い歴史を持ち、その渡来や伝来の経過が不明なほどであるのに、日本で作物化されたこれらの植物の方が歴史が新しいといった、逆転が多く見られるのも特徴である。その理由はこれらの植物には、民族の生死を支配するような穀物類や芋類などの食用作物がなく、いずれも香辛料とか料理に彩りを添えるといった種類のものが多いからである。しかし、これらは日本の四季の象徴ともいえる日本ならではの植物であり、それを作物化した日本人の感性を賞賛すべきであろう。

並河功が取り上げた植物の中には木本となるものはサンショウ一つだけだったが、果物の中には近縁のものが外国でも栽培化されたものがある。日本でも日本に自生するものから栽培植物に仕上げられ、日本独自の果物となったと思われるものがいくつかある。これらも、日本の民族植物学の中に入れる資格は十分あるものであろう。菊地秋雄によると、日本に自生したものからわが国で栽培化したものとして、日本梨[23]、日本栗、柿がある。果物以外では並河功があげていないものでヤマゴボウなどは特筆すべきものもある。

ヤマゴボウ（ゴボウアザミ）

ヤマゴボウ（シルシウム・ヂプサコレピス）はゴボウアザミともいい、キク科の植物で、わが国の中部以南の山野に自生するものを、明治期に栽培野菜化したもので、歴史は新しい。モリアザミ、ヤブアザミ、菊ゴボウ、白山ゴボウ、三瓶ゴボウなどと地方により通称が異なる。各地方で味噌漬けなどに加工して、土産物として販売する。長野県などでは、優良系統を選抜し奨励している。ノアザミの葉に近い、切れ込みの大きい葉をつけるものから、丸葉のものおよびその中間形と類別されている。切れ込みの大きい葉をつけるものは根が長く、丸葉のものは根は短いが太いという。土壌伝染性病害に起因する連作障害がでるため、栽培地は移動するという。いわゆる花茎が伸びて抽薹《ちゅうだい》すると根は木質化して、用をなさない。ある一定の大きさ以上の植物が低温に遭った後で長日におかれると抽薹する。漬物にする前にアクを抜く必要があるという。まだ、野生の性質を残している証拠であろう[22]。

日本ナシ

この日本ナシの属する植物「種」であるピルス・セロチナは中国中部、朝鮮南部、日本中部以南に生えているが、この植物を果樹にしたのは日本で、名実ともに本邦特有のものである。日本ナシは日本の中部より南に自生するニホンヤマナシが元となったものである。『日本書紀』の持統天皇の条（六九三年）に記述がある。『延喜式』（九〇五―九二七）に甲斐より青梨子を献上したとあり、一〇世紀以前から、甲斐は梨の産地だったらしい。『甲斐国志』（一八〇五―一八一一）によると、『延喜式』以来有名な青梨は、当時甲斐のいたるところに栽培されたことが記述されている。しかし、この青梨が現在の日本ナシと同じものかどうかは、疑問があると菊地秋雄は書いている。甲斐はピルス・ホンドエンシスという学名のあるアオナシの自生する中心地で、この植物は現在の日本ナシの属するピルス・セロチナの野生種と異なり、肉質が軟らかく多汁で芳香があって食用になるが、果実は三センチほどにしかならない。アオナシのなかでも良品のものが珍重されたのかも知れないという。

しかし、江戸期の文献には明らかに現在の日本ナシと同種と思われる品種などの記載が増加する。『本朝食鑑』（一六九六年）、『大和本草』（一七〇八年）、『和漢三才図会』（一七一三年）などには、日本ナシの記載がある。天明二年（一七八二）に越後国蒲原郡の阿部源太夫という梨の栽培者が「梨栄造育秘鑑」という原稿本を書き、家宝として同家に伝えられているが、この内容を菊地秋雄が書き移したものによると、それに品種の記載があり、早生二四種、中熟種一九種、晩熟種五六種の合計九九種もの品種があるという。同地のナシは、享保年間（一七一六―一七三五）に栽培がはじまり、上記阿部源太夫の父の源左衛門が、上野国から「赤竜」という品種を移入したという記録もあるという。古い品種の記録は、群馬県、山形県、神奈川県、石川県、岡山県などにもあり、徳川期の後半には全国で一五〇以上の品種が存在したのは間違いないといわれる。

明治期になると、現在でも著名な「長十郎」、「二十世紀」があらわれたのである。昭和九年（一九三四）度の統計によると、日本ナシの品種は栽培面積の大きい方から、長十郎、二十世紀、早生赤、晩三吉、菊水、八雲の順となっている。長十郎は、明治二七、八年頃に神奈川県橘樹郡大師河原村出来野（現在は川崎市）の富麻辰次郎（屋号が長十郎）のナシ園で、偶然に発生した実生（多分こぼれ種から芽生えた実生だろう、一説ではゴミ捨て場に生えたものだという）として発見され、実が成ったのを見てその価値が認識されたもので、上記の年代は芽生えが出てきた年代ではなく、この価値を見いだした年代ではないかと思われる。二十世紀は、千葉県東葛飾郡八柱村大字大橋の松戸覚之助が、先々代の時代からあったというやはり偶然に発生した実生として紹介したのが始まりである。明治一〇年頃に生じた実生ではないかと思われる。これに二十世紀と命名したのは、東京にあった興農園の渡瀬寅次郎と池田伴親であると言われるが、後者は明治三四年（一九〇一）に大学をでているので、多分実際の命名に加わったのは同氏の父の池田謙蔵だったろうと言われる。菊地秋雄は大正四年以来ナシの人工交配に取り組み、二千本以上の実生を育成し、その中から菊水（太白×二十世紀）、八雲（赤穂×二十世紀）新高（天ノ川×今村秋）を作り昭和二年に発表した。いずれもナシの大敵の黒斑病に強いものだった。新潟県農事試験場では二十世紀の実生から、昭和一六年に新興を育成した。

長十郎と二十世紀は今でも生産があるが、その後に発表された新品種が最近では市場を席巻しつつある。いわゆる三水と称される豊水、幸水、新水などの品種群で、第二次大戦後に農林省の果樹試験場で育成されたものである。ちなみに、平成一〇年（一九九八）度の統計によると、栽培の多い方から幸水、豊水、二十世紀、新高、長十郎の順となっている。日本ナシの栽培は一九八二年度の統計で、栽培の多い方から、鳥取、茨城、千葉、福島、長野、埼玉、栃木、新潟、福岡、愛知の各県の順となっている。鳥取が一九パーセントを占めるが、これは「二十世紀」の栽培が多いことによる。(23)

カキ

日本のカキ（デオスピロス・カキ）は日本で多様性を増したものであり、日本の南半分のいたるところに自生植物を見ることができるが、本当の野生のものか野生化したかつての栽培木か区別できない。果樹園などで集団で栽培されるものと別に、柿は昔は各家の屋敷に一本か二本生えており、その果実などからみると、それらは一本一本性質や果実の形態が異なるようなものが多かった。遺伝子レベルででも調べないと決着のつかない問題のように思える。私はこの植物は、日本の優れた民族植物学の対象のように思えてならない。しかし、今多分この遺伝子の多様性はカキそのものの減少により、消滅しかかっているのではないかと思う。山里の山の裾野の畑や、山と人家との境界あたりに野生とも栽培ともつかないカキが多く生えている。昔はそのような、品質がバラバラの果実でも家庭消費の対象にされてきたが、現在では誰も採らないので、秋遅くまで木に赤い実を晒していることが多い。

菊地秋雄によると、わが国でカキを果樹か果実として記載した古い文献は、『本草和名』（九一八年）と『倭名類聚抄』（九二三—九三〇年）である。『延喜式』（九二七年）には菓子類として熟柿子、干柿子がある。これによると、宮廷の果樹としてカキ百株が植えられていたという。鎌倉時代に僧玄恵（一二六九—一三五〇年）の書いた『庭訓往来』に柿、樹淡（キザハシ）、木練（コネリ）の名が現われている。コネリ、キザハシは共に現在では甘柿の一般的名称である。室町時代の文献『尺素往来』（一四八九年）には、カキと共に稗柿があり、ホシガキと訓がつけられている。しかし、カキの品種が文献に現われるのは徳川期になってからで、松江重頼の『毛吹草』（一六四五年）という俳諧連歌の本には、丹波の「筆柿」、山城の「木練柿」、美濃の「釣柿」、安芸の「西条柿」、伊勢の「串柿」、大和の「御所柿」などがある。昭和初期頃に存在した品種は一八世紀までに大部分作られていたもののようである。

神奈川県都筑郡（現在は横浜市）には甘柿の「禅寺丸」の老木が多かったが、その来歴を調べてみると建保二年（一二一四）に都筑郡柿生村王禅寺の星宿山蓮蔵院の再建に際し、材木伐採の時に山中に偶然に発見され、風味が良く豊産なので、次第に栽培が広まり、徳川時代には各農家の宅地内に植えられ、昭和二三年当時二〇〇〜三〇〇年の老木がいたるところに見られたという。昔から接ぎ木用として販売された「禅寺丸」はこれだという。各地の多種多様な品種もこれと似たような来歴をもって、各地に伝えられてきたものであろう。その中で特に品質の良いものが、果樹園方式で作られるようになったものであろう。甘柿では岐阜の「富有《ふゆ》柿」などがある。渋柿の代表格の「平核無」は、新潟県の「八珍」を行商人から買った山形県鶴岡の鈴木重行が最初に栽培したが、その品質を認めた酒井調良がその普及に努めた結果、「庄内柿」として有名になった。京都大学の菊地秋雄はこれを、大学付属農場に植えてその優秀性を認めたので、和歌山などの関西にも栽培が広がったといういきさつがある。新潟では庄内での成功に触発されて、植えるのを増やし「おけさ柿」のような名で宣伝している。「平核無」は九倍体で染色体の数が体細胞で一三五もあるといい、文字通り種子が無い。「富有柿」は、山田昌彦によると、元来岐阜県本巣郡巣南町（旧川崎村）居倉の小倉初衛の屋敷の中にあって「居倉御所」と呼ばれていた。一説には「水御所」

と呼ばれていたとする。同村落の福島という人が、この枝をとって明治一七年に接ぎ木で殖やし栽培した。そこで成った果実を岐阜県で開催されたカキの品評会に出して、賞を取った。この福島氏はさらに別の品評会に出すに際して、川崎村の川崎尋常小学校校長の久世氏に相談し、「富有」と命名したという。同校長は中国の古典『礼記』の中の「富有四海之内」から取って命名したという。しかし、菊地秋雄によると、明治三五年(一九〇二)に農商務省農事試験場園芸部で、カキの品種を全国から集めた機会にその価値が評価され、明治三六年に岐阜県で品評会が開かれた際に、恩田鉄弥が優良な品種として推奨し、これに「富有」と命名してから次第に甘柿の王座を占めるようになった。出典などを示しているので、小学校長命名説の方が、正しいようにも思われる。恩田鉄弥は農商務省か学会サイドの人だったようなので、このカキを推奨したのかも知れない。山田昌彦によると、この「富有」の生まれた岐阜県本巣郡南部では一〇キロメートル平方くらいの場所に「富有」、「天神御所」、「むしろ田御所」、「晩御所」、「裂御所」、「水御所」などの完全甘柿の原産地があり、その周辺にも「鷺山御所」、「徳田御所」の原産地があるという。「御所」は奈良県御所《ごせ》市の原産と考えられるが、この「御所」が岐阜県のこの地方にも導入され、そこにあった渋柿や不完全甘柿と交雑し、さらに兄弟同士が交配したり、また「御所」が交雑したりして、この狭い地域にたくさんの「御所」の名のついた柿が生じたのであろうという。このように、カキは遺伝的多様性ということで、きわめて興味深いが、この植物の元は中国から渡来したという説をとる人もいる。

昭和九年度のわが国のカキの栽培は面積の大きい方から、甘柿では富有、次郎、御所、禅寺丸、甘百目の順である。渋柿では堂上蜂屋、西条、会津身負知、平核無、衣紋、横野の順である。現在、市場に出回るのはほとんどが甘柿では富有で、渋柿では平核無である。平核無は上述のように、庄内柿として確立したのが最初であるが、京都大学の教授であった菊地秋雄はこの品種の渋を抜いた後の品質に注目し、他の品種の追随を許さぬと激賞している。そして、みずから大阪府高槻市にあった京都大学農学部付属農場に〇・二ヘクタールにわたって植えたが、成績はきわめて優秀であったと書いている。現在この品種が山形県庄内などの東北地方から飛び離れて、関西の和歌山県に産地があるのは、菊地秋雄の努力がその基盤にあるものと思われる。カキは戦後も品種改良が試みられ、いくつかの新品種が生まれたが、リンゴや日本ナシのような成功は見られず、上述のように富有や平核無の伝統的品種が今もその王座を保っている。ちなみに、平成一〇年（一九九八）産についてみると、甘柿の約八割は富有と次郎で占め、渋柿のほとんどは平無核が占めている。また、いわゆる干し柿にされるのは、各地方の特有の品種の場合が多い。私の少年時代の記憶をたどると、郷里の山形県鶴岡市にも、多様に命名された在来のカキがあり、それはきわめて多様なものであった。鶴岡市にある地名をとって「万年橋柿」とか「大宝寺柿」とか呼ばれているものが多数あった。ただ、東北地方では温度が足りないために大部分は渋柿で、私の友人の家にあった「木ざわし」とよばれた甘柿は小型で大きな種のあるカキは、いわゆるゴマと称される胡麻状の黒点を褐色の堅い果肉にちりばめた品種であった。甘柿の北限は山形県と宮城県とされる。そして当時の在来種は極端なことを言えば一本一本違うと言っても過言でないような状態だった。大規模に経済栽培されるような品種を除外すれば、日本のカキの在来種はそのような状態だったのである。カキの栽培は一九八二年の統計では、栽培の多い方から福岡、山形、和歌山、岐阜、奈良、愛知、福島、新潟、愛媛、鳥取の順になっている。山形、和歌山、新潟は「平核無」の栽培が多い。岐阜は「富有」が多い。(23・24)

日本クリ

佐藤洋一郎は青森の三内丸山や全国の遺跡で発掘されたクリの標本からDNAを取りだし分析した結果、縄文時代に野生と栽培の中間段階にあったと推測している。その栽培化の程度が遺跡により異なっており、日本列島に縄文時代に種々の程度の栽培状態が混在していたと推測している。

クリの属するカスタネア属の植物はヨーロッパ、アメリカに別の種があり、そこでそれぞれ独自に栽培化された。日本のクリはカスタネア・クリナタという学名を持つ種で、わが国では全国的に分布する。おそらく、縄文時代からよく利用されたにちがいない。そのため古くは『本草和名』、『倭名類聚抄』、『医心方』などに登場する。奈良・平安時代も野生のものが利用され、丹波、但馬などはこの時代からクリの名産地として知られた。『日本書紀』の持統天皇(六八七—六九六)の条に、クリを植えることを諸国に奨励したことが書いてある。平安時代やそれ以前からすでに大きな実をつけるものが存在したらしい。『花壇地錦抄』(一六九四年)に丹波大栗をはじめ品種らしきものが記載されている。『毛吹草』(一六四五年)、『和漢三才図会』(一七一三年)、『本朝食鑑』(一六九六年)、『大和本草』(一七〇九年)、『本草津名目啓蒙』(一八〇三年)などにもクリについての記述がある。これらの文献には、しかし品種名を挙げたものはなさそうである。丹波栗なども一種の産地銘柄であって、品種の名前ではないだろう。

品種と思われるものでもっとも古いものは、「長光寺(長興寺)」であろうという。文禄年間(一五九二—一五九五)京都府亀岡町長興寺の僧侶がどこから持ち帰ったかは不明であるが、優秀な大クリを丹波地方に広めたと言われる。これは大クリとして「長興寺」の名前の現われたはじめで、その後この品種の実生が各所に現われたといわれる。大阪府豊能郡には昭和二三年当時三〇〇年くらいのこの品種を接ぎ木した老木が存在した。この地方に当時残存した巨木や老木はみな「長興寺」種であったという。丹波クリの古い栽培地は、京都府南桑田郡にもあり、昭和二三年当時老木が多く、品種も多く存在した。前者には「盆栗」、「福西」、「今北」、「銀寄」、「長起寺」、「霜坂栗」、などがあったことが、明治四二年の『京都府園芸要鑑』にでているという。「長起寺」は多分上述の「長興寺」と同じものかも知れない。これらのなかで、特に「銀寄」はその後有名になった重要な品種であるが、この来歴は天明・寛政（一七八一－一八〇〇）の頃、能勢地方一帯の大かんばつに際し、穀物は稔らず大変困難に直面したが、栗を亀山（亀岡）地方に送り、多数の銀札を寄せたので、「銀寄」の名がついたという。クリのわれわれが食べる部分はいわゆる農学的意味では種子であり、これを植えれば容易に実生が得られる。したがって、縄文期以来大いに利用されてきたこの植物の場合、いろいろの異なった性質を持つものが成立するチャンスは多かったものと思われる。最初に大果をつけるものの選抜に向かったことは容易に想像される。大正二年にクリの品種名称調査会が京都府農事試験場綾部分場において開催され、全国から集めた中で品種名を有するものは五一に達し、鑑定の結果同物異名が整理された。例えば銀由、銀善、銀芳、銀吉などは「銀寄」の同物異名とされ、大丹波、皺中、献上栗、テテウチ、長興寺は「長光寺」の同物異名とされた。また、金吉、金善、金芳は「金由」の異名とされた。このように、異なった地方に伝播する過程で同じ発音をする「音」に異なった字があてられるのは他の作物にも共通しており、例えば稲の品種の場合にもその例は多い。現在クリの栽培が多いのは、茨城、愛媛、熊本で、次いで山口、宮崎、埼玉、石川、岡山、大分、栃木の順となっている。クリにはクリタマバチという強害虫があり、品種改良ではこの害虫に対する抵抗性が重視される[23・25・26]。

(1) 安達巌『日本食物文化の起源』(自由国民社)、一九八一年。
(2) 並河功『蔬菜種類論』(養賢堂)、一九五二年。
(3) 喜田茂一郎『趣味と科学　蔬菜の研究』(地球出版株式会社)、一九三七年。
(4) Chadwick, L.I., Lumpkin, T.A., Elberson, L.R., “The botany uses, and production of *Wasabia japonica* (Miq.) (Crucuferae)”, *Economic Botany* 47(2), 113-135, 1993.
(5) 青葉高『日本の野菜　果菜類・ネギ類』(八坂書房)、一九八二年。
(6) 山口彦之『作物改良に挑む』(岩波書店)、一九八二年。
(7) 八鍬利郎『アイヌの食糧　食用ユリ(百合)』、農耕と園芸編『ふるさとの野菜』(誠文堂新光社)、一九七八年。
(8) 佐々木高明「稲作以前の生業と生活」、日本民俗大系3『稲と鉄　さまざまの王権の基盤』(小学館)、一九八三年。
(9) 佐々木高明編『日本文化の原像を求めて　日本農耕文化の源流』(日本放送出版協会)、一九八三年。
(10) 西垣繁「全国ふきの元祖　愛知早生ブキ(蕗)」、農耕と園芸編『ふるさとの野菜』(誠文堂新光社)、一九七九年。
(11) 富樫伝悦「身のたけ越す自慢の名物　秋田ブキ」、農耕と園芸編『ふるさとの野菜』(誠文堂新光社)、一九七九年。
(12) 広野卓『食の万葉集　古代の食生活を科学する』(中央公論社)、一九九八年。
(13) 大城芳彦「水質汚濁に消えそうな　水ゼリ(芹)」、農耕と園芸編『ふるさとの野菜』(誠文堂新光社)、一九七九年。
(14) 小原房雄「わき水に育つ　北上セリ(芹)」、農耕と園芸編『ふるさとの野菜』(誠文堂新光社)、一九七九年。
(15) 富樫伝悦「ぬるが命　ジュンサイ」、農耕と園芸編『ふるさとの野菜』(誠文堂新光社)、一九七九年。
(16) 湯谷譲「古くからの香辛料　ショウガ」、農耕と園芸編『ふるさとの野菜』(誠文堂新光社)、一九七九年。
(17) 青葉高「海岸から山奥へ上がった　オカヒジキ」、農耕と園芸編『ふるさとの野菜』(誠文堂新光社)、一九七九年。
(18) 西垣繁一「安政からの歴史　尾張のもやしウド(独活)」、農耕と園芸編『ふるさとの野菜』(誠文堂新光社)、一九七九年。
(19) 斎藤隆「柔菜類」、野口弥吉・川田信一郎監修『第二次増訂改装農学大事典』(養賢堂)、一九八七年。
(20) 女子栄養大学出版部編『食用植物図説』(女子栄養大学出版部)、一九七〇年。
(21) 斎藤文四郎「生菜、香辛菜類」、野口弥吉・川田信一郎監修『第二次増訂改装農学大事典』(養賢堂)、一九八七年。
(22) 大谷英夫「野生植物の根を食べる　ヤマゴボウ」、農耕と園芸編『ふるさとの野菜』(誠文堂新光社)、一九七九年。
(23) 菊地秋雄『果樹園芸学　上巻　果樹種類各論』(養賢堂)、一九四八年。
(24) 山田昌彦「カキ」「『富有』の由来」、日本人が作りだした動植物企画委員会編『日本人が作りだした動植物　品種改良物語』(裳華房)、一九九六年。
(25) 佐藤洋一郎『縄文農耕の世界　DNA分析で何がわかったか』(PHP研究所)、二〇〇〇年。
(26) 吉田雅夫「クリ」、野口弥吉・川田信一郎監修『第二次増訂改装農学大事典』(養賢堂)、一九八七年。
(27) ドゥ・カンドル『栽培植物の起源　上』、加茂儀一訳(岩波書店)、一九五三年。
(28) 朝日新聞「飛鳥の薬草木簡に」二〇〇一年四月一七日号。

第三章　多様な有用植物

嗜好料植物

コーヒー

コーヒーの誕生と伝播

イタリアはベネチアのサンマルコ広場で、サンマルコ寺院に向かって立って右側に広場に面してフロリアンという有名な茶房がある。一九九八年三月のある日、私はそこでしばしの時を過ごした。この茶房は一七二〇年創業で、その昔、かのゲーテやルソーなども常連であったといわれている。コーヒーがはじめてヨーロッパに入ったのは、このベネチアからで、それは一六一六年のことで、それから四半世紀後の一六七五年に英国には、三〇〇〇軒ものコーヒーハウスがあったといわれている。一六九〇年にはオランダに伝わった。ヨーロッパでいかにこの飲料が人々の嗜好に合ったかがうかがわれる。

現在、コーヒー飲料として飲まれているものは、いずれもコフィアという属に分類されているアカネ科の植物の種子が原料であるが、この属に属する植物中、アラビカといわれている「種」が九〇パーセント、

コーヒーは海上貿易都市ベネチアを経てヨーロッパに伝えられた

カネフェラ「種」が九パーセントで、あとわずかリベリカという「種」が一パーセントほどである。このうち、アラビカは染色体数が全数(体細胞)で四四の四倍体であるのに対して、あとの二種は全数二二の二倍体である。この他に、ごく地域的に利用されるコフィア属の「種」が七種ほどある。

もっとも多く使われるアラビカ種のふるさとは、エチオピアの標高一四〇〇~一八〇〇メートルくらいの山地で、はじめから飲料とされたわけではなかった。エチオピアでは、最初は種子を粉に挽いてそれにバターを加えて丸薬に丸めて、砂漠の旅に携帯したらしい。コーヒーの生えている森が山火事になったときに、焦げたコーヒーの種子の芳香に気がついたなどという言い伝えもある。エチオピアから外に伝わったのは、六世紀後半だという説もあるが、はっきりしないという人もいる。七世紀になると、アラビア人は、このエチオピア原産のコーヒーを液汁にして飲むことを始めたらしい。九世紀の末にはペルシャ人がコーヒーの種子、すなわちコーヒー豆を火で煎ってから飲むことを始め、一〇世紀にはアラビア人が、今に近い形で飲料とすることを始めたらしい。ペルシャでコーヒーが飲料とされているのを見て、これをアデンのイスラム教の管長のジェマレッデンという人がアデンに伝え、そこからモカ、エジプトに伝わった。すなわち、コーヒーを飲む習慣は、一五一〇年にはカイロ、一五五〇年にはコンスタンチノープルに伝わり、それから一六六〇年にベネチアに到達したという次第である。

　一六世紀の始めには、トルコにコーヒーを飲ませる茶房が出現し、一五四二年に聖地メッカで茶房の営業が禁止されたので、家庭内で飲まれるようになったといわれる。一六一六年にモカコーヒーがはじめてヨーロッパに輸出されたが、その窓口は上記の海洋貿易国家のベネチアであった。英国の最初のコーヒーハウスは大学町のオックスフォードにでき、すぐにロンドンに広まった。コーヒーハウスは、教育を受けたロンドン子が政治、宗教について議論をたたかわせる場所となり、船やその積み荷に対する保険も、ロイズのコーヒハウスに起源する。一八八〇年にチャールズ二世が権力をにぎると、議会はまれにしか召集されず、政府と国民の接触は少なくなった。情報の流通は悪くなり、その結果、三〇〇〇軒のコーヒーハウスが情報センターとなった。一六七五年に王はコーヒーハウスを抑圧しようとしたが、民衆の反発が強く、この布告を取り下げざるをえなかった。

　アラビカ種のコーヒーをオランダ人は、多分イエメンから一六九〇年にジャワに伝えたが、最初のものは定着に失敗した。しかし一六九九年に持ち込んだものは定着した。バタビアの総督に、アラビアからジャワへコーヒーの木の種子を取り寄せるように進言したのは、東インド会社の支配人であったニコラス・ビトゼンであった。一本の木が一七〇六年に、ジャワからビトゼンが創設したアムステルダムの植物園に送られ、この植物はそこで花をつけ実を結んだ。このコーヒーは変種テピカで、現在はコフィア・アラビカ変種アラビカと呼ばれているものである。この木の子孫は、一七一四年にパリのルイ一四世に贈られた。王はマルリーにある宮廷の庭園に植えた。またパリにある王の庭園の温室で増殖された。宮廷おかかえの科学者アントアン・ドゥ・ジュシューは、一七一三年に科学学士院の報告にこの植物に関する報告を書いている。

アムステルダムの原木の子孫は、一七一八年にスリナムに送られ、フランス領ギアナを経由して、一七二七年にブラジルにもたらされた。カイエンヌの総督ドゥ・ラ・モット・エーグロンは、スリナムにいたとき、少量の木を秘密に手に入れ、一七二五年にそれを増殖した。海軍の士官ドゥ・クリューは一七二三年にマルチニック島に送ったが、そこからフランス領の他の諸島、例えば一七三〇年にグアドループ島に伝わった。ニコラス・ローズは一七三〇年にジャマイカではじめてコーヒーを栽培したが、後に有名な銘柄ブルーマウンテンを生む元となった。これらの導入に引き続き、カリブ諸島、中央・南アメリカに伝播していった。このように、新大陸のコーヒーは、いわば一本の木テピカに由来するので、遺伝的変異性は小さいとされる。カリブ海をめぐるコーヒー伝播の模様は、文献によりいくぶん異なっていたり、また不確かな点もある。当時、植民地支配との関連で、コーヒーは一種の戦略植物的色彩もあり、植民地に栽培された他の植物、たとえばゴムなどと同様に、秘密に入手を計られた場合もあったからである。

コーヒーは一七世紀の終わりまでに、インドやセイロン（現在のスリランカ）にも導入された。アムステルダムの木の子孫はフィリピンに一七四〇年に、ハワイに一八二五年に導入された。フランス人は、それらをアフリカの植民地にも持ち込んだ。英国エジンバラの植物園からのこの品種の一本は、一八七八年にナヤサランドに運ばれ、そこから一九〇〇年にナヤサの名前で、ウガンダに伝えられた。

変種ブルボンは、エチオピアで自然変異から生まれた。一七一七年以降にフランス東インド会社はこの植物をブルボン島に送った。この導入の詳しい源泉は不明であるが、一説によると、デュフージェレー・グレニエという人が一七一七年にモカからブルボン島へ若干の木を送ったといわれる。この導入の子孫もその後、新大陸やその他の土地にもたらされた。カトリックの伝道師がタンガニーカ、ケニヤに一九世紀の末に伝え、一九〇〇年にはウガンダに達した。フランス人の神父が一八九三年にアデンからケニヤに伝えたといわれる。そのためか、このものは品種をフレンチ・ミッション（フランス使節）と呼ばれ、変種のブルボンとは形態が異なる。

コフィア・カネフォラ（ロブスタ）の分類は混乱しており、いままでいろいろの学名がつけられたが、（たとえば、他にラウレンティ、マカルディ、などなど）一応一般的にはこのカネフォラの名で呼ばれるが、著者によってはロブスタの名を用いる。アラビカ種より香りが少ないとされる。しかし価格が安く売買されるので、第二次世界大戦後はヨーロッパでは次第に消費が増え、特にインスタントコーヒーに多用されている。本種は、アフリカの赤道付近の西海岸からウガンダまでの標高一六〇〇メートルくらいの森林に生えている。ヨーロッパ人が到着する前、ウガンダや他の現地人はこれを小規模に植え、また野生のものから豆を採取していた。カネフォラと命名したピエールは、一八九七年にガボンでこれを採取した。一八九五年にはローレントはコンゴ盆地で採取したものをカネフェラだとしたが、一九〇〇年にデ・ワイルドマンは新しい種と考え、ラウレンティと命名した。コンゴの植物はベルギーに送られ、リンデンにも分けられた。植民地園芸会社のブリュッセル試験圃の支配人はロブスタと命名した。商業上では、いまだに「アラビカ」種と区別するため「ロブスタ」種と呼称される。一九〇〇年にリンデンはブリュッセルからの一五〇本の植物を、ジャワに送った。ジャワでは生育が旺盛で病気（葉紋病）に強かったので、この病気で危機に瀕していたアラビカ種や後にはリベリカ種に代わってたくさん植えられた。この種は一九〇〇年以降アラビカ種の適さない標高の低い葉紋病の出やすい土地でもよく育ったので、熱帯の広範囲にわたって植えられた。現在熱帯アフリカ、アジアでは重要な種となっているが、新大陸ではアラビカ種が優位を保っている。

コフィア・リベリカは他のコーヒーの増量用として使われる。飲料としての品質はあまり高くないとされる。他種より苦みが強いが、東方やマレーシアでは好まれる。リベリアのモンロビア近くの原産とされるが、栽培により早い時期に西アフリカに広まった。一七九二年に標本がアフゼリウスによりシェラレオーネで採取され、彼自身は学術的な記述を残さなかったが、輸出用になるのではないかと示唆している。有名な英国のキューにある王立植物園の園長ジョセフ・フッカーは一八七二年にこれに注目し、チェルシーの苗木圃に植えた。育てた植物は、一八七三年にジャワとセイロンに、一八七五年にマレーシアに着いた。ジャワにおいては、ボイテンゾルグ植物園で得た種子は、低地で葉紋病のため絶滅に瀕していたアラビカ種に置き換えるため、重量単位あたり金と同じ価格で取り引きされたという伝説がある。このリベリカ種も間もなくこの病気に罹病性となったため、一八八六年に最初に発見されたリベリカ種とアラビカ種の自然雑種に置き代わっていった。さらに、一九〇〇年に導入されたカネフェラ種に置き代わった。英国のキュー植物園からは、熱帯の諸地方に広まった。たとえば、トリニダードには一八七五年に伝来した。しかし、現在では世界の全コーヒーの一パーセントを占めるにすぎない(1-4)。

庇陰樹をめぐる挿話

コーヒーの木は庇陰樹（ある作物に日陰を与えるために栽植される樹木）の下に植えると、良い品質のものが得られるという言い伝えがあった。しかし、現在では何も庇陰樹を使わない栽培が増えているし、新しく開かれるコーヒー園ではほとんどこれを使わない。庇陰樹のない木はその下に育つものより、収量も高いが、成りすぎるためか隔年結果のもととなり、病気がでやすく、また傾斜地では土壌の浸食がおこり

メキシコのベラクルス州におけるバナナの下に植えられたコーヒー

カリフォルニア工科大学のファイトロン（植物生育施設）でコーヒーの育つ条件が研究された

やすいという指摘もある。

　私もメキシコ南部のベラクルス州でバナナを庇陰樹に使い、この下にコーヒーを栽培しているのを見たことがある。

　この庇陰樹の問題に面白い接近をした研究がある。第二次大戦後、アメリカのカリフォルニア工科大学では、世界に先んじて環境を制御できる植物生育施設を作り、たくさんの植物の環境（気候）に対する反応を研究した。いわば、こんにちの植物工場のはしりとなる基礎研究であるが、当時はアメリカの財力と技術があってはじめて実現したものだった。この施設でコーヒーの実験を担当したのは、メスとメッツェンベルグの両名であった。コーヒーは赤道のように一年中日の長さが一二時間で四季のないようなところでも、年周期がみられる。コーヒーは花をつけるのに昼の長さが短いことを好む短日植物である。したがって、赤道のように一年中昼の長さが一二時間で変わらないような環境で、この問題がどのように解決されているのかが重要である。実験をするにあたり、研究者がたてた仮説は「庇陰樹は、朝や夕方の光のまだ弱い時や、夜に向かって弱くなりつつある時に、コーヒーに当たる光の量を、植物が夜が来たと感じる程度まで減少させ、これによって結局自然に日長が季節変化するもっと緯度の高い場所に植えたのと同じ効果をもたらしている」のではないかということであった。植物の代謝が昼の形から夜の形に切り替わるのにも役立っていると考えられた。実際、赤道からより遠いブラジル南部、グアテマラ、ハワイなどでは庇陰樹がなくてもよいし、コロンビア、スリナム、インドネシアなどでは庇陰樹が使われる。

　実験にはアラビカのブルボン種が使われた。温度はコーヒーが育つのにもっとも適した昼三〇度、夜二三度とし、自然の太陽光を八時間あたえ、この八時間の前後に四時間の人工光による補光を行なった。そのとき、人工光の強さを三段階（一〇〇、一〇、一フィート・キャンドル）の別々の強さを与えた。そうすると二カ月半後に補光をしなかったものは、良く発達した花芽をつけた。一方、一〇〇フィート・キャンドルの強さで補光したものは、花をまったくつけなかった。これに対して、一フィート・キャンドルで補光したものは良い花芽をつけ、一〇フィート・キャンドルで補光したものはようやく目に見える程度の花芽をつけた。このことから、多分庇陰樹は朝夕の自然の光の弱い時に、その光をコーヒーが暗いと感じる程度のところまで減少させることにより、植物にとっての夜の時間を花をつける限界のところまで長くするような作用をしていることが判る。しかし、センパーフローレンスのような品種は、昼の長さを一六時間にしても花をつけた。このように、もともと花をつけるのに長い夜（短い昼）を必要とする植物でも、四季咲き性のものが突然変異や品種改良により生じることがあり、このような性質を非感光性あるいは中日性といっている。このような品種ができれば、庇陰樹は必要なくなるであろうが、その必要性に日長を短くすること以外の他の理由があれば、問題は別である。他の例ではもともと、南の作物で短日性であったイネが北海道のような北国で栽培されるようになったのは、このような非感光性の品種が開発されたからである。(5)

チャ

ここでは、いわゆる植物としてのチャはカタカナで書き、一般的に飲料の「お茶」の意味のときは漢字で「茶」と表記することにする。

チャの分類は現在でも混乱しているようだ。生物の分類学の祖リンネはチャをテア・シネンシスと命名し、後で加工行程の違いに由来するのを知らないで緑茶と紅茶は別の種類と考え、このシネンシスをやめて二つの「種」に分けた。これは、明らかにリンネの間違いだったわけだが、これとは別にチャはツバキの属するカメリア属と同じ属にしたほうが良いとして、ツバキがカメリア・ジャポニカなのに対してチャはカメリア・シネンシスだとする学者も多い。最初に組織的な植物の起源についての本を書いた、ドゥ・カンドルはカメリア説のあるのを承知で、リンネにしたがってテア属でよいのではと書いている。手元にある数種の本を比較してみると、最近はカメリア属説の方が優勢のようで、熱帯作物についての大著を書いた英国のパーセグローブや有用植物の教科書を書いたランゲンハイムとチーマン、作物進化学者のジャック・ハーランなどはカメリア属にしている。『農学大事典』（養賢堂）もこの組である。そういうわけで最近でもテア属にしているのは私の見た範囲では、ハーバート・ベイカーと中尾佐助である。ただ中尾佐助は「テアや近縁のカメリア以外の植物を利用する場合もある」と書き、チャをテアとした上で、近縁のカメリア属の植物も飲料として利用されるように記述しているので、すこしややこしい。その例として、ビルマ北部でカメリア・ドゥルペフェラという植物が利用されていたと紹介している。チャをテア属にするかカメリア属にするか、いずれにせよ、この「種」のなかには二つの変種があり、一つは葉の小さい中国種でもう一つは葉の大きいアッサム種である。一般に後者はタンニン含量が前者より多く、紅茶に適している。したがって、その分布も中国種は温帯に、アッサム種は熱帯・亜熱帯に栽培される。

チャの起源はイラワジ河の源域で、そこから中国南東部、インドシナおよびアッサム方面に広がったとされる。また、チャの野生のものがアッサム、上ビルマ、雲南南部、上インドシナなどに生えているといわれるが、栽培のものがいつの頃かに逸出したものかどうか断定しがたい。現在は、中国雲南、四川省あたりが起源だとする説にかたむいているようである。しかし、いずれにしてもチャはいわゆる「照葉樹林農耕文化」を代表する植物で、中尾佐助らはこの論の普及に尽くした。ただ、この地域では多くの植物が飲料に供され、そのなかでチャが優れたものとして特に注目され、その加工法が進歩したという。そして、茶として飲料にされる植物をあげているが、それには西南中国で一四種、日本で一種、シッキムで五種、ブータンで四種あげられている。中国の一四種にはいわゆるチャの他にカメリア・キッシというツバキの属のものの他に異なる八属の植物がある。日本のものとしてはアマチャといわれるアジサイの一種がある。ブータンは高地でシャクナゲの産地らしく、この属の植物の葉が茶として利用されている。

私はメキシコ滞在中に、いわゆる紅茶の「ティー・バッグ」と同じような紐のついた紙の袋に入ったメキシコ流の茶を数種試飲したことがある。それに用いられている植物の名は同定できなかったが、ハーブに近いもののような気がした。相当匂いの強いものが多かった。一種は明らかにニッケイ（肉桂）のように思えた。このニッケイの味のする茶は、砂糖を入れて飲むと大変おいしかったので、私はこれは「テ・サブロウソウ」（旨い茶）だというと、同僚から以後「ドクトル・スゲのテ・サブロウソウ」と大部ひやかされた。あるいは、アステカ時代の薬用植物の伝統を引くものかもしれない。この経験からすると、上の中尾佐助の指摘は十分肯定できるものである。

古く、リンネはチャを緑茶にするものと、紅茶にするものとに分け、別の学名を与えたほどであるが、わが国で特に発達した緑茶は、渋み成分の少ない品種の、しかも若い芽を摘み、高い温度で体内の酵素を殺して乾燥したものである。一方、熱帯地方で主として生産される紅茶は十分に醱酵させて作るものである。この場合、渋みの多い品種は緑茶をつくるような方法で加工しても味が悪く、飲料にあまり適さないので、このように十分醱酵させる加工法が発達したものである。中国茶やウーロン茶は、この中間の半醱酵茶に分類される。中尾佐助によると、ビルマ（ミャンマー）北部の山岳民族はもっと強烈な醱酵加工をするレーペットというものをつくるという。湯を通した茶葉を竹筒に詰め、土中に埋めて数カ月も醱酵させると葉は黄色になるという。これをそのまま食べたり、飲用にもするという。こうなると一種の漬物的な色彩を帯びる。

ドゥ・カンドルは、日本に来たことのあるケンペルが紹介したという日本の古い説話を書いている。それは、「五一九年にインドから中国にきた一人の僧侶が、徹夜してお祈りしたいと思った時に眠くてしかたなかったので、怒りを発して自分のまぶたを切り取った。すると、それは一本の木すなわちその薬が睡眠を妨げるのに適した茶に変化した」というものである。しかし、実際は中国では西暦前にすでに茶について記述がある。この、人の睡眠を妨げる成分は、いうまでもなくカフェインで、紅茶には最高五パーセント含まれる。また、二〇パーセントのタンニン（実際はキノン）が含まれる。お湯にいれると、ペクチンとかデキストリンとか、糖分とか、精油成分のテオールなども抽出され、渋みや色、味、芳香の原因となる。これらの成分は、品種、産地、製法などにより異なるのは当然である。そのため、とくに紅茶の場合は、いろいろの産地のものが消費地の嗜好により、混合されるのが普通である。緑茶でも被覆栽培されるいわゆる「玉露」は、アミノ酸、アミドなどの含量が普通栽培のものと異なっている。精油成分は現在三九〇種も同定されているという。

日本の緑茶用のチャの品種改良は国や県の茶業試験場で精力的に行なわれ、いろいろの新品種が育成されたが、それでも現在チャの栽培面積の実に約八六パーセントは「やぶきた」が作られている。本種は静岡の杉山彦三郎が育成したもので、この人は明治期に良い樹を求めて東西のチャ産地におもむき、六〇余年にわたり私財を投じて選抜育成に努めたといわれる。その他に「まきのはらわせ」の小杉庄蔵、「富永早生」の富永宇吉、「倉持晩生」の倉持三右衛門、「さみどり」の小山政次郎、「あさひ」の平野甚之丞などはみな民間にあってチャの改良に尽くした。

なお、日本でアマチャ（ハイドランジャ・マクロフィラ変種ツンベルギイ）と呼ばれるのは植物学的には右のチャとはまったく縁のない、日本の山野に自生するユキノシタ科の植物ヤマアジサイの変種である。葉を採って水分を失ってしおれた頃によくもんで乾燥させると甘みがでてくる。この甘い味の化学的な成分はフィロズルチンで、サッカリンより甘いという。普通のヤマアジサイはこの成分をほとんど含まないので、化学的な変種といえる。中尾佐助は形態的な外形からはまったく普通のヤマアジサイと区別できないのに、このような特殊な成分をつくる能力を生じた変異を探し出して栽培化したのは驚くべき知恵だと感心している。長野、新潟、奈良などの産地があり、夏遅くなってから地上三〇センチメートルくらいで刈り取り、葉を収穫するという。これから作ったアマチャは四月八日の灌仏会の日に、甘露になぞらえて釈迦の像の頭に注ぎ、またこのアマチャを飲むならわしがあるのは周知の通りである。(1・3・4・6-11)

コーラとガラーナ

この名前を持つ今や世界中で有名なソフトドリンクの主な香料や成分は、他の材料を付け加えて得られるが、この名前の元はガーナやナイジェリア、シエラレオネ、象牙海岸などに自生するコーラの木と呼ばれるコラ・ニタイダという植物に由来する。一九一二年以降西ナイジェリアに広く植えられた。一六三〇年頃に奴隷とともにジャマイカやブラジルにもたらされた。コーラの種子はカフェインを多く含み、他に少量のテオブラミンとグルコサイドのコラニンを含んでいる。西アフリカでは、コーラの種子は粉砕して煮沸し、疲労や飢餓感を減ずるための飲料とされ、また宗教的あるいは社会生活上重要である。コラ属には他に三種が知られている。

ガラーナはブラジル版のコーラで、アマゾンの蔓性植物のパウリニア・クパナという植物の種子に由来する。アマゾン流域の先住民はこの種子を粉に碾いて、水でキャッサバの粉と混ぜてこね、糊状にして、煙中で乾燥する。乾燥したものはかき取って水に加え、飲料とする。茶匙半分量をコーヒーカップ一杯に入れたものは、強いコーヒー三杯分のカフェインを含んでいる。またポリフェノールや精油を含んでいる。現在は輸出もされている。(1・3)

甘味料作物

第二次大戦中は、いわゆる庶民には砂糖はまったく手に入らない食品の代表であった。終戦直前ころ、私は郷里で「もし砂糖の入った餅をたべさせるのなら、一〇里（四〇キロメートル）でも歩いて行く」と、大人たちが会話していたのを聞いたことがある。終戦直後、私の親戚の家で法事があったとき、どこでどうして手にいれたかは少年の私は知らなかったが、少量の甘味の入った小豆煮が膳についた。それを食した列席者の驚愕と狂喜の表情を思い出す。それほど、一度その甘さを知った人には、それのない生活は耐え難いものと言えるだろう。世界の多くの土地で、サトウキビからとる砂糖が知られる前は、蜂蜜が唯一知られる甘味であった。先日はテレビ番組で、現在も自給自足的生活をする、ヒマラヤ山麓の種族の男が、世界最大の蜜蜂が断崖絶壁につくる巣に溜めた蜂蜜を求めて、絶壁を命がけで下る番組を放映していたが、そこでは今までも幾人も命を落としたという。ネパールのラージ族は森を移動して生活する民で、巨大なパンヤの木に作られる蜜蜂の巣を狩る種族であるが、現在は森が次第に少なくなり彼らの生活の基盤も危うくなって来ているという。政府は土地を与えて定着を計ったが、昔ながらの生活に戻る者が多いらしい。蜂蜜は一リットル五〇～六〇ネパールルピーで売り、森では手に入らないものを買うという。(12)

サトウキビ

サトウキビは熱帯アジア原産である点では、作物の起源を論じた多くの人々の間でも一致しているようである。サトウキビの学名はサッカラム・オフィシナルムという。サトウキビはインド、マレー半島あたりの起源ではないかとする論が多い。中尾佐助によると、インドの古い在来品種は現在いわゆるノーブル・ケイン（高貴種）といわれている糖含量の多い優良系統のものとは異なる群に属するものだという。現在の優良系統はマレーシアで栽培されていた系統をもとに、これに野生種などを交配して、オランダ人がジャワの試験場で作り出したものである。しかし、マレー半島にはこのノーブル・ケインの親となるような野生植物が生えておらず、起源論も一頓挫していたが、ニューギニアでサッカラム・ローバスタムと命名された茎の太いノーブル・ケインの親としての有力な植物が見つかり、このものは糖含量は低いがいろいろの変異があり、これを発見したブランデスは、サトウキビはニューギニアで起源したという説を唱えた。それは、紀元前一万五〇〇〇年〜八〇〇〇年ころであろうとした。中尾佐助もこの説に異をとなえてはいない。原住民の移動により紀元八〇〇年ころにはハワイに伝わったとみられる。マレー半島にも早い時期に渡ったと思われる。

インド原産とみられる、もう一つの系統はサッカラム・シネンスに分類され、慶長一四年（一六〇九）に中国経由で奄美大島に伝来し、琉球から本州にも伝わった。しかし、大正頃から沖縄の在来系統も収量の多いノーブル・ケインの系統にとって代わられた。江戸時代、薩摩藩が琉球で生産される砂糖を独占しようとしたことは史実上の秘話である。

ヨーロッパへの伝来については、ランゲンハイムらによると、アレキサンダー大王の軍隊が地中海地方やカナリア諸島に伝えた。アラブ人はエジプトに植えたが、それをムーア人と呼ばれた北アフリカのアラブ人がスペインに八世紀に伝えた。そこから、一六世紀のスペイン人の中央・南アメリカ侵入とともにその地に伝わり、これが元となって現在のキューバ、ペルー、ブラジルにおける砂糖産業をもたらした。サトウキビは熱帯作物なので、旧世界の熱帯地域にも広く栽培される。昔はサトウキビは一本一本刈り取られていたが、最近では特にアメリカのハワイ、フロリダなどでは、葉を燃やして生焼けの茎をブルドーザーなどを用いて集め、精糖工場に運ぶ大規模処理法がとられている。

ハワイのサトウキビの農業試験場は、植物生理学上で記念すべき場所である。ここで、試験場の技師のコルチャックにより、いわゆるC_4光合成経路といって、普通の光合成の経路（C_3経路）と違う経路が発見されたからである。光合成の普通の経路では、二酸化炭素はリブロース二リン酸という炭素の数が五個の物質にとりこまれ、合計炭素数六個になってから、すぐ二分して炭素数三個のフォスフォグリセリン酸となり、そこから種々の段階を経てグルコース（ブドウ糖）になる。この初期段階でできる物質が炭素三個の物質なので、C_3光合成と呼ばれている。サトウキビでは、二酸化炭素は炭素数三個のフォスフォエノールピルビン酸に受け取られ、炭素数四個のリンゴ酸かアスパラギン酸に変わる。このように初期にできる物質が、炭素数四個の物質なので、C_4光合成と呼ばれている。後者の光合成をする植物は高温や乾燥に強い性質があり、効率が良いといわれる。サトウキビ、トウモロコシなどがその代表である。

日本では、古くはあまかづらの煎汁や乾柿飴の類が甘味料に使われていた。砂糖は天平時代の勝宝五年（七五三）の孝徳天皇の時に唐の僧鑑真が伝えたといわれているが、その後絶え、再度渡来したのは永禄（一五五八―一五六九）、慶長（一五九六―一六一四）、天和（一六八一―一六八三）の時代に中国南部、シャム、コーチン、マレーと通商するようになって輸入され、寛永（一六二四―一六四三）、正徳（一七一一―一七一五）の頃には、三、四万斤の輸入があった。慶長年間（一五九六―一六一四）に薩摩の大島の直川智

上：ハワイにおけるサトウキビの収穫（一九六八年頃）、葉や茎を半焼け状態にしたものを集める。下：ハワイのホノルルにあったサトウキビのための農業試験場（一九六八年頃）。

という者が中国に漂着し製糖の方法を習った。元和九年（一六二三）に琉球の人儀間親方真常はサトウキビは伝わっていたが、その製糖の方法が不明であったので、中国に人をやって製法を伝えたといわれる。寛文二年（一六六二）には白糖の製法も中国から伝わったという。薩摩はその後、まもなくサトウキビ苗とそれを栽培して製糖する方法を知ったようで、以降享保年間（一七一六―一七三五）には、江戸でも試作された。宝永（一七〇四―一七一〇）、天明（一七八一―一七八八）の頃には讃岐に製糖業が興った。「讃岐三白」の一つとして後世に名を残すこととなった。明治期以降は台湾に糖業が発展し、内地の栽培は急速に衰退した[3・4・7・13]。

ペーパーポットに植えた甜菜の苗に座敷ぼうきで接触刺激を与えると，発生したエチレンの作用で，処理日数に応じて生長がおさえられ，がっしりした良い苗ができる．
（北海道立十勝農試甜菜科提供）

サトウダイコン（テンサイ）

サトウダイコンはベタ・ブルガリスという学名を有し、フダンソウ、テーブル・ビート、飼料用テンサイとまったく同じ植物種である。エジプトからヨーロッパ北部まで野生種が自生するが、海岸に多いベタ・マリテマから改良されたという説がある。糖分の溜まるのは肥大した根である。ドイツのマーゲラッフは一七七四年にこの植物にサトウキビと化学的に同じショ糖が含まれることを見いだしたが、一七九〇年にフランスのアクハルトは実際にこの植物から砂糖を製造することに成功し、一九世紀に入ると次第に糖分を高めるための品種改良を行なうようになった。糖成分は改良により二パーセントから一〇倍にもなった。英国海軍がナポレオンの物資輸入を阻止するための大陸封鎖をはじめると、ナポレオンは大陸におけるサトウダイコンの栽培を奨励した。しかし、ナポレオンの没落によりサトウキビからの砂糖が再び輸入されるようになると、大陸のサトウダイコン産業は再び下降した。しかし、現在世界の砂糖消費の三分の一はサトウダイコンの砂糖に依存している。サトウダイコンはいわゆる二年生植物で、春に種を撒くと夏秋と生育して大株となりそれが冬を越すと、低温に感応して茎をのばし花をつける。しかし、根に貯蔵される糖を収穫するので、糖含量のもっとも高くなる初年度の終わりころに収穫される。種をとる採種用以外は冬を越さない。この二年生という性質は、フダンソウのように野菜として栽培される場合には大変都合が良い。家庭菜園や自家用にフダンソウを栽培する場合、株を根から引き抜いて収穫するのではなく、新しく展開してくる若い葉を次々とほぼ一年中収穫して利用するので、春から夏を過ぎて秋遅くなっても冬を越さないと花をつけるための茎立ちをしない性質は大変有用なのである。

サトウダイコンは日本では一時暖地での栽培も考えられたが、現在ではほとんど北海道に限定される。日本のサトウダイコン栽培の特徴は、紙筒に苗を育てそれを移植する方法をとっている。面白いのは現在使われている品種は、大部分が染色体を三セット持つ三倍体であることである。北海道の十勝農業試験場の甜菜科では、移植する前の紙筒に植えた苗に物理的（機械的）刺激を与える処理をすると、苗の生育が抑制されてがっしりした良い苗となり、移植したときに活着がよく、その後の生育も良いことを見いだした。これは、物理的刺激により植物体からエチレンの発生が増し、その作用で縦方向の生長が抑えられ、横に肥大するという植物生理学上の知識を実際の栽培に利用したもので、当時きわめて高く評価された。物理的刺激を与えるためには、座敷用のホウキで軽く苗の表面を毎日一〇秒程度、撫でる処理を行なうものである。(3・4)

サトウカエデとサトウヤシ

サトウカエデはカエデ科の樹木で、アカール・サッカラムの学名を持つ。この植物が糖分を含む樹液をだすことは、北米大陸の北東部に住む原住民により知られ、ヨーロッパから移民が来る前から利用されていた。二月から四月の間が採集の期間である。木が葉を出す前に糖分がもっとも高くなるし、液量も多い。大きな木は一日に〇・二六リットルくらいの樹液を出す。幹に穴をあけ金属の管を差し込んで採取する。サトウカエデの場合もっとも高い記録では七パーセントのショ糖を含むが、普通は三・五パーセントのショ糖を含むだけである。煮沸するとシロップ状になり、もっと煮つめると糊状になる。これを冷やして固めたものがメイプル・シュガーであるが、容易に結晶にはならない。カナダに旅行すると、国旗にカエデを使う国だけあって、メイプル・シロップの瓶入りをおみやげ用に売っている。カエデの別の種類のアカール・ルブラム、アカール・ニグラム（クロカエデ）、アカール・ネグンド（トネリコバノカエデ）からも樹液が集められることもある。しかし、ショ糖濃度はもっと低い。

このサトウカエデの熱帯版が、ある種のヤシからとるショ糖だという。ランゲンハイムとチーマンによると、ヤシが花をつけた時につぼみを切り取ると切り口から糖分を含む樹液がしたたり落ちる。この液はときに一〇パーセントのショ糖を含み、煮沸して煮つめると結晶化するという。インドや南アジアでいくつかのヤシの種類がこの目的に使用されるという。もっともよく利用されるのは、フェニクス・シルベストレスとアレンガ・ピナータだという。そのため、ある地域ではこの目的だけのためにヤシが植えられるという。ちょうど、メキシコで竜舌蘭が花茎をのばしてくる時これを切り倒し、そこに溜まる糖分の多い液を採取して酒をつくるのと似ている。メキシコの竜舌蘭も花をつけるとその植物は枯れるが、このアジアの熱帯のヤシも花をつけて枯れるという。擬人的な表現だが、花の部分への過剰な糖分の輸送により、

精魂を使い果たしてしまうのであろう。(4・14)

ステビア

今まで述べてきた甘味料植物は、その植物分類上の位置はいちじるしく異なるばあいでも、その生産する甘味はすべてショ糖であった。ところが次にのべるステビアは化学構造が糖類とはまったく異なる構造をもつ甘味物質ステビオサイドその他を乾葉の一〇パーセント含むものである。ステビオサイドの甘味は、ショ糖の三〇〇倍におよぶ。カロリーがないため、最近飲料用や糖尿病などの糖分をとれない人用などに特に注目されている。キク科の植物ステビア・ロバウデアナは南米パラグアイのアマンバイ系の山中に自生する植物で、現地では一六世紀以前から葉を甘味料として利用してきたらしい。パラグアイの独立は一八一一年であるし、ラ・プラタ川地方の最初の永住植民地がアスンシオン（現在のパラグアイの首都）に建設されたのは一五三七年であるから、原住民のインディオがその甘味成分を知っていたことになろう。日本にこの植物を導入したのは住田哲也で、一九七〇〜七一年のことである。糖類とまったく異なる化学構造を持つ物質が人間に甘いと感じさせるメカニズムはどのようなものであろうか、興味があるところであろう。ステビオールは、天然の物質であるという点でサッカリン、ズルチンなどの他の合成甘味料とおおいに異なっている。

ステビオサイドは配糖体であるが、元のステビオールの化学構造は植物ホルモンのジベレリンと類似している。ジベレリンはテルペノイドといわれる一群の物質に属しているが、この群に属する物質が植物の体の中でできる経路は、メバロン酸に出発するイソペンテニルピロ燐酸という炭素数五個の物質が、頭と頭、頭と尻尾というようにくっついて炭素の数が五の倍々ゲーム的に増えてゆく。ステビオールもジベレリンも炭素の数が二〇個のジテルペンとよばれる群に属している。ステビオールは植物の感受性の高い特別の系統に与えると、生長を促進する。これは、ステビオールが植物の体の中で、ジベレリンに転化したものと思われる。(15-17)

甘味成分を持つ他の有用植物の探索

カロリーのない甘味を求めて長い間研究が行なわれてきた。自然界で甘味を持つ成分を生産する植物の存在は古くから知られ、そのあるものは地域で伝統的に利用されるものもある。ジオスコレオフィルム・クミンスイというベリー(液果)には、モネリンというショ糖の二〇〇〇倍も甘い蛋白質が存在することが、一九六八年にアメリカ農務省の研究者により見いだされた。同じような蛋白質のサウマチンが西アフリカの植物であるサウマトコッカス・ダニエリイから発見されたが、このものはショ糖よりも四〇〇〇倍も甘い。モネリンとサウマチンの抽出、純化そしてその性質の研究が広く行なわれた。そして、サウマチンはキログラム単位で生産されたが、その毒性についてはまだ十分には評価されていない。しかし、これは長いこと使われてきた植物性の蛋白質なので、悪い副作用があるようには思われないという。西アフリカ原産の低木のシンセプラム・ヅルシフィクムのベリー(液果)から取り出された糖蛋白質のミラクリンは、同様な取り扱いを受けている。このものは、酸の存在下でのみ甘味を示すという性質をもつ。アメリカのある会社はこの植物から甘みを抽出するために、いくつかの国に農園を開設したが、アメリカの保険福祉省食品医薬品局はその認可を一九七四年に否認したので、現在商業的には手に入らない。同様に西アフリカ原産の灌木のスフェノセントラム・ジョリアヌムの根にこれと似た物質が存在する。自然に存在するフルクトーズ、キシリトール、マニトールなどの糖や糖アルコールも代用甘味として評価されている。

しかし、これらはゼロカロリーというわけにはいかない。理想的な非カロリー、水溶性、化学的・熱的に安定な毒性のない高度の甘味料を求めて研究が行なわれているが、満足すべき結果はまだ得られていない。(18)

ゴムは跳ねる

ゴムの特性の発見

ステビアの項でのべたテルペノイドの王様はゴムであろう。というのは、ゴムは上記の炭素五個の単位が際限なく重合したものだからである。ゴムの歴史物語は、人類の欲望の物語である。ゴムについては、アステカやマヤにおいて神事として生ゴムの硬い球を使った球技が行なわれていたことに関連してすでに若干述べた。ここでは、それ以外の人類の欲望と欲望がぶつかり合った生臭い挿話を述べよう。

ゴムは自動車のタイヤとして、また戦争における各種車輛の必需品として、合成ゴムが開発されるまでは、列強の植民地主義とも絡み合って生臭い歴史を刻み続けたのである。第二次世界大戦で日本軍がいちはやくマレー半島を席巻したのも、遅れて列強の仲間入りをしようとした日本帝国主義の苦肉の策であった。マレー半島を押さえられたアメリカはテキサスからメキシコの砂漠に生える代用植物のゴムに依存しようとして、強大な研究チームを発足させ、その植物グァユールのゴム含量を短期間の間に驚くほど向上させるのに成功したという。

ゴムを生産するパラゴムノキはトウダイグサ科の樹木で学名はハベア・ブラジリエンシスといい、原産地アマゾン流域の先住民は古くから、このものの効用を知っていた。彼らも、最初は種子を儀式や飢饉のときには食用にしていたらしい。しかし、種子には毒成分が含まれるので、長いこと水に浸けたり煮たりする必要があった。煮沸すると油分が出てくるので、それを灯用にしたらしい。その後で、ゴムの樹液の防水性に気がついたものであろう。

スペイン人はこの樹の出す乳液を帽子や衣服に塗ると防水効果のあることを、先住民から聞き知った。コロンブスはその第二回の航海（一四九三―一四九六年）においてラテックスの使用について記録している。このように、かなり早くからゴムはヨーロッパに聞こえていたが、その用法にはなかなか思い及ばなかったらしい。一七七〇年に紙に鉛筆で書いた文字はゴムにより消えることが発見され、ルバーという英語は「消すもの」という語源からきたという。一七九一年にはじめてゴムチューブがつくられた。一八二三年に英国のマッキントッシュがゴムが揮発油に溶け、そのようにして溶かした場合は衣服にゴム分を浸み込ませることができることを見つけたため、この発明者の名前がゴム引き防水布や防水外套を意味するようになった。一八三九年にアメリカのグッドイアーは、ゴムを一五〇度の温度と高圧の下で硫黄と化学結合させると、ゴムに弾力性と同時に磨滅にたいする抵抗性を付加することを発見したが、おりしも自転車、自動車が発明されるにいたり、そのタイヤとして莫大な需要を生みだしたのである。(1・3)

ゴムと植民地

最初ゴムはアマゾン流域の自生の木から集められたが、需要の増大によりすぐ供給はパンクしてしまい、自然の資源はほとんど消滅の危機に瀕した。ブラジル政府は種子の輸出を禁じたが、英国人のファリスはひそかにブラジルで種子を集め、一八七三年にこれを本国のキューにある王立植物園に送った。それから生えた一二本の植物が、インドのカルカッタに送られた。一八七五年にブラジルからインドに送られた二回目の種子は発芽しなかった。この頃、ウィッカムは中央アマゾンにおいて約七万粒の種子を集めた。これらの種子から東南アジアのゴムのプランテーションが始まったが、ウィッカムの集めた種子は偶然にも、良質のゴムを生産するハベア・ブラジリエンシスのものばかりであった。ブラジルには、ハベア属の他の種ギアアネンシスやベンサミアナも生えており、これらはブラジリエンシスより品質が悪く、また種の間で自然交雑も行なわれていたので、後に産地となるマレー半島などのプランテーションに送られたのが、高品質のゴムを生産する系統だったことは偶然とはいえ、幸運だったと言われている。ウィッカムが英国本土にゴムの種子を持ち込む経緯は、いささか劇画的に語られることが多い。ベーカーは、ブラジル政府の税関が積荷を通したのは、中身を知っていたのかどうか今もって諸説が紛々としていると書いている。パーセグローブは、同国人のウィッカムを擁護してか、彼がゴムの種子を非合法に持ち出したと言われているが、これは本当ではないという。当時ゴムの種子の輸出は禁じられておらず、政府の好意と協力により持ち出されたことが、ブラジルの役人の言により示されているという。このゴム種子のたどった運命はいささか講談調になるが、パーセグローブやベイカーさらにランゲンハイムとチーマンなどの記述にしたがって再現すると次のようになる。

ウィッカムはアマゾネスという船をチャーターして、種子の寿命があるうちに英国に運んだ。リバプールの港についた種子は、そこからキューの王立植物園まで特別の汽車をしたてて運ばれ、一八七六年六月一四日に到着した。その種子からは、二八〇〇本の苗木が育った。インド政庁は、同地での定着は不確かだとして、セイロンに送ることを進言し、苗木一九一九本はセイロンに送られて一八七六年八月九日に到着した。船旅では船上にミニ温室がしつらえられたという。二日後にはそこから五〇本がシンガポールに送られた。しかし、この植物は運送料の支払いが遅れたため、波止場で枯死したという。同年には、少数の植物がジャワにも送られた。翌年の一八七七年にキュー植物園は、二二本をシンガポールの植物園に送った。この二二本のゴムの苗木の行方については、パーセグローブによると、九本は植物園に植えられ、九本はマレーシアのクアラカングサールにあるヒュー・ロウ卿の住居の庭園に植えられ、一本はマラッカに送られ、三本は失われたという。これで合計二二本となり、つじつまが合う。シンガポールの植物は一八八一年になると実をつけはじめたので、株を増やそうとしたが資金不足で頓挫した。七年後に植物園には、オリジナルの九本の他に、五年生の木が二一本と、一〇〇〇本の苗木があった。クアラカングサールの木も実をつけ、一八八四年には二〇〇本の苗木が育てられた。セイロンへ導入された木も繁殖し、一八八八年には二万個の種子が得られた。シンガポールからの種子の供給はセイロンからのそれにより増大した。ゴム産業の拡大に伴い、七〇〇万個の種子が、苗木とともにシンガポールの植物園だけから供給された。かくして、特にマレー半島に巨大なゴム産業が成立したのである。

第二次大戦中、日本軍はこのゴムの欧米への供給を断ったので、欧米社会への影響は、はかりしれないものがあったものと想像される。しかし、一方ではこの現実がかの地において、合成ゴムの開発という次の世代のテクノロジーを開く動機となったことも事実である。日本軍がマレー半島やシンガポールを占領した一九四二年に、私は小学校四年生であったが、学校でそれを記念して、軟式テニスに使うのと同じゴムのボールを生徒に配ったのを記憶している。あのゴムのボールに、このような歴史が秘められていたことは当時知るよしもなかったのである。(1・3・4)

繊維をとる原料植物

シリングの調査によると、人が繊維をとるために利用している植物は、一九二六種におよび、そのうち八〇〇種は製紙とものを編むための原料となり、のこりが織物や綱などの製造に使われるらしい。紡績に使われる植物は四九科四三一属の一一三六種に及ぶ。人類は植物のいろいろな部分からその繊維をとって利用してきた。種子の繊維としては、ワタ、カポック、ココヤシ実皮繊維がある。ワタには、植物学的に属は同じだが種の異なる三種があり、ゴシピウム・ヒルスツム種がロシア、中国、アメリカ、インドに、ゴシピウム・バーバデンス種がブラジル、パキスタン、トルコに作られ、ゴシピウム・ハーバセウム種がエジプト、スーダン、カリブ海諸国に作られる。他にインドなどで作られるゴシピウム・アルボレムがある。カポックは、ジャワ、タイ、インドに作られる。ココヤシ実皮繊維は、インド、インドネシアのジャワ島、スリランカ、南太平洋諸島に産する。

植物の茎の繊維としては、亜麻がロシアで世界の半分以上が生産されるが、他にポーランド、チェコ・スロバキア、ドイツ、ハンガリー、イタリア、フランス、アメリカ、アルゼンチン、ベルギー、中国で作られている。ベルギーのものは品質がよいとされる。

ラミー(からむし)は、中国、日本、台湾で生産される。ジュート(黄麻、つなそ)と呼ばれるものには、植物学的には二つの種、コルコラス・カプスラリスと同じ属のオリトリウスが含まれている。栽培はインド、バングラデシュ、中国、ブラジルである。ジュート様の繊維として、ケナフとロゼレがあり、植物学的にはハイビスカス・カナビヌスと同じ属のサブダリファがある。産するのは、インド、東南アジア、西アフリカである。クロタラリア・ユンセアの繊維はサン・ヘンプと呼ばれインドに産する。ウレナと呼ばれるウレナ・ロバタの繊維もインドに産する。麻(大麻)は、植物学的にはカナビス・サチバスに属し、ロシア、イタリア、(旧)ユーゴスラビア、ハンガリー、インド、中国に産地を持つ。

植物の葉の繊維を利用するものとしては、サイザル(アガベ・シサラナ)が、南および東アフリカに産し、ヘネケン(アガベ・フォルクロイデス)がメキシコ、キューバに作られる。マニラ麻と呼ばれるのは、ムサ・テキスチリスの葉の繊維で、このムサ属はバナナと同属である。中央アフリカのボウストリング麻はサンセベリア属の植物の葉の繊維である。(13)

ワタ──繊維植物の王様

ワタは昔は大学農学部の講義では工芸作物として教えられていた。しかし、最近では工芸作物の講義自体が消えてしまった大学が多いようだ。その理由は、日本における栽培がほとんど消えてしまったことによるようである。明治中期には、日本でも一〇万ヘクタールの面積にワタが植えられていた。これが消えた理由は、他の作物と同様に外国から品質の良いワタが安価に輸入されることと、化学繊維の隆盛の二つの理由によっている。

ワタは植物学的には、いささか複雑な問題を内蔵する植物である。ワタはアオイ科の植物で、分布や形、染色体数、遺伝的差異などにより一八の「種」に分類されるが、これらは二群、七類に大別される。主に栽培される栽培綿は植物学上では四つの「種」に属している。インド原産のゴシピウム・アルボレム(アジア綿、木綿)、地中海沿岸地域のゴシピウム・ハーバセウム(アジア綿、草綿)、メソアメリカ、ポリネシア原産のゴシピウム・ヒルスツム(陸地綿)、コロンビア原産のゴシピウム・ハーバデンス(海島綿)の四種である。このどれも紀元前より人類はその利用を知っていたと思われる。アサなどの他の繊維と違って、ワタは種子に生えている綿毛を利用するものである。

上記のうち、アジア綿といわれる二種はいずれも元はアフリカ原産ではないかと推定されている。インド原産ともいうアルボレムも古い時代のアフリカからインドに伝わり、そこで最初に繊維に紡がれたと思

ワタの果実。成熟するとはじけて、種子についた繊維が顔を出す。

われる。インド原産とも言われるのはそのためであろう。これらアジア綿といわれる二種（アルボレムとハーバセウム）は、新世界のワタに比べると、種子上の綿毛が短く地毛が多い。基本数が一三個の大きい染色体を持っている（体細胞では倍の二六本）。

日本に八世紀末頃に伝来したのは、アルボレムで、いったん絶えたが一六世紀に再び伝来し、一七世紀以降福島、新潟を結ぶ線より南に広く栽培された。最初の渡来は称徳天皇の時代（七六四―七七〇）と伝えられる。『万葉集』に綿を詠んだ歌が二首あるが、これは当時木綿と言われた芦の穂のことで現在の綿とは異なる。桓武天皇の一八年（七九九）七月に昆侖《こんろん》人が三河国に漂着したおりに、綿の種子をもたらしこれを西南の各地に植えたが絶滅した。原産地のインドの気候と違っていたためと思われる。大永元年（一五二一）に相模国の農家が種子を得てこれを植え三浦木綿と言われたという。天文年間（一五三二―一五五四）には薩摩木綿のような名も現われた。天文一〇年（一五四二）にポルトガル人が豊後の大友氏に二種の綿種を献上し、一時は広く諸国に伝わったが数年のうちに失われたらしい。永禄年間（一五五八―一五六九）にはようやく諸国に伝わり慶長年間（一五九六―一六一四）にいたって諸国に木綿が流行するようになった。余伝によると、二五〇年ほど前までは蚕《かいこ》の繭《まゆ》からとる真綿より草綿はむしろ貴重で、年齢が五〇を越えないと綿の着物の着用が許されなかったという。徳川時代の後半期には近畿、中国、東海、関東の各地に普及し、最盛期には約一万五〇〇〇トンを産した。明治初期に外国綿の輸入により一時産額が減ったが、官営の紡績工場の設置により明治二〇年には国内で約一〇万ヘクタールに作付けされたが、以降は次第に減少し、明治二九年（一八九六）に綿花輸入税が撤廃されると国内の綿栽培は衰退した。しかし、輸入綿花を使う紡績業は隆盛となり、昭和八年（一九三三）にはついに英国を抜いた。昭和五年には約六五〇ヘクタールとなったが、日中戦争以来ふたたび増加し、昭和一三年（一九三八）には九二二ヘクタール、昭和一七年（一九四二）には約七五〇〇ヘクタールに増えた。しかし、戦後は激減し、現在では経済栽培はない。

現在いわゆる綿繊維としてもっとも品質が良いとされるのは、海島綿（別名エジプト綿）といわれるハーバデンスで、陸地綿のヒルスツムがこれに次ぐ。というのは、これらの新大陸起源のものは綿毛が長いからである。これらの植物は基本数一三個の小さい染色体一組と、基本数一三個の大きい染色体一組の両方を持っている。その結果、体細胞では五二本の染色体を持つ四倍体となっているのである。小さい染色体だけを持つ二倍体の野生種が南米、中米、アリゾナ以南の北米、ガラパゴス諸島に生えている。そうすると、これらの長い綿毛を生じる陸地綿や海島綿は、二つの異なるグループに属する植物が交雑して生まれたものと考えられる。しかし、それがどのようにして生じたのかは判っていない。というのは、新大陸が西欧に知られる以前の遺跡からこの四倍体のワタの種が見つかっているからである。その古いものは、紀元前三〇〇〇年にもさかのぼる。この二つの地理的分布の違う群に属する植物の遺伝子が一緒になるためには、人間の手の加わらない自然の雑種に起源するにしても、少なくとも二つの群に属する「種」が同じ場所に一緒に生えなければならない。しかし、その後四倍体のワタがメキシコで野生状態で、栽培される前から存在したことを示すことが考古学的に明らかにされた上に、カリブ海周辺やユカタン半島で現在も野生の四倍体のものが発見されている。そうすると、なんらかの形で、この周辺で自然に四倍体の種が成立したものであろう。アジアから二倍体のアジア綿の種かそれを含む果実が海流に乗って、発芽力を保ったままで漂着した可能性を考えている学者もいる。二つの群の植物が交雑しても、それが稔性のある新しい植物として定着するためには、染色体が倍になる必要がある。しかし、これは自然で偶然に起こることもあるので、まったく不可能なことではない。

アメリカ大陸では、白人の渡来以前から綿布が利用されていた。一四九二年にコロンブスがハイチ島で先住民が綿布をつけているのを見ているし、サンサルバドル島では先住民が綿布を贈った。一五一七年のメキシコ侵入に同道したベルナール・デアスは先住民の戦士が綿布の厚い防護服で体を保護していたさまを記述している。マヤ人も綿と布の染色術を心得ていた。

これらの品質の良い陸地綿、海島綿は現在、アメリカ南部、カリフォルニア、南米、ロシア、エジプト、スーダンなどで生産される。陸地綿の綿毛は二・五センチメートルだが、海島綿のそれはその倍にもなる。しかし、害虫に弱いのでその被害の少ない地域でないと栽培できない。アジア綿の綿糸は太く短いので、細く撚《よ》ることはできないが、弾力性に富みフトン用の綿としては優れ、脱脂綿の製造などには適している。綿の種子からは綿実油がとれ、油としては良質である。

アメリカでは、昔は綿花の摘み採りを人力に依存していたので。南部の大農園ではこれをアフリカからの黒人に依存し、これが南北戦争を生み、その後の合衆国の歴史に大きく関わることとなった。現在は、機械で根こそぎ刈り取るが、葉を機械に巻き込むと、綿花を汚し品質を低下させるので、収穫機械が入る前に脱葉剤を撒いて葉を落としてから機械が入る。カリフォルニアでは、ワタの実が収穫期に入る前にまだ青いものが落果し、収量が落ちる問題に悩まされていた。カリフォルニア大学のアデコットは大熊和彦の手をかりて、この器官の離脱を促進する物質を探索し、アブシジン酸をとりだすことに成功した。この物質は、現在では植物ホルモンとしての市民権を与えられ、植物の生長や発育現象のいろいろな場面で、重要なはたらきをしていることが明らかにされている(2・4・13・19)。

木になるワタ——カポック

ワタ以外で植物の実からとる繊維にカポックがある。カポックはセイバ・ペンタンドラという樹木の実からとるが、カポックと同じ科の違う属の植物オケロマはすべての樹木の中でももっとも軽い木材のバルサを産することで有名である。カポックは三〇メートルにもなる高木で、モミジ状に五裂した葉をつける。植えて三～四年目から実をつけ始めるが、最盛期に達するのは、七～一〇年目からで、一本あたり三三〇～四〇〇個の実を収穫できる。実をつけ始めると六〇年くらいは収穫できる。実は完全に成熟したときに収穫され、実の開くタイプのものでは、開いてしまう前に収穫する。世界のカポックの大部分はジャワ島にあり、四世紀ころにヒンズー教徒によりインドからもたらされたものであろうと考えられている。カリブ海諸島やアフリカのタンザニアでも近縁種の栽培が始められたが、この木がワタの重要害虫の住処《すみか》となったため、後に切り倒されてしまった。ワタの方がより重要な作物だったからである。フィリピンや他の東南アジアにも植えられたが、乾期が長く乾いた年にだけ良い品質や高い収量が得られる。

カポックの繊維は二倍性のワタの繊維と同じくらいで、〇・八～三センチメートルの長さを持っているが、リグニンを含み、耐水性のクチンで覆われている。そのため、カポックの繊維はマットレス、枕、家具、特に救命胴衣、救命ブイ、飛行服、外科用包帯などに使われる。カポック繊維で満たした救命胴衣はそれ自身の重量の三〇倍の重さを支えるという。しかし、カポックの繊維は織るのが困難なため、織物には向かない。カポック繊維は熱伝導率が低く、単位重量あたりでは、最良の吸音材として知られている。若いさやはジャワでは食用にもされる。西アフリカでは種は砕いてローストしてからスープに使われる。種は二〇～二五パーセントも油を含み、綿実油と類似している。

ジャワは世界で最大の産地であったが、第二次世界大戦後には生産は減少した。ジャワでは日本軍による占領時代に木が切られた。現在では世界の産額の半分はタイが産している。[1・3]他には、インドネシア、東アフリカ、インド、パキスタンなどで産出する。半分以上はアメリカで消費される。

タイマ（アサ）とアマ

タイマはカナビス・サチバという学名をもつクワ科の雌雄異株植物で、中央アジアの原産であろうとされる。ロシアのボルガ河流域では、紀元前二〇〇〇年ころからすでに栽培されていたといわれる。中国では紀元前五〇〇〇年の『書経』に雌、雄の両方を分けて書いてあるという。ヘロドトスによると、ギリシャ人もタイマを知っていた。シラキュウスの王ヒエロ二世は、ゴールで船の綱具用のアサを買ったといわれ、西暦前一〇〇年にローマのリュキリウスはローマ人としてはじめてアサについて述べている。この後イスラム教徒により、各地に伝えられた。古代エジプトではアサは知られておらず、その証拠にミイラを包んだ布にはタイマの組成は発見されないという。

タイマには、特に熱帯の系統には、テトラ-ハイドロ-カナビノールといわれる麻酔性物質を含むものが多く、いわゆるマリファナの原料となるので、やっかいな植物である。このことはいろいろの問題を派生させる。一九七八年、アメリカの科学雑誌『サイエンス』に奇妙な記事が掲載された。それは、メキシコの太平洋岸に近い山岳地帯におけるタイマ栽培を論じたもので、これは繊維用というよりはマリファナ製造用に、非合法に作られるものである。アメリカでは国境を越えて持ち込まれる麻薬に業を煮やし、その対策を模索するなかで、このタイマに空から除草剤を撒いて枯らすことを計画したが、今度は薬剤に汚染したマリファナが入って来る可能性があるので、アメリカ人の健康にかえって悪影響があるのでは、などとその可否をめぐって論じられた記事である。日本ではこの成分をほとんど含まない系統が繊維用として栽培されていたが、戦後、麻薬取締法により作付けは規制された。繊維は太く短いので機械紡績に適さないが、最近、技術の改善により綿や化学合成繊維などとの混紡がすすみ、特に夏の衣料に重用される。種子は油を含み、油用にもされる。

タイマは雌がXX、雄がXYの性染色体を持っている。株ごとに雌雄があるので、必ず他の株の花粉を受けて実を結ぶことになる。タイマの染色体数は全数で二〇で、性の発現に関係のない常染色体一八本に性染色体二本の合計二〇本となる。成熟分裂のとき、雌では九+Xの一種類の生殖細胞しかできないが、雄では九+Xと九+Yの二種類の花粉ができる。どちらの花粉で受粉するかで、できる種が雄になるか雌になるかが決まる。

わが国では、大宝令の庸（役務に服さない代わりに物納する）にアサや布糸が、その調（各地の物産をも含む）の中にあげられている。『延喜式』にもアサの記述がある。昭和二〇年（一九四五）以降、アサの栽培は禁止されている。

アマはリヌム・ウスチタテシヌムという学名の植物で、中央アジアのコーカサス付近の原産と見られている。アマはメソポタミア、アッシリア、エジプトで古くから栽培されていた。ドゥ・カンドルによると、タイマと違って古代エジプト人はアマの織物を使っていた。また古代エジプトで描かれた絵のなかに明らかにアマが描かれている。ミイラを巻いている布を顕微鏡でみると、それは明らかにアマ製であるという。インドやケルト人の間でも古くから栽培された。スイスの水辺住居遺跡でも、石器しか知らない時代にアマの別の多年生の種（リヌム・アングスティフォリウム）を栽培し、布に織っていたと思われる。この植物はカナリア諸島からコーカサス山脈まで自生しているが、東部から一年生のアマが伝わるとそれに代わっていったのであろう。一方、一年生のアマは、上述のようにメソポタミア、アッシリア、エジプトで四、五千年来栽培されてきた。この植物は、ペルシャ湾、カスピ海、黒海に囲まれる地域に今でも自生する。アマはタイマと違って、雌雄異株植物ではない。アマの属名のリヌムからも判るように、現在リネン・サービスなどの言葉はここに語源を持ち、リン、リヌ、リノン、リヌムなど、ヨーロッパの多くの言葉にその面影をのこし、この植物の栽培の歴史が古いことを物語っている。

日本には元禄年間（一六八八―一七〇三）に伝来し、武州王子付近の薬草園で試作したのが始まりといわれるが、これはもっぱら亜麻仁油の採取を目的としていた。繊維用として栽培されたのは明治期になってからで、明治六年（一八七三）頃北海道の函館に在留したドイツ人のゲルトネルが試作したが、当時の北海道開拓使がその種子を買い上げ、函館近郊の七重村で試作したのが始まりであるといわれている。明治九年（一八七六）にはアメリカやロシアから種子を輸入して試作した。明治一三年（一八八〇）にも再度輸入して、屯田兵に栽培させたが、これから繊維をとる技術がまだなく、明治一五年（一八八二）にいたって農商務省の技師の吉田健作が繊維作物として北海道で有望と考え、製麻工場の必要性を説いてまわったという。明治二〇年（一八八七）になって札幌の工場が建設され、北海道におけるアマ繊維の生産が開始された。大正年間の後期には作付けが二万五〇〇〇～四万八〇〇〇ヘクタールになったが、その後減少した。(2・13・20―22)

ラミー（からむし、苧麻《ちょま》）

ラミーはわが国でも古くから使われていた。醍醐天皇の延喜五年（九〇五）に越後その他二五国に産する麻布を庸として調達したことが『延喜式』に記録されているという。また、建久三年（一一九二）に朝廷の使者が都に帰る際に越後布一〇〇〇端を贈ったと『東鑑《あづまかがみ》』に記述がある。天正年間（一五七三―一五九一）に上杉氏はその領土の越後の野苧の栽培とその繊維を使っての白布の製造を農家に奨励し、織田信長に一〇〇〇端を贈ったという。上杉氏は関ケ原の戦いで西軍に味方し、越後一二〇万石から米沢三〇万石に転封されたとき、苧麻の栽培を米沢にも奨励し、一時産地として有名になった。寛永年間（一六二四―一六四三）に江戸幕府は四季の制服を定め、礼服としてアサの裃《かみしも》の着用としたため、苧麻の布のなかでも奈良晒《さらし》布の需要が大変増加したという。その結果として、原料の産地であった最上、米沢、仙台、会津地方には各地の買付け商人（青苧方）が往来して活況を呈したという。このように、苧麻の産地は今の山形県や福島県が有名であった。明治以降は次第に衰退して、明治四〇年（一九〇七）には全国で一八〇〇ヘクタール、大正三年（一九一四）には四四五ヘクタールに減じた。しかし、その代わりとして大量の原料が海外とくに中国から輸入されるようになった。

苧麻の繊維は紡績、製綱などの原料として有用である。製紙では紙幣原料としても有用である。(13)

イグサとシチトウイ

イグサは特殊な繊維作物である。世界中で敷物にされる草の類は少なくないと思われるが、日本の畳のように優雅で精緻な敷物はないであろう。イグサはイグサ科の植物で世界中で八つの属に属する三〇〇の種があるが、日本には二属が自生し栽培されるのはイグサ属の一種（学名ユンカス・エフスス）だけである。

一〇世紀の『延喜式』（九二七年）に山城の国で栽培されたと記述されているが、広く栽培されるようになったのは、一六世紀以降らしい。平安朝ころの絵巻物をみても、現在の形に部屋一杯に畳をすきまなく敷き詰めてはいない。弘治年間（一五五五―一五五七）に備後国沼隈郡山南村ではじめてムシロを織った記録があり、慶長七年（一六〇二）に中継《なかつぎ》ムシロを作り、これ以来この地方の産物は幕府の御用表《おもて》となったので、藩主は保護奨励し、各藩の藩主もこの地方の産物を求めるようになったという。明治一七年（一八八四）に広島県尾道で外国向けに花ムシロを試作して輸出し、結果がよかったので畳表以外の製品を開拓した。関東と関西で畳の大きさの規格は違っていたようだが（さらに戦後高層住宅ができてからは畳のサイズはさらに団地サイズなどもできて小型化する一方だった）「八畳間」、「六畳間」、「四畳半」といった表現は即座に面積を想定できる点で、きわめて特殊でかつ独創的であると同時に合理的である。日本文化では例外的な合理性がなぜ生まれたのであろうか。「四畳半」という言葉には戦前はある種の、艶めかしささえ漂っていた。

イグサには泥染めという特殊な作業がつきものである。刈り取ったイグサは直径一〇～二〇センチくらいの束にしてから、泥に浸けて乾燥する。茎の表面を泥の粘土で被覆すると、乾燥はゆっくりと進み、表皮細胞が萎縮しないで茎は丸味を保ったまま、葉緑素の分解も抑制され、緑色を保つのを助ける。と同時に柔軟性、弾力性、強靱性が付加されるという。泥染めの泥もなんでもよいというのではなく、経験的に良い品質をもたらす泥の産地があるという。

シチトウイはサイペルス・マラセンシスの学名を持ち、東南アジアの原産で、寛文二～三年（一六六二～六三）琉球および薩南諸島（七島）を経由して渡来した。豊後国の商人橋本五郎右衛門が薩摩から琉球に渡り、禁をおかして持ち帰り試作したともいわれる。一説によると、寛文三年（一六六三）に七島から伝わったためシチトウイと称するという。大分で産額の半分を占め、他に熊本、静岡、鹿児島などで栽培されていた。イグサの畳表に比較して、強く耐久力があるが、繊細性、優美性に劣るので、日常の居間とか蚕室に使われ、また敷物に加工される。また、屑は蚕用の網、籠、かます、ござ、草履、製紙原料などに使われた。畳表は最近中国からの輸入が激増し、平成一三年（二〇〇一）には輸入数を減らすため関税をかけるという問題まで発生したのは記憶に新しい。[13・23]

リュウゼツラン類とマニラ麻（アバカ）

リュウゼツラン（竜舌蘭）属すなわちアガベ属にはヘネケン、サイザルなどの重要な繊維作物がある。「メキシコの民族植物学」の章でも一部のべたが、もう少し広く展望してみよう。アガベ属の植物で繊維が利用されるものは多い。ヘネケン（アガベ・フォルクロイデス）、サイザル（シサラナ、以下種名のみ記す）、イスツルまたはイクスツル（ヘテロカンサ、レチェギラなど）、マゲイ（カンタラ）、レトナ（レトナエ）などがある。アガバの繊維は粗剛でロープ、縄、コーヒー袋、網などに使われることが多い。イスツルはメキシコで有史以前から栽培されていたもので、この言葉も現地語であるが、この言葉で言われる繊維には三種の植物繊維が含まれる。二つはアガベ属の植物の繊維であるが、一つはユッカ（キミガヨラン）属の数種の植物繊維である。

マニラ麻（アバカ）はムサ・テキスチリスというバショウ科の植物で、面白いのはバナナと同じ属にはいり、フィリピンの特産である。戦前このマニラ麻の栽培に従事した日本人が多かった。ダバオは全フィリピンの約半数を占め、その七割を日系人の企業が生産していたという。マニラ麻の繊維は光沢に富み、水に強いので船舶用の綱、魚網、ロープに適した。アメリカでは、農業の機械化による収穫物の結束に多

く使われた。日本では畳表を編む糸に使用された。多くの品種が開発されたという。(13)

ケナフ

ケナフ（ハイビスカス・カナビヌス）は洋麻あるいは野麻とも書かれる。アオイ科フヨウ属の一年草で、インドあるいはアフリカの原産であろうとされる。ハイビスカス属といえばこの属はハワイを象徴する花木で、なじみ深い。この植物は最近地球環境問題と関連して話題を呼んでいる。また、イネの減反水田における転作作物としても注目されている。ケナフはトルキスタン、トランスコーカシア、ロシアなどでケナフと呼ばれているのに由来する。明治期末頃にインドから台湾に伝来し、昭和初期に朝鮮の木浦《もっぽ》にあった農事試験場の支場にトルキスタンの農事試験場からオクラの種と一緒に送られてきたと言う。旧満州で麻袋の代用品として栽培された記録があるが、日本では経済的に栽培された記録はない。世界的にはインドで多く栽培される。麻袋、綱、魚網に使われ、種子からは食用、灯火用の油も取れる。

ハワイを象徴するハイビスカスの花

製紙に使われる植物

紙を製造するためのパルプをとる植物はたくさんあるが、ここでは主に和紙の原料として古くから知れているコウゾ（ブロウソネチア・カジノキ×パピリフェラ）とミツマタ（エドゲウォルチア・パピリフェラ）、ガンピ（ウィクストロエミア・シコキアナ）などについて述べる。

コウゾは、コウゾ（カジノキ×パピリフェラ）、ヒメコウゾ（カジノキ）とカジノキ（パピリフェラ）の三種よりなるとされ、前者のコウゾは後二種の雑種であるという。雑種が登場する前の古い文献では、ヒメコウゾがコウゾと呼ばれていた。明治期にいわゆる西洋紙が伝来する前まで一二〇〇年もの長い間、コウゾは和紙の主要な原料であった。推古天皇の時代（五九二―六二八）に中国から、製紙法が伝来したと言い伝えられている。コウゾはクワ科の落葉性の木本植物で、コウゾとカジノキは雌雄異株であるが、ヒメコウゾは雌雄同株である。コウゾはヒメコウゾとカジノキの雑種なので、両者の中間の形を示すという。雌雄同株のヒメコウゾと雌雄異株のカジノキの雑種のコウゾは雌雄異株であるというのは、性の分化を研究する上でも興味深いと思われる。秋に葉が落ちてから、枝を根元から切り取り、一・二メートルくらいに切り揃えて、煮ると、容易に皮が剝がれるが、これを乾燥したものを黒皮と言う。従来タオリ、アカソ、アオソ、クロカジ、タカカジ、マカジなどと呼ばれた種類（系統）があったというが、石田喜久男によると、タオリはコウゾ（すなわち雑種）、アカソ、アオソがヒメコウゾで、あとカジの名がついているのはカジノキだという。コウゾは現在ほとんど放任された栽培で、産額は減少の一途だという。

ミツマタ（エドゲウォルチア・パピリフェラ）はヒマラヤ地方原産のジンチョウゲ科の落葉多年性の小灌木で、日本への伝来は中国経由だという。ミツマタの名前の由来はこの木の枝分かれが三方に規則的になされることに由来する。この植物を製紙に使うのは日本とネパールで、しかも栽培しているのは日本だけであるという。この木から和紙を作ったのは比較的新しく、室町期になってからだと言う。明治九年（一八七六）より紙幣の原料とするようになった。日本の紙幣は紙としての性質が良く、諸外国の紙幣とくらべても出色のものであるのは、このミツマタがいかに丈夫な紙を作るかを物語っている。紙幣用のものは大蔵省印刷局との契約栽培となる。贋造を防ぐために証券の印刷などにも重宝である、昭和一七年（一九四二）には作付けが一万五〇〇〇ヘクタールを越えたが、現在はその一割にも満たない。ミツマタは日陰を好む植物で、紙の原料に収穫するには四割くらいの遮光が最適だといわれる。密植して、木と木の相互間の日陰を利用するような植え方をする。また、他の木を混植するとやはりその木が陰をつくるので良いとされ、ヤマハンノキなどが使われる。特に品種というようなものに分化はしていないが、静岡種と高地種がある。前者は種子により繁殖できるが、後者は結実が不良でできないという。刈り取った幹は蒸煮して皮を剝ぎ、それを乾燥して黒皮とする。この黒皮を水に浸けてから白皮をつくる。

ガンピ（ウィクストロエミア・シコキアナ）はジンチョウゲ科の落葉性灌木で、中国、日本、インド、東南アジアに生えている。日本でも七〇〇年代の前半から使っていた。現在でも栽培はされないで、野生のものを採集して使う。消費量の八割は輸入である。樹皮は煮ないで剝ぎ、そのまま乾燥して、黒ガンピとなる。良質の和紙ができる。

西洋紙の原料としては、エゾマツ（ピセア・エゾエンシス）、トドマツ（アビエス・サカリエンシス）、モミ（アビエス・フィルマ）、ツガ（ツガ・シェボルディィ）、ユーカリ（ユウカリプス属の種）、ポプラ（ポプラス属の種）などがあるが、多くが北方系の樹木である。ユーカリはオーストラリアの特産樹木である。私は一九九八年にイタリアに旅行したとき、ローマからミラノに向かう国道沿いの平地にポプラと思われる木を密植してある畑を見て驚いたことがある。またスエーデンなど北欧の国で、やはりポプラを密植して、作物を刈り取るように収穫して製紙原料とするという試みは機械化などにより、コストの削減と山の森林破壊を防ぐ意味でも、将来の製紙原料を獲得する方向だという記事を見たことがある。たしかに一つの方向であろう。東南アジアなどでは、日本への製紙用木材の輸出で、森林破壊が進行しているという暗いニ

ユースもしばしば聞かれるからである。(24・25)

油をとる植物

油をとる植物として、主要なものとしてナタネ、ダイズ、トウモロコシ、ゴマ、オリーブ、ワタ、アブラヤシ、アマ、ヒマ、サフラワーなどがある。このなかで、油料よりも他の目的の栽培が主要なもの、たとえばダイズ、ワタ、アマなどについては別の所で取り上げたのでここでは触れない。

サフラワー(ベニバナ)

キク科の植物サフラワー(カルサムス・チンクトリウス)はベニバナと同じ植物である。私は一九六七年ころアメリカのカリフォルニア大学に滞在していたとき、地元の新聞で面白い記事を見て驚いたことがある。それは、当時私の滞在していたその大学の農学部の教授ノウルスの開発したサフラワーの新品種を紹介したもので、私はそれまでサフラワーという油料植物があることも、それがベニバナと同じ植物であることも知らなかった。「もし、われわれが今ここに持っている二〇〇〇種のサフラワーの品種の中で、たった一つでも役に立つ性質を見つけることができれば、それ以後はその特性のために努力が払われる」とノウルスは広いサフラワーを植えた試験用の畑を説明しながら言う。そして続けて言う。「ここに植えてある品種の多くは地中海沿岸地域から中近東まで、私が自身で採集旅行をして集めてきたものだ。これをわれわれは遺伝子源と呼んでいる。たとえば、ある品種にある病気や寒さや乾燥に強い性質があったり、また特に早く成熟するとか、油の含量が高かったりすれば、その性質を実際の品種に導入することができ

カリフォルニアにおける油料のサフラワーの栽培（一九六八年頃）

る」。そして、実際ノウルスが開発した新品種は注目を集めたのである。この新品種の油は、リノレイン酸含量の高い普通のサフラワーの油と完全に異なっていた。この油は高温においても安定で、水素を添加しないと作れないような特殊な油にも匹敵する。ダイズや綿実油を加工した油は値段が高くなる上に、容器から取り出して揚げものをしている間にネバつきやすい。この新品種の油は、室温ではより安定であるので、サラダ油としても利用可能で、テストによると保存性も普通のものより四、五倍も優れており、悪臭を生じない。ノウルスはこの油はサフラワー油には違いないが、現在栽培されているサフラワーとはあまりに違うので、この油に新しい名前を考えている。「われわれは長い期間努力をしたが、この努力も現在の国内の栽培品種の改良の一助になる遺伝子源を見つけることができれば、その努力のかいはあったのだ」とノウルスは結んだ。当時私は、カリフォルニアの北部で一面にサフラワーが栽培されている畑をみて大変驚いた記憶がある。カリフォルニアはアメリカではサフラワーの一大産地であるが、この油料植物の栽培が導入されたのは比較的新しいということであった。現在、日本にもサフラワー油は輸入され、マーガリン、食用油に加工されている。日本では、現在食用油をとる目的では栽培されていない。

サフラワーは近東地域が原産と言われ、日本には三世紀に中国から伝来したらしい。古代エジプトのミイラと一緒に葬られた布袋の染色に使われているという。アラビア人はそれよりも古く、薬用や染色用に使ったらしい。中国でも漢の武帝の時代（紀元前一〇〇年前後）から栽培を始めたという。日本では、花から口紅と染料を、種子から灯油や食用油をとり、灯油として使った油煙からは、上等の墨ができた。古くから日本ではベニバナの産地は山形県の村山、置賜地方にあった。これらの地方でのベニバナ栽培の起源については必ずしもはっきりしないが、一七世紀初めの米沢藩の記録でも、藩の財政上で重要な作物であったことがうかがわれるという。ベニバナは有力な換金作物で、同じ面積から稲作の三倍の収益があったらしい。しかし、相場の変動の激しい作物でもあったという。ベニバナ生産の発達は、紅花大尽《だいじん》を生んだ。芭蕉の『奥の細道』に登場する尾花沢の鈴木清風も紅花商人であった。ここで産したベニバナは、大石田まで陸送され、そこから最上川の舟運により、河口の町の酒田に送られ、酒田からは海運で敦賀に出て、敦賀から再び陸運で大津を経て京都に運ばれた。化学染料の登場で、山形のベニバナはほとんど消滅したが、最近では自然指向、本物指向、村起こし運動などとも連動して、少面積の栽培が行なわれている。(26-28)

オリーブ

オリーブ（オレア・エウロパエア）は地中海を象徴する植物である。一九世紀に栽培植物の起源論を著したドゥ・カンドルの時代には、同属のシルベストリスまたはオレアステルと名づけられた野生のオリーブがシリアからポルトガルにいたる広い地域に生えていたという。鳥が種を運んだ結果という説もあるらしい。この野生のものは栽培のものより果肉が薄く実も小さいというが、栽培種はこのような野生のものから変種として生じたものであろう。しかし、この本当の野生種は現在では見いだすのが困難である。ペルシャの砂漠の周辺に生えていた野生のものから、七〇〇〇年くらい前に栽培に移されたものとの推定もある。ヘロドトスによると、バビロンにはオリーブはなく、ゴマを使っていたらしい。しかし古代エジプト、アッシリア、ギリシャ、ローマでは明らかにオリーブを使っていた。オリーブの学名のオレアは、ローマ人が作ったオレアという言葉に由来するが、ローマ人はこの言葉をギリシャのエライアに由来すると言う。英語のオリーブはラテン語のオリヴィオに由来する。聖書にオリーブは四〇回も登場する。ちなみに聖書に登場の多い他の植物は、ブドウが約一〇〇回、ムギが約六〇回、イチジクが五二回、ザクロが二六回とのことである。ギリシャ人やローマ人はオリーブをスペインや北アフリカに伝えたが、地中海の乾燥した夏の気候によく合ったので、この地域を代表するものとなった。後にカリフォルニア、メキシコ、南アフリカ、オーストラリアにも伝わり、産地を形成した。果実は一四〜四二パーセントもの油を含む。収穫した果実からは、すぐに油が絞られる。傷がついたりした品質の劣るものは、石鹸や潤滑油などの製造に回される。塩蔵用果実にするには、緑果時期（淡黄緑色）に収穫するものと、熟果時期（赤紫色）に収穫するものがある。アメリカのオリーブ生産の主目的は塩蔵果実の生産である。日本には、江戸末期に伝来したが、大規模に定着するには至らなかった。明治末に農商務省が苗木を取り寄せ、各地で試作したが成功したのは香川県の小豆島《しょうど》だけであり、今でもそこは日本の特産地となっている。小豆島とオリーブの連想は、多くの日本人に定着している。最近では、イタリア料理のブームでイタリア、スペインからのオリーブ油の輸入が増加し、一般にスーパーマーケットでも容易に入手できるようになった。バージンオイルなどという言葉も飛び交う昨今である。(2・3)

ナタネ

農学部で遺伝学を専攻した学生には縁が深い植物である。ナタネは別名アブラナとも言うくらいで、江戸期には行灯《あんどん》にともす油としてナタネ油が使われた。明治期になり石油ランプが使われるようになるまでは、夜の闇をてらす現代の電気に相当するものであった。この時代に灯火用に油を採ったのは、ブラシカ・ラパという学名を持つ植物で、カブも同じ学名を持つ（ブラシカ属の分類はなかなかややこしくて、昔はこの植物をブラシカ・キャンペストリスと言っていて、まだこの名前を採用している本もあるので注意が必要である。私などの学生時代にこのキャンペストリスで覚えたので困るが、現在ブラシカ属の研究者はラパを使うので、ここでは統一した）。明治期になり、外国からたくさんの品種が導入され、ナタネについても収量や含油率の高いものを探した結果見つかったのが、西洋アブラナ（ブラシカ・ナプス）であった。在来ナタネは種が赤いので赤種、西洋アブラナは種が黒いので黒種とも呼ばれた。ここで、同じナタネ（アブラナ）に植物学上で「種」の異なる二つのものが含まれることになったのである。

冒頭に「遺伝学専攻の学生には」云々と書いたのは、このブラシカ属というのは、ゲノムの構成が教科書にぴったりで見事なものであることが、日本の研究者によって明らかにされたからである。ゲノムの概念についてはコムギのところに書いた。さて、このゲノムの点で言うと在来ナタネ（アブラナ）のブラシカ・ラパはＡＡゲノムを持つ二倍体、西洋ナタネ（西洋アブラナ）のブラシカ・ナプスはＡＡＣＣのゲノムを持つ四倍体なのである。余談ながら、このブラシカ属にはＢＢゲノム、ＣＣゲノムを持つ二倍体の他に、西洋アブラナと違ったゲノム構成の四倍体であるＡＡＢＢとＢＢＣＣの可能な全組み合わせの「種」がすべてそろっているのである。ちなみに、ＢＢゲノムを持つのはクロガラシ、ＣＣゲノムを持つのはキャベツ類、ＡＡＢＢゲノムを持つのはカラシ、ＢＢＣＣゲノムを持つのはアビシニアガラシである。

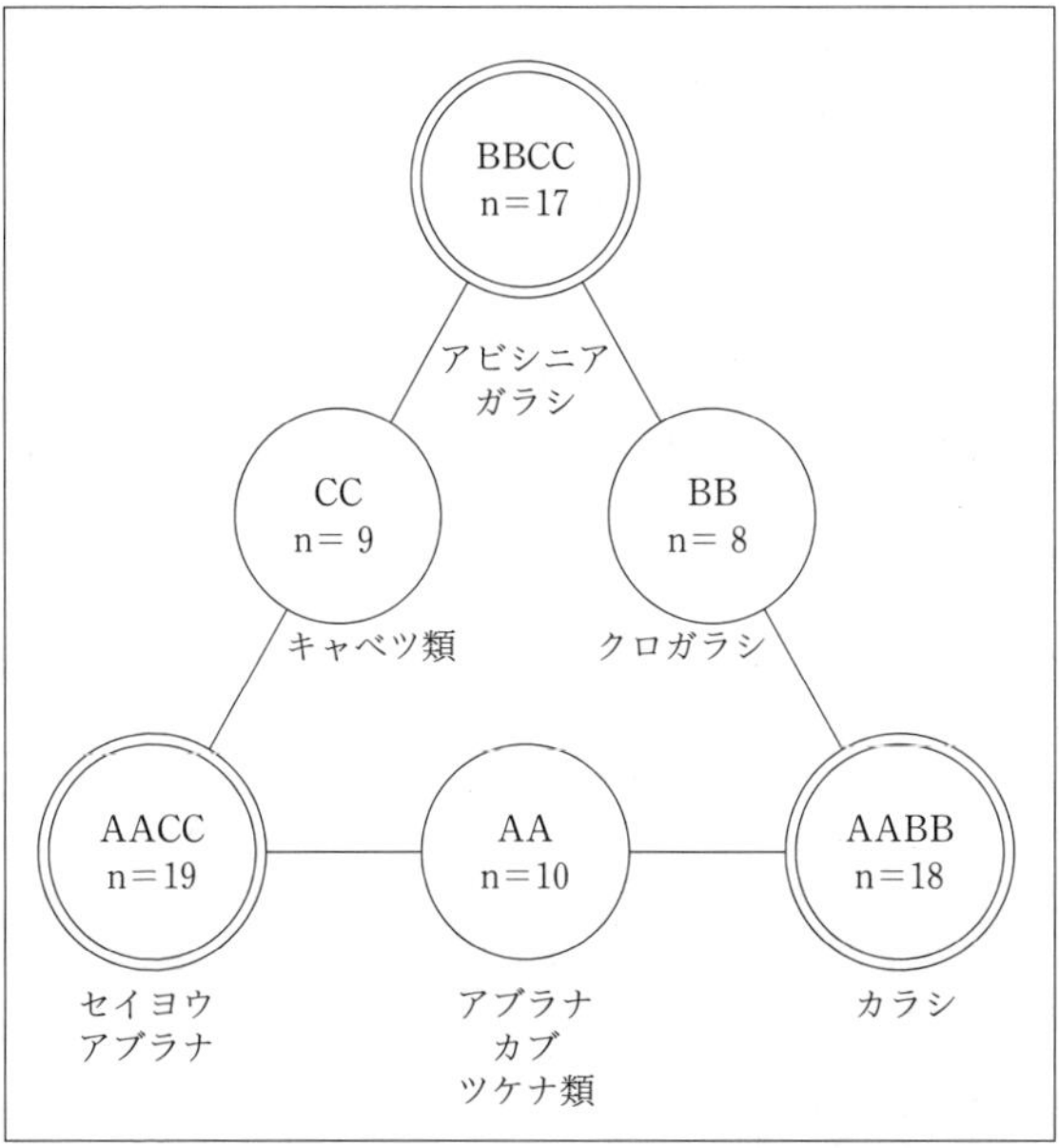

ナタネ（アブラナ）類のゲノム関係を示す。円内にゲノム記号と染色体数（半数）を示し、円外に属する主な植物名を挙げた。

明治以降、灯油としてナタネ油が使われなくなってからは、主に食用油をとる油料作物として栽培が続けられたが、次第に輸入にとって代わり、現在は青森県と鹿児島県にわずかに残っているにすぎない。一九七九年には一一二万トンのナタネがカナダから輸入された。カナダで栽培しているのは、上記の二つの「種」の両方が適地を分けて栽培されているという。ここで、ぜひ言及しておきたいのは、上のサフラワーのところで述べた油の組成についての画期的改良がこのナタネ油についても、今度はカナダでなされたことである。ナタネ油にはエルシン酸という脂肪酸が多く含まれており、これを多量に摂取すると心臓に悪いということから、エルシン酸のないナタネを品種改良により作るのに成功したのであった。また、油を絞った油粕は家畜の飼料として使われるが、粕にはグルコシノレートという甲状腺肥大を起こす元の物質が含まれていることがわかると、今度はその含量の少ない品種の開発にも成功したのであった。カナダでは大得意先の日本に頻繁に品種改良をする専門家を派遣し、客の要望を聞く努力をしたという。ソバのところで述べた、ソバの「フーミ（風味）」問題といい、貿易拡大にかけた意気込みには頭が下がる思いである。日本の技術者もこれらの苦労を自動車輸出などで重ねたのであろうか(29・30)。

ゴマ

ゴマ（セサヌム・インジカム）の優れた研究家小林貞作によると、ゴマ属には三七もの種があるが、熱帯アフリカ、インドに野生し、ただ一種のみが栽培されるという。世界では約三〇〇〇の品種があり、起源はアフリカであろうとしている。種には五五パーセントもの油を含み、主として不飽和脂肪酸のオレイン酸とリノール酸よりなる。他に飽和脂肪酸ではパルミチン酸とステアリン酸が含まれる。種皮にゴマ特有の香りを出す芳香油が含まれるので、ゴマを摺って使うのは理にかなっている。トンカツ専門店では、最近小さな摺り鉢とサンショウの木で作った摺りこぎを出し、客に自分で摺ってもらっているのは、この香りを逃がさないようにするためで、これも理にかなっている。トンカツに摺りゴマと特製のソースというのが、最近のトンカツ屋の定番である。ゴマの主産地は中国とインドにある。

ゴマはアフリカのサバンナの原産であろうと小林貞作は言っている。ここから二つに分かれて世界に伝播して行ったのだろうと言う。一つは陸路で古代のエジプト、オリエント、ギリシャ、ローマへと伝わった。もう一つは、アフリカ東部沿岸からアラビア、インド、スリランカへとたどる海路であろうという。主要な栽培ゴマは一種だけであるが、小林貞作は限定された地域で栽培されることもある野生種をいくつか挙げている。クレタ島のアウリクラタム、インドのマラバリカムなどである。インジカムはインドやスリランカからインドシナ半島を経て中国に伝来した。中国には明らかにタイプの異なる三種のゴマがあり、たぶん伝来の経路が違うのではないかという。一つは上のインドシナ半島経由であるが、もう一つはシルクロード経由ではないかという。もう一つはこの中間型だという。日本でも縄文晩期の土層からゴマの種が出土しているので、この頃から栽培されていたのではないかという。日本はゴマ伝播の終着駅だという。面白いのは、南部黒胡麻煎餅《せんべい》は現在も作られているが、はじめてつくられたのは建徳年間（一三七〇―一三七二）だという。この頃は南北朝時代で、建徳は南朝の年号で、北朝では、応安年間（応安三―四年）にあたる。いずれにしても相当古い時代から、伝統が引き継がれているものだ。しかし、ゴマは高価な食品であった。天平宝字元年（七五七）の記録では、ゴマ油一升はコメ四斗五升と交換されたという。戦国大名の斎藤道三は油売りから身を立てた人として有名であるが、この時代でもゴマ油一升はコメ一斗で交換されたという。斎藤道三は一五五〇年頃の人であるから、約八〇〇年の間にゴマ油の価値は約四分の一以下になったことになる。それだけ、わが国でも生産量が増加したのであろう(31・32)。

ヒマワリ

われわれの世代でヒマワリ（ヘリアンサス・アヌス）で印象深いのは、ソフィア・ローレンが主演した第二次世界大戦にまつわる悲恋をえがいた映画に登場した広大なヒマワリ畑ではないかと思う。日本ではヒマワリは夏の家庭の庭に一本か二本咲いているもので、大量に畑に栽培するものという印象は皆無である。もっとも、最近では、村起こし運動で、休耕田を町で借り受けて一面にヒマワリを植え、観光名所にしている所が宮城県にある。他の都道府県にもあるかも知れない。しかし、いずれもヒマワリは日本では鑑賞用の植物である。しかし、世界的にはヒマワリは種子から油を絞る立派な油料作物なのである。

ヒマワリは北アメリカ原産で、コロンブスが到着する前から先住民により種子は食用にされていた。しかし野生の先祖種はもう存在していない。ヒマワリ油は世界の産額の半分以上はロシアで生産される。ヒマワリ油はサフラワーの油と似ており、ダイズ油より安定である。ヒマワリの種子は二四〜四五パーセントの油を含む。(3) 鑑賞用としてのヒマワリは最近背の低い品種が開発され、鉢植えや切り花などにも利用されている。

ヤシ油

多くのヤシ科の植物が利用されるが、重要なものはアブラヤシ(エレイス・ギネンシス)とココナッツ(ココス・ヌシフェラ)である。前者の起源の中心地は西アフリカの熱帯降雨林だと考えてよいだろう。現在アブラヤシはセネガルからザンジバルまで広がっており、アフリカの主要なアブラヤシ・ベルトは、シエラレオーネ、リベリア、コートジボアール、ガーナ、トーゴ、ナイジェリア、カメルーンからコンゴ、アンゴラまで通じている。アブラヤシは奴隷貿易とともにアメリカ大陸に伝播したが、ブラジル以外では定着しなかった。アブラヤシはヨーロッパにも植物園の温室に一七三〇年には植えられ、インドのカルカッタでも一八三六年に植えられた。四本がジャワの有名なボンテンゾルグ植物園に一八四八年に植えられたが、そのうちの二本はアムステルダム植物園から、他の二本はブルボン王家から持ってきたものだった。この植物は四年後に開花し、その子孫はオランダ領東インド諸島に広がった。この元の四本のうち二本は、この話を紹介した熱帯作物の権威パーセグローブがその本に書いた一九七二年にはまだ生存していた。シンガポールの植物園にここから一八七〇年に種を送られたが、そのうちの数本は園長官舎の庭に今(一九七二年当時)まだ生存していたという。東南アジアは、今ではアフリカよりも多くのアブラヤシ油を生産している。アブラヤシ油は果実の新鮮な中果皮から得られ、そこには四五〜五五パーセントの油が含まれる。この油は摂氏二五〜五〇度の範囲で可溶である。アブラヤシ油は高比率で飽和脂肪酸のパルミチン酸を含むが、また不飽和脂肪酸のオレイン酸とリノール酸を含んでいる。不注意に絞油されたアブラヤシ油は自動触媒作用により生じた遊離脂肪酸含量が高く、これが食用油としての価値を減ずる。そのためこの油は石鹸やローソク、ブリキ製造などに使用されてきたが、行程の改良によりマーガリン、料理用など食用油料としての需要が増えている。南アメリカでは、オルビギナ、アタレア、アストロカリウムなどの各属のヤシが油料として収穫される。[1]

メキシコにおけるヤシ栽培

ラッカセイ

ラッカセイ（アラキス・ヒポガエア）は、日本ではピーナッツとして菓子として消費されるが、世界的には油料作物として著名である。南米ボリビアあたりの原産とされる。この属は南米に一五種が自生し、そのうち三種が一年生で、栽培種は一種のみである。メキシコでは紀元前二〇〇年ころの遺跡発掘でも出土している。日本でナンキンマメの別名があるのは、江戸中期に中国から伝来したからである。この時にはほとんど普及せず、栽培が盛んになったのは明治期に、改めて品種が導入されてからである。一般に草型が立つ性質がある立性のものと、ほふくする性質のあるものの二型がある。花が咲いた後で、子房の柄が伸びて地中に入り、実を結ぶという大変面白い習性を持つ。ラッカセイの種名のヒポガエアは「地下」という意味である。受精して後五日目から子房と花托の間が伸びて子房柄（これをジノフォアという）となり、地面に向かって伸び、先端にある子房は、重力の方向に反応する正の屈地性により地中にもぐると肥大生長を始める。この面白い性質のために、重力との関係などが研究された。さらに面白いのは、この子房柄は空中では下方に向かって伸びるが、その先端にある子房は肥大しない。土中で肥大するのは、土のようなかたいものにぶつかって機械的あるいは物理的な刺激を受け、それによって植物から発生するエチレンがこの肥大の引き金を引いているのだという説もあるが、まだ確定的ではない。ただ、この子房柄の伸長には限界があって、ラッカセイの植物の下部についた花は土にもぐるが、上についた花で子房柄が限界まで伸びても地表に届かない場合には、この花の子房は肥大しない。この地下にもぐるという性質のため、ラッカセイのさやは他のマメ科植物のそれとは違い繊維質で堅い。さや付きピーナッツでおなじみであろう。戦後ザ・ピーナッツという双子の歌手がいたが、さやには二粒はいる品種が多い。しかし、バレンシア型のように三粒あるいは四粒（最高五粒まで）はいる品種もある。ラッカセイがアジアに入ったのは、一度原産地からアフリカに渡り、そこを経由したらしい(33)。

ヒマ

トウダイグサ科のヒマ（リシヌス・コムニス）の種からとれる油は工業用として最も重要な油の一つである。エチオピアの原産といわれ、古代エジプトでは灯火用に使っていた。二〇世紀の始めまで、西欧では主に医薬用に使われていた。この油には耐水性があるので、繊維製品の防水に使われる。水素添加した油は、ワックス、研磨剤、ローソク、クレヨンの製造にも使われる。インドや中国にも古い時代に伝播した。新世界にはコロンブス期のすぐ後に伝わった。ヒマの油であるヒマシ油には、リシノール酸というオレイン酸から誘導されるやや特殊な脂肪酸が構成脂肪酸の八〇～九〇パーセントを占め、他にオレイン酸、リノール酸を含む。リシノール酸から製造されるセバシン酸を原料として、合成樹脂、合成繊維を作る。ヒマシ油を脱水素して製造した乾性油を用いた塗料は黄色くならないので、塗料の溶剤として優れている。ヒマの生産は多い方から、ブラジル、インド、タイの順である。第二次世界大戦後、アメリカでも生産が大幅に増加した。他にエクアドル、南アフリカ、エチオピア、タンザニアは輸出国である。輸入は多い順にアメリカ、フランス、英国である(1・34)。

その他の油料植物

・**エゴマ**（ペリラ・オシモイデス）は、シソ科の植物で、ナタネ油が登場する前に日本の灯火用の油はこの植物からとった。古墳時代に伝来したらしい。ただエとかジウネンとも呼ばれた。シソに似た植物だが、シソと違ってこの植物の匂いを臭気とする人も多い。昔は油紙に塗り、提灯、日本傘に重宝であった。

・**アブラギリ**（アレウリテス・コルダタ）は種子から桐油を取り、油紙、ペイントなどに使う。中国に近縁のフォルデイ、モンタナがある。

・**ツバキ**（カメリア・ジャポニカ）は照葉樹林帯を代表する植物である。日本では古くから髪油として、

エゴマとシソ（写真）は植物学的には同じ種に属する

また揚げものにも使われた。『延喜式』（九二七年）にこの油を献上した地方が書かれている。伊豆の大島などで現在でも作られて特産品となっている。粗製品にはサポニンが含まれる。

・**ホホバ**（シモンジシア・シネンシス）はツゲ科の常緑の雌雄異株の低木で、北アメリカ南部の原産である。アメリカ原産なのに学名にシネンシスと中国原産のような名前がついたのは、命名の際に標本が中国で採集されたと誤って記載されたためらしい。アメリカの先住民はホホウイと呼んでいたが、スペイン語に訳されてホホバとなったとのことである。種子に五〇パーセントもの特別な油を含むので、種子より油をとり、食品、工業用、化粧用に使う。この植物では内乳に貯蔵されるのは、澱粉や固形の油脂でなく、液状態の蠟である。このような植物はいままで知られていない。脂肪酸とアルコールが結合したものが蠟であるが、このアルコールが三価のグリセリンなら油であるが、一価アルコールすなわち、単純ワックスのみからなる貯蔵脂質を種に作るのである。このような単純ワックスは昔はクジラから取られていたが、現在はそれが不可能なのでこの植物は注目されている。カリフォルニア大学のデービス校で長年植物の脂肪の代謝や生合成の研究をしたスタンプは、このホホバワックスの生合成の経路についても研究した。私は一九六七〜六八年にカリフォルニア大学に留学したとき、このスタンプが同僚のコーンと共に担当していた生化学の講義を聴講したことがある。日本の大学の先生がややもすると、講義ノートを十年一日の如く棒読みするのに対して、このスタンプとコーンの講義は「昨日届いた学会雑誌にこのデータが発表された」というように最新の情報をいち早く学生にも伝えるもので、私は大層感銘を受けたのを今でも思い出す。植物性の蠟は現在ブラジルロウヤシ（コペルニシア・セリフェラ）の葉や、サトウキビの茎の表面から得られている。葉や茎の表面を覆うといったようなものなので、得られる量はきわめてすくない。ホホバのように種子から蠟が得られるとすれば、収量は画期的に増加するであろう。[4・35]

（1） Purseglove, J.W., *Tropical crops Dicotyledons*, (Longmam), 1968.
（2） ドゥ・カンドル『栽培植物の起源　上・中・下』加茂儀一訳（岩波書店）、一九五三年、一九五八年。
（3） Langenheim, J.H., Thimann, K.V., *Botany Plant biology and its relation to human affairs* (John Wiley and Sons), 1982.
（4） ハーバート・G・ベイカー『植物と文明』、阪本寧男・福田一郎訳（東京大学出版会）、一九七五年。
（5） F・W・ウェント『植物の生長と環境』、輪田潔・富田豊雄訳（朝倉書店）、一九五九年。
（6） 中尾佐助「農業起源論」、森下正明・吉良竜夫編『自然・生態的研究』（中央公論社）、一九六七年。
（7） 中尾佐助『栽培植物と農耕の起源』（岩波書店）、一九六六年。
（8） 野口弥吉・川田信一郎監修『第二次増訂改版農学大事典』（養賢堂）、一九八七年。
（9） 淵之上元「チャ」、日本人が作りだした動植物企画委員会編『日本人が作りだした動植物　品種改良物語』（裳華房）、一九九六年。
（10） 女子栄養大学出版部編『食用植物図説』（女子栄養大学出版部）、一九七〇年。
（11） 中尾佐助『栽培植物の世界』（中央公論社）、一九七六年。

(12)『National Giographic』日本版一九九八年六月号。
(13) 永井威三郎『実験作物栽培　各論第三巻』(養賢堂)、一九四九年。
(14) 星川清親「その他の糖料作物」、野口弥吉・川田信一郎監修『第二次増訂改版農学大事典』(養賢堂)、一九八七年。
(15) 住田哲也「ステビア」野口弥吉・川田信一郎監修『第二次増訂改版農学大事典』(養賢堂)、一九八七年。
(16) 中屋健一『ラテン・アメリカ史』(中央公論社)、一九六四年。
(17) 田村三郎編『ジベレリン化学・生化学および生理』(東京大学出版会)、一九六九年。
(18) Parker, K.J., "Alternatives to sugar", *Nature* 271(9), 493-494, 1978.
(19) 平野寿助「ワタ」、野口弥吉・川田信一郎監修『第二次増訂改版農学大事典』(養賢堂)、一九八七年。
(20) 平野寿助「タイマ」、野口弥吉・川田信一郎監修『第二次増訂改版農学大事典』(養賢堂)、一九八七年。
(21) Smith, R.J., "Spraying of herbicides on Mexican marijuana backfireson U.S.", *Science* 199(24), 861-864, 1978.
(22) 升尾洋一郎「アマ」、野口弥吉・川田信一郎監修『第二次増訂改版農学大事典』(養賢堂)、一九八七年。
(23) 小合龍夫「イグサ」「シチトウイ」、野口弥吉・川田信一郎監修『第二次増訂改版農学大事典』(養賢堂)、一九八七年。
(24) 石田喜名雄「ミツマタ」「ガンピ」、野口弥吉・川田信一郎監修『第二次増訂改版農学大事典』(養賢堂)、一九八七年。
(25) 成田義三「みつまた」、農林省農林水産技術会議事務局編『総合野菜・畑作技術事典』農業技術協会、一九七三年。
(26) 菅洋「サッフラワー物語り」、『農業荘内』一九六八年一月一日号。
(27) 安達巌『日本食物文化の起源』(自由国民社)、一九八一年。
(28) 誉田慶恩・横田昭男『山形県の歴史』(山川出版社)、一九七〇年。
(29) 日向康吉『菜の花からのたより』(裳華房)、一九九八年。

(30) 志賀敏夫「ナタネ」、野口弥吉・川田信一郎監修『第二次増訂改版農学大事典』（養賢堂）、一九八七年。
(31) 小林貞作『ゴマの来た道』（岩波書店）、一九八六年。
(32) 小林貞作「ゴマ」、野口弥吉・川田信一郎監修『第二次増訂改版農学大事典』（養賢堂）、一九八七年。
(33) 星川清親『新編食用作物』（養賢堂）、一九八〇年。
(34) 花田毅一「ヒマ」、野口弥吉・川田信一郎監修『第二次増訂改版農学大事典』（養賢堂）、一九八七年。
(35) Stumpf, P.K.「植物クジラ——ホホバワックスの生合成」、赤沢堯編『資源植物遺伝進化・生化学』（学会出版センター）、一九八六年。

第四章　世界の食糧作物

世界の主要な食糧となる穀物はイネ、コムギ、トウモロコシである。この三大穀物のうち、トウモロコシについては別項（第一章）ですでに述べた。イネについてもすでに別に書いたので[1]ここでは主食としての立場よりは、有用植物として興味ある視点から触れることにする。また、ここで穀物としてコムギなどのムギ類、芋類として重要なジャガイモについても述べておく。サツマイモについてもすでに別項（第一章）で述べた。

コムギ

コムギの生物学

コムギは私にとって特別に思い出の深い植物である。大学を卒業してすぐ国の農業試験場でコムギとオオムギの品種改良に七年たずさわったからである。今では、日本ではムギ類はすっかり栽培面積が減り「麦秋」という美しい日本語も消えかけているが、当時は西南暖地では水田の裏作に麦類をつくり、冬でも裸地はほとんどなかったものだ。今昔の感にたえない。

コムギといえば、その研究に一生を捧げた日本の生んだもっとも優れた生物学者の一人であった木原均の名前を忘れるわけにはいかない。コムギはしたがって、日本の植物学の「金字塔」を生んだ植物である。私は一九七六年にメキシコ滞在中に、そこを訪問された木原博士と会ったことがある。私は木原門下ではない。しかし、私にとって木原均の『小麦』という本はバイブルのような本であった。それは木原均の個人史的な本であるが、それが出版されたのは一九五一年で、木原均にとっても活動の盛期で、人生の終着駅という時点ではなかった。私はまだ、大学の三年生だった。しかし、そこに書かれていた彼が若い頃にヨーロッパに留学し、研究のことで試行錯誤しながら武者修行する話は、終戦まもない頃の学生には「おとぎ話」のように響いたのであった。木原均の講演を私は一九五四年ころ学生のとき、大学で聞いたことがある。そのとき彼が写したカリフォルニア大学デービス校のスライドをみて、そこに写しだされたカリフォルニアの明るい自然に憧憬を禁じえなかった。何十年か後に在外研究の機会があって、そこに一年滞在することになろうとは、そのときは夢にも思わなかった。

阪本寧男は最近『ムギの民族植物誌』という本を書いた。この本はムギの故郷を訪ねて何度も採集旅行を繰り返した経験を下敷きに書かれているので、説得力に富んでいる。世界中でもっともよく作られているパンコムギは六倍体で、三つの異なるゲノムより構成されている。ゲノムとは生物が生存できる最小の染色体の一組のことで、染色体の数は生物の種類により異なっている。ゲノムは普通英語の大文字で表わす。パンコムギの異なる三つのゲノムはＡＢＤで、体細胞では一ゲノムが二組ずつあるから、ＡＡＢＢＤＤとなり、すなわち六倍体というわけである。マカロニを作るマカロニコムギはＡＡＢＢのゲノムを持つ四倍体である。パンコムギのＤＤゲノムは小麦畑の雑草であるタルホコムギ（エギロプス・スクァローサ）からきたことを発見したのは木原均である。ＤＤゲノムの発見は一九四四年に木原均とアメリカのマックファーデンとシアーズにより独立になされた。一九四四年という西暦の年号を第二次大戦中の昭和一九年と置き換えてみれば、この発見がまったく独立になされたことは自明であろう。

このDDゲノムの発見については、木原均は興味あるエピソードを書いている。一九四三(昭和一八)年に木原均が帝国学士院から賞を受けたとき、日本学術協会に頼まれて講演をすることになった。その準備をしているとき、懸案の課題であるDDゲノムを持つであろう種の形態について記載しておこうとした。そうすれば後世になって誰かがDDゲノムをもつ種を見つけたとき、「これは一九四三年に木原が記載しているものと形態が同じだ」と思うに違いないだろうと木原は書いている。染色体の数、穂軸の折れ方や穎《えい》の毛の有無、長短等の諸形質などについてDDゲノムをもつであろう種の備えるべき形をしぼりだし、現存する植物にそれを求めたところ、それはエギロプス・スクァローサという中近東地方に自生する植物に違いないと確信し、それにタルホコムギの和名をつけた。

木原のこの受賞の記念講演は東大の医学部講堂で、一九四三年の五月に行なわれ、その講演の原稿を木原は主催した日本学術協会に送った。ところが、原稿が届かないという葉書が三度もこの協会からきたという。はじめの二回は送付済みの返事を書いたが、三度めには本郷局で書留の番号から、受け取った人の名前をつきとめ、そのことを返事したら、事務員の机の引き出しから原稿は発見されたらしい。ところが、原稿は印刷もされず再度の交渉にも返事がなく、現在(一九五一年)にいたったと木原は書いている。もしこの協会が一九四三年にこの原稿を印刷していたら、コムギのDDゲノム種の発見のプライオリティー(先取権)は自分にあったと木原は書いている。しかし反面、木原はこの協会には感謝してもいいとも書いている。なぜなら、この協会に記念講演を依頼されたからこそ、自分はこの際にDDゲノム種を探究する気になったからだという。木原は翌年の一九四四年に『農業および園芸』という商業雑誌に二頁の短い論文を書いてDDゲノム種を記載した。これが後に海をへだててアメリカとの同時発見とされたのであった。木原の書いた文章には終戦当時の、この新発見にまつわる当時の日米関係が、微妙に投影されていて大変興味深い。

終戦から半年しかたっていない一九四六年の二月に、GHQ天然資源局のサルモンが京都大学の木原を訪ねてきた。サルモンは京都大学当局への訪問を後に回して、木原の研究室に直行した。サルモンはカンサス大学で作物学を講じたコムギの研究者だった。戦争で情報がとだえていた、戦前からコムギの研究では有名だった木原学派の戦時中の研究の進展を、知りたかったのだろう。サルモンは木原からDDゲノム種の発見を聞き、一方で彼は木原に意外な情報をもたらした。アメリカで一九四四年にマックファーデンとシアーズが、やはりタルホコムギをDDゲノム種だと言っているというのである。木原の『農業および園芸』に掲載された和文の論文は英訳してサルモンを通じて、アメリカに送られた。この木原が英語に翻訳して送った論文は、アメリカの遺伝学の雑誌に再録されたが、その後に雑誌の編集長が付記したコメントは終戦直後という時代を反映して興味深い。編集長はDDゲノムの日米同時発見を認めながらも、アメリカの研究者の方に肩入れをしたようなコメントを付したのであった。

BBゲノムがどこからきたかについては長い間論争があって決着がつかなかったが、最近ではやはり小麦畑の雑草であるクサビコムギという和名を持つエギロプス・スペルトイデスという植物であるという結論に傾きつつあるようだ。しかし、クサビコムギのゲノム記号はSSでBBではない。しかし、SSはBBと近い関係にあり、現在のクサビコムギのSSゲノムも長い年月の間にBBそのものから進化して多少変わってきているのかもしれない。BBゲノムが栽培コムギに取り込まれた時代のオリジナルのBBゲノムを変わらず持っている植物はもう存在しないという見方も成り立つ。

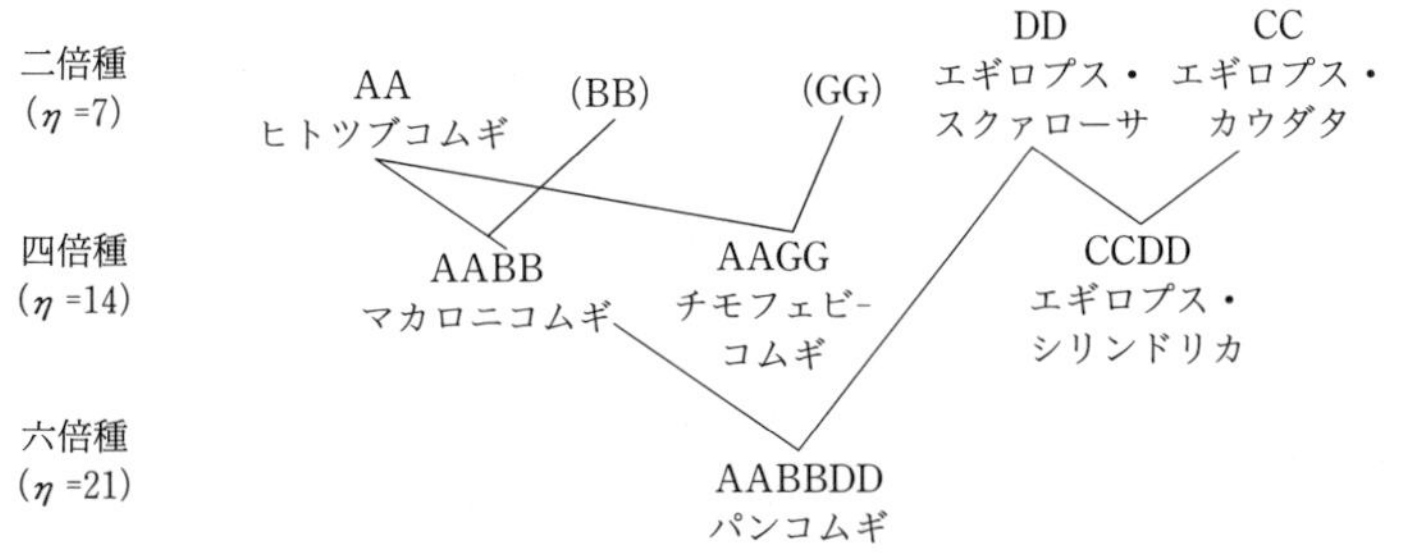

コムギと近縁植物のゲノム関係.（　）内は未確定.

一方、ＡＡゲノムだけを持つコムギは知られており、これはパンコムギやマカロニコムギと同じトリテカム属に属するトリテカム・モノコッカムという栽培種であるが、他に野生の別の種のトリテカム・ボエオチカムもある。六倍性の栽培コムギにはパンコムギ以外の別の種が五種あり、四倍性の栽培コムギにもマカロニコムギ以外に七種ある。六倍性種には野生種は存在しないが、四倍性の種には二つの野生種がある。ＧＧゲノムはハイナルデア・ヴィロッサという植物からきたのではないかという説がある。四倍性の種の中には、ＡＡＧＧのゲノムを持つものがある。このＡＡＧＧを持つ四倍性のコムギにも栽培種のトリテカム・チモフェビと野生種のトリテカム・アララチカムがある。戦後に六倍性のＡＡＡＡＧＧというＤＤやＢＢゲノムの代わりにＧＧゲノムをもつ種が発見されている。これはジュコブスキーコムギと呼ばれ、一九五七年にグルジアの西部で発見された特殊なコムギである。このコムギはＡＡゲノムを四セット持っている不思議な種である。たぶん、ＡＡＧＧを持つ四倍種にＡＡゲノムが付け加わったものであろう。ＤＤゲノムをもつ雑草のタルホコムギはパンコムギの成立に重要な貢献をしたが、このＤＤゲノムは同じ雑草のエギロプス・カウダタのＣＣゲノムに付け加わってＣＣＤＤのゲノムを持つエギロプス・シリンドリカという植物となったが、この方は作物にはならず野草に止まった。

コムギの類はこのように複雑な構成をしているが、四種類のゲノムが組み合わさった植物の倍数性という性質の展示場のようなものである。二倍性、四倍性、六倍性のものをそれぞれ一粒系コムギ、二粒系コムギ、普通系コムギとも呼ぶ。(2・3)

コムギ栽培の始まり

これらのコムギはどのようにして栽培に移されたのであろうか。コムギの類は野生種でも種子が大きく、栽培に移される前にも食糧として採集されたものであろう。阪本寧男が引用している、ラデンスキーが一九七五年に発表したデータによると、ヨルダン渓谷の上流地域で野生コムギを採集した実験では、三時間である場所では約二キログラム、また別の場所では約四キログラムも採れ、それから種子を選び出したところ前者で七四一グラム、後者では一五六六グラム採れたという。一時間当たりに換算してみると、前者で二四七グラム、後者で五二二グラムになったという。同様に阪本寧男は、この地方におけるコムギの発掘遺跡とその年代について、紀元前五〇〇〇年より古いものを拾ってみた。それによると、地域はイラン、イラク、トルコ、シリア、イスラエル、ヨルダン、ギリシャ、ブルガリアにわたっているが、その遺跡の年代は紀元前一万二〇〇〇年から紀元前五〇〇〇年に及ぶ。もっとも多く発掘されているのが、栽培二粒系コムギで、ほとんどすべての遺跡すなわち三四カ所で発見されている。つぎに多いのは栽培一粒系コムギで二〇カ所で見つかり、ついで栽培普通系コムギで一〇カ所、野生一粒系コムギの八カ所となり、もっとも少ないのは野生二粒系コムギの三カ所であった。この数字は示唆に富むものであろう。すなわち、もっとも古くから多く栽培されたのは二粒系のコムギであったことが判るからである。栽培一粒系コムギは現在では、ほとんど栽培されていないが、古代には重要な作物であったことがうかがわれる。野生の一粒

パンコムギの穂

系コムギと近縁のクサビコムギが自然に交雑して、二粒系コムギが生まれ、そのなかから次第に良いものが選ばれてその栽培が広がったものであろう。現在もっとも重要なパンコムギは、多分トリテカム・デコッカムという学名を持つエンメルコムギの畑で、これに野生のタルホコムギが交雑して生まれたものであろうと阪本寧男は書いている。というのは、七種ほどある二粒系コムギのなかで、このエンメルコムギとタルホコムギの雑種がもっともパンコムギに近いからである。その自然交雑がおこったのは、タルホコムギが生えている地域内と思われ、それが多く自生するのは西北イラン、トランスコーカシア、カスピ海南岸、トルクメニスタン、アフガニスタン、中国西北部である。パンコムギが成立した後は、その優れた性質のゆえに栽培地域を拡大していったものと思われる[3]。

モチ性コムギの話

イネにはモチ性があって、日本では神事や祭事と深い結びつきがある。一般にはあまり知られていないが、オオムギ、トウモロコシなどにもモチ性がある。私は一九五五年から七年間農林省中国農業試験場でムギ類の品種改良に従事したが、そのとき私のいた研究室ではモチ性のオオムギの品種改良をかなり熱心にやった。当時二〇種以上のモチオオムギの品種を集めたが、多くは紫の色素があったので、もっと白くて収量が多く、モチを作る性質の優れたものを作ろうとしたのである。かなり色の白いものもできたが、どうもモチや団子にしたときの性質はモチゴメで作った餅のようにはいかなかった記憶がある。たぶん、モチ澱粉の性質がイネのものとは異なるように思えた。

さて、コムギにはモチ性コムギはなかった。これには理由がある。モチ性は普通のウルチ性にたいして一個の劣性遺伝子で異なっている。つまり普通のウルチとモチを交配するとその雑種第一代はウルチとなり、雑種第二代でウルチとモチが三対一に分離してくるわけである。モチ性は多分ウルチ性から劣性の突然変異として出てきたものであろう。化学的には、澱粉の性質が異なる。穀物類の澱粉は、グルコースが重合したものだが、このグルコースが結合する仕方に二種類あって、一つはグルコース分子の中の六個ある炭素原子に番号をつけて、一番と四番が結合するアルファー一、四結合でこの結合様式では、できた鎖は直鎖となりアミロースと呼ばれる。もう一つは一番と六番が結合するアルファー一、六結合で、この結合をすると鎖は枝分かれしアミロペクチンと呼ばれる。普通の穀類の澱粉では、二〜三割がアミロースで、残りの七割五分くらいがアミロペクチンである。このような澱粉の中で、突然変異などにより直鎖のアミロースができなくなり、すべて分枝状のアミロペクチンからなる澱粉をつくるようになったのがすなわちモチ澱粉である。コムギにモチ性がなかったのは、普通のパンコムギが前述したように六倍性だということに起因している。つまりゲノムが三セットあるから、この三組のゲノムに同時に一緒に突然変異が起こらないと表現上はモチにならないということになる。イネ、トウモロコシ、オオムギなどはみな一組のゲノムしか持たない二倍性種なので、一回突然変異が起こればモチ性が表現されるわけである。しかし、モチ性は劣性の形質なので一個でも優性のウルチ遺伝子があればモチ性は隠れてしまうのである。農林水産省の研究者は、この三組のコムギのゲノムの中で三組ともにモチ性に変わったものはないにしても、一組か二組に突然変異の起こっているものはあるかも知れないと考えて探索を続け、とうとうそのようなものを見つけたのである。それらの異なったゲノムに変異を起こした品種を交配することにより、とうとう一つの植物に三つの突然変異遺伝子を集めることに成功し、表現的にもモチ性になったコムギを作り出したのである。現在、その利用法が検討されている段階である。この研究も、一部のゲノムに変異が起きていることを探索する方法がバイオテクノロジーの発展により可能になったため実現したのである。モチ性コムギで作ったパンなどはどのようなものであろうか。夢のある研究として、育種学の分野では評価が高い。

「緑の革命」余話

一九七〇年代に主としてアメリカを中心に語られたいわゆる「緑の革命」物語がある。その象徴はメキシココムギと称される一群のコムギの新品種育成の功績で一九七〇年にノーベル平和賞をもらった国際トウモロコシ・コムギ改良センターのボーローグであろう。メキシココムギは背が低く肥料をやってもほとんど倒れず、灌漑して栽培すると従来のものに比較して大変な増収になったのである。そのため、メキシコでは一時コムギの輸入国から輸出国に転じたくらいであった。そのためこの成功は「緑の革命」として有名になった。この革命をもたらしたコムギの草丈を低くする遺伝子は実は、日本のコムギ品種の農林一〇号から導入されたものである。日本の農林省では、最初一カ所で交配から後期世代の選抜までをやっていたが、これでは気候風土の異なる各地に適する品種はできにくいのではないかと考え、農林省の中央の試験場で交配して得られた初期世代の種子を地方の府県の農業試験場に配布して、そこの気候条件に適し

コムギの背の高い品種（左）と低い品種（右）の芽ばえの違い

メキシコの国際トウモロコシ・小麦改良センター（ＣＩＭＭＹＴ）におけるコムギの交配風景

農林一〇号の矮性遺伝子はメキシココムギに導入され緑の革命のもととなった

たものを選ぶ方法に品種改良の方法を改めることにした。この方法はコムギが昭和元年（一九二五）に、イネでは昭和二年から発足した。この方法でできた新品種は、農林省に登録し、いわゆる農林番号をつけることにした。したがって、コムギ農林一〇号はこの方法が発足してまもない頃にできた品種である。これを最終的に創ったのは、盛岡にあった岩手県立農事試験場の稲塚権次郎である。農林一〇号はターキーレッドにフルーツ達磨《だるま》を交配したものから生まれた。交配したのは、愛媛県立農事試験場で、一時農林省農業試験場鴻巣《こうのす》試験地で選抜したあとで、そのいくつかが岩手県立農事試験場に送られた。農林一〇号が誕生したのは一九三五年すなわち昭和一〇年である。第二次世界大戦で日本が負けると、いわゆるGHQと呼ばれた占領軍が来て進駐した。そのときアメリカ農務省から顧問として日本に来たのが、コムギの研究を専門とするサルモンであった。彼は日本の品種のいくつかを本国に送ったが、その中に農林一〇号もあったのである。この農林一〇号の草丈の低い性質はおおいに注目されたと見え、アメリカの品種改良の専門家は農林一〇号をアメリカの品種と交配し、その背の低い遺伝子をアメリカ品種に導入した。これが成功して、後にメキシココムギにも取り入れられたのである。メキシココムギはそのあと世界の各地に導入され、飛躍的な収量増加をもたらした。日本育種学会がのちに学会にボーローグを招待したとき、農林一〇号の生みの親の稲塚権次郎はボーローグに会って握手をかわしたと記録されている。私はメキシコ国立農科大学に一年滞在したとき、ボーローグの活動の場所だった国際トウモロコシ・コムギ改良センター（CIMMYT, Centro Internacional de Mejoramiento de Maiz y Trigo）は大学のすぐ近くにあったので、そこを何回も訪ねたことがある。若い頃ムギ類の品種改良に従事した私は、このセンターでコムギの交配を行なっている研究者を見ていささか感無量であった。

ジャガイモ

新大陸からヨーロッパにもたらされたジャガイモは一時人口増加を支えたが、その病害による不作が、特にアイルランドからアメリカへの大量の移民の原因となった話は有名である。ジャガイモが新大陸のアンデス山地の原産であることは、疑問の余地がない。ジャガイモはソラヌム属に属する植物であるが、この属には野生種が二五種と栽培種が八種くらいあるとされる。ソラヌム属は前述のコムギと同様に倍数性があり、染色体の基本数は二四だが、二倍性、三倍性、四倍性、五倍性の存在が知られている。原産地とされるアンデス地域を除けば、世界の各地で実際に栽培されるのは四倍種のソラヌム・チュベロウサムと呼ばれる種である。変異はアンデス地域に集積され、田中正武によると、ペルーのジャガイモの研究者のオチョアが一九六五年にペルーの中央高原地域から集めた五八四のジャガイモを調べたところ、二倍種が九六、三倍種が三四、四倍種が四四五、五倍種が九個あったという。田中正武自身も、ペルー、ボリビアなどのアンデス地域のジャガイモ畑で葉の形、花の色（白、赤、桃、紫）や花の一重、八重、イモの形やイモの色（白、赤、紫、黒）などの多種多様性に一驚した様子を述べている。

世界的にみて経済的に各地で栽培されるのは、みな四倍種のソラヌム・チュベロウサムである。この種はどのようにして成立したのであろうか。イギリスのジャガイモ研究家のホークスは、四倍性のチュベロウサムは二倍性のパルシピラムとステノトーマムが交雑した雑種の染色体が倍加してできたという説をだしている。日本の松村元一は、ステノトーマムの相手はパルシピラムではなくて、同じ二倍種のフレーヤだと主張している。ジャガイモは右のコムギと違い倍数性があっても、そのゲノムはみな同じで違わない。

このような場合は同質倍数性と呼ばれる。つまり二倍種がＡＡだとすれば、四倍種はＡＡＡＡだというわけである。したがって、コムギの場合に大変有効であり木原均が提唱した「ゲノム分析」という手法がとれないもどかしさがある。ジャガイモの場合「種」が異なっても染色体にはゲノムの分化が起きていないので、種間の違いもそんなに際立ったものでないということにもなろう。アンデスのジャガイモは、このように多種多様でそれだけまだ野生味を保っている。そのためいわゆるアクも強く、現地ではチュウニョという特別の乾燥イモを作る。これは一種の凍結乾燥法である。寒い戸外において何度も凍結、解氷を繰り返す。その途中で足で踏み揉むと水分とともにアク分も除外されてゆく。一種の保存法でもある。生活の知恵そのものであろう。このような乾燥イモを、チュウニョと呼ぶのである。

ジャガイモをヨーロッパにもたらしたのはスペイン人である。古代メキシコ文明は、ジャガイモを知らなかった。ドゥ・カンドルは、一五八五年頃に北アメリカのバージニアやカロライナにジャガイモがあったというウォーター・ラーリー（タバコをヨーロッパにもたらした人物として有名）の話を紹介して、ここより南のメキシコでジャガイモが知られていなかったのに、なぜ植民地のバージニアにジャガイモがあったのかと論じている。しかし、一六世紀中頃に一攫千金を夢みて、南米を行き来したスペイン人が、新大陸の植民地にもたらした可能性はおおいにあるとしている。ヨーロッパでも最初は鑑賞用として栽培されたらしい。最初にヨーロッパにジャガイモが伝来したのは、一五三二〜三四年頃と思われる。浅間和男が紹介しているところによると、スペインのセビリヤのラ・サングレという病院の一五七六年の会計簿に、ジャガイモを買った記録が残っているという。初期には一ポンド単位の購入が、一五八四年以降は二五ポンド単位で購入したように書かれているという。このことは、当時すでにスペインで栽培が始まり、しかも次第に生産量が増加していたことを示すものではないかという。その後次第にヨーロッパ各地に広まったが、食糧としての重要性を増したのは一八世紀になってからである。特にドイツでは重要な作物となった。ドイツの気候がジャガイモの栽培に適したのも一因であろう。

日本には関ケ原の戦い（一六〇〇年）の頃に伝来した。ジャガイモは冷涼な気候に適するため、現在では日本の主要な産地は北海道であるが、暖地向きの品種を育成するために、長崎で品種改良が行なわれ、そこで育成された品種には「デジマ」、「シマバラ」、「ウンゼン」などの、その地に因《ちな》んで命名された品種が生まれた。しかし、日本のジャガイモの品種改良の主力の地は北海道である。

「男爵」イモの名は一般の消費者にもよく知られているが、これはもともと「アイリッシュ－コブラー」という名前の品種で、アメリカで生まれたものである。この品種がなぜ日本に導入されて「男爵」と呼ばれるようになったかについて、浅間和男によると、明治四〇年に英国のサットン商会を通じて、当時の函館ドック社長の川田竜吉男爵が、アメリカから輸入し導入したというものである。他の説もあるが、この説の方が正しいだろうと浅間和男は書いている。「男爵」の元になった「アイリッシュ－コブラー」は、「アリーローズ」という品種の畑で発見された変異物を元に選び出したものであるという。この「コブラー」という英語は「靴直し」の意味であるが、この変異体を発見し、それを元に育成した人がアイルランド系のアメリカ人の、靴直しを職業とした人だったのでこの名が付いたらしい。この「男爵」イモを記念した石碑は二つあり、一つは函館の五稜郭公園に、もう一つは七飯町桜岡にある。

ジャガイモのもう一つの有名な品種は「紅丸《べにまる》」で、大正二年に北海道農業試験場の我孫子《あびこ》技師がドイツから導入した品種から「レンブケ・フルーエ・ローゼン」と「ペポー」の二つを選んで交配して育成されたものである。このイモは皮が赤く丸々としているので「紅丸」になったという。浅間和男は一説として、当時札幌の芸者で農業試験場の若い職員に人気のあった雪丸に因んで、人気のある品種になるようにとの願望が込められたという挿話を紹介している。「紅丸」を記念する石碑は北海道虻田郡留寿都村《あぶたぐんるすつむら》に立っている。「紅丸」は北海道でもっとも多く栽培される主要な品種となっている。「紅丸」の親になった品種の「ペポー」はドイツから導入された品種であるが、この品種は、濃赤紫色の花をつけ、たくさんの花粉を持つ品種だったので、交配しやすく病気に強く、収量も多かった。この品種が親になって、上の「紅丸」の他にいくつかの品種、たとえば「農林二号」が北海道で生まれた。もうひとつ有名な品種は「メークイン」であろう。この品種は英国から導入されたもので、その来歴は一九世紀に遡るほど古い品種だという。「メークイン」の石碑も北海道檜山《ひやま》郡厚沢部《あっさぶ》町《ちょう》にある。

ジャガイモのように栄養繁殖する作物の場合、種子繁殖するものと違い、その性質は変わりにくいので、良いものであれば残りやすいのであろう。長崎で育成された暖地向き品種に長崎の地に因んで命名されたと同じように、北海道で育成されたものには、北海道の地名に因んで命名された「シレトコ」、「エニワ」、「リシリ」、「ニセコ」などがある。このなかで「リシリ」は栽培ジャガイモ以外の野生種のソラヌム・デミッサムの血が入っている。デミッサム種は染色体の数が体細胞で七二本ある。つまり六倍体である。「リシリ」の染色体数は五一本ある由で、普通の四倍体のソラヌム・チュウベロサムより三本多いことになる。普通の種子で繁殖する作物の場合は、このような植物は正常に種子ができないことが多いので品種として成立することはまずありえないが、ジャガイモは栄養繁殖させるので一向にかまわないことになる。デミッサム種の血を入れたのは、疫病に強い遺伝子をデミッサム種から導入したためである(4・5)。

オオムギ

オオムギはチベットやネパールなどのヒマラヤ山麓周辺では重要な主食作物となっている。チベットのツァンパは熱した砂でオオムギの粒を煎《い》り粉にしたものである。ツァンパにするのは裸ムギだという。オオムギには穎《えい》が粒に密着して取れない皮ムギと、手で擦ると容易に取れる裸ムギがある。裸ムギはアジアに多く、アメリカ大陸やヨーロッパでは作られていない。煎った粒をそのまま食べる場合もあり、ユツと呼ばれるという。

オオムギはビールの原料として重要である他に、家畜の飼料としても重要な位置を占めている。オオムギが発芽するとき貯蔵澱粉は糖に変わる。麦芽のこの糖分をアルコール醱酵させてビールが作られるのは言うまでもない。この澱粉の糖化にジベレリンという植物ホルモンがおおきな役割を演じている。オオムギの種子を半分に切って水に浸けると、芽の原基（胚）のある方の半分では澱粉が糖に変わるが、これのない方の半分では澱粉は糖に変わらない。このことから、種子が水を吸って発芽するときに胚からでるジベレリンが澱粉の糖化に働いていることが判ったのである。したがって、この芽の原基のない方の半分でも、それを水の代わりにジベレリンの薄い溶液に入れておくと、澱粉が糖に変わる。ジベレリンは、澱粉を糖に変える働きのあるアミラーゼという酵素蛋白をつくる遺伝子を眠りから呼び起こして酵素を作らせ、その働きで澱粉が糖に変わるのである。余談であるが、オオムギの種子はこのようにして植物ホルモンのはたらきを調べるのに、大変有用な「実験系」を提供したのであった。

オオムギはコムギと違い、植物学的には一つの「種」ホルデウム・ブルガーレに属し、染色体数は半数で七本、全数で一四本である。中近東に自生している野生種のホルデウム・スポンタネウムが先祖だと考えられている。この野生種も染色体数は栽培オオムギと同じで、栽培種と交配すると何の障害もなく雑種ができる。粒も結構大きく、野草とか雑草という感じがあまりしないくらいである。栽培種ともっとも大きな違いは粒が成熟すると、穂からバラバラに脱落する点である。もちろん種子は二条にしか稔らない。

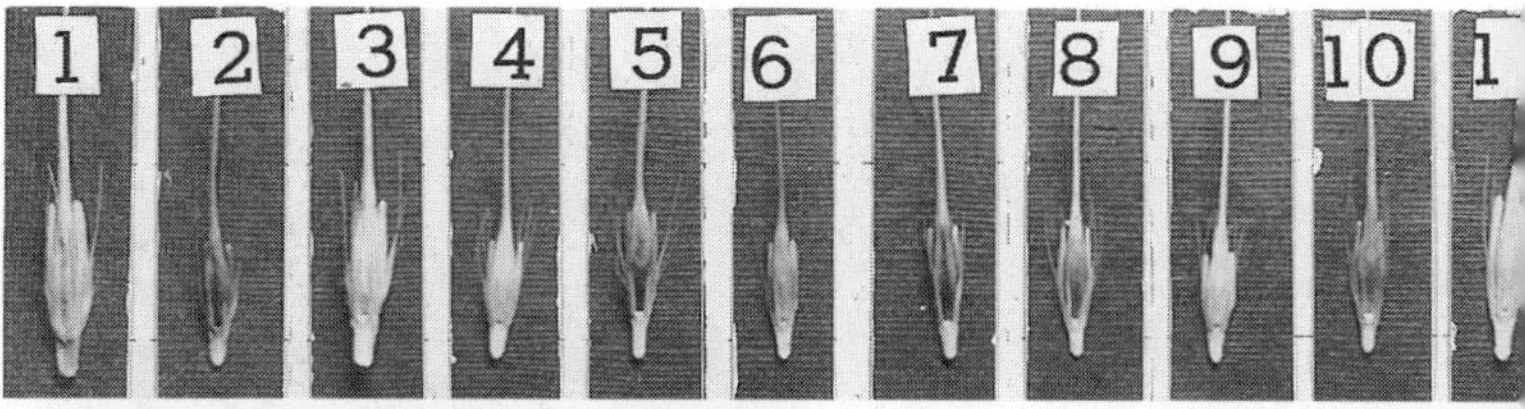

オオムギの野生種ホルデウム・スポンタネウムの自生地の異なるいろいろの系統。成熟すると小穂がこのようにバラバラに脱落する。

オオムギの二条種（左）と六条種（右）。穂のかたちのちがいに注意。

栽培のオオムギは普通は六条に稔るが、ビールの原料にするものは二条である。二条種の方が一粒の大きさが大きくなるので、麦芽をつくるのにはその方が良いのである。オオムギでは穂軸の両側に小穂が着くが、小穂は三個の穎花よりなり、その全部が稔るのが六条で、穂を上からみると穂軸の両側に三個ずつ計六個の穎花が稔るからである。二条種では小穂の三個の穎花のうち中央のものだけが稔り、その両側の二個は退化して雄《お》蘂《しべ》や雌《め》蘂《しべ》を欠くのである。

　チベットで六条の野生種が一九三八年に発見され、ホルデウム・アグリオクリソンと命名されたが、栽培種との違いは成熟すると小穂が脱落するという性質があること

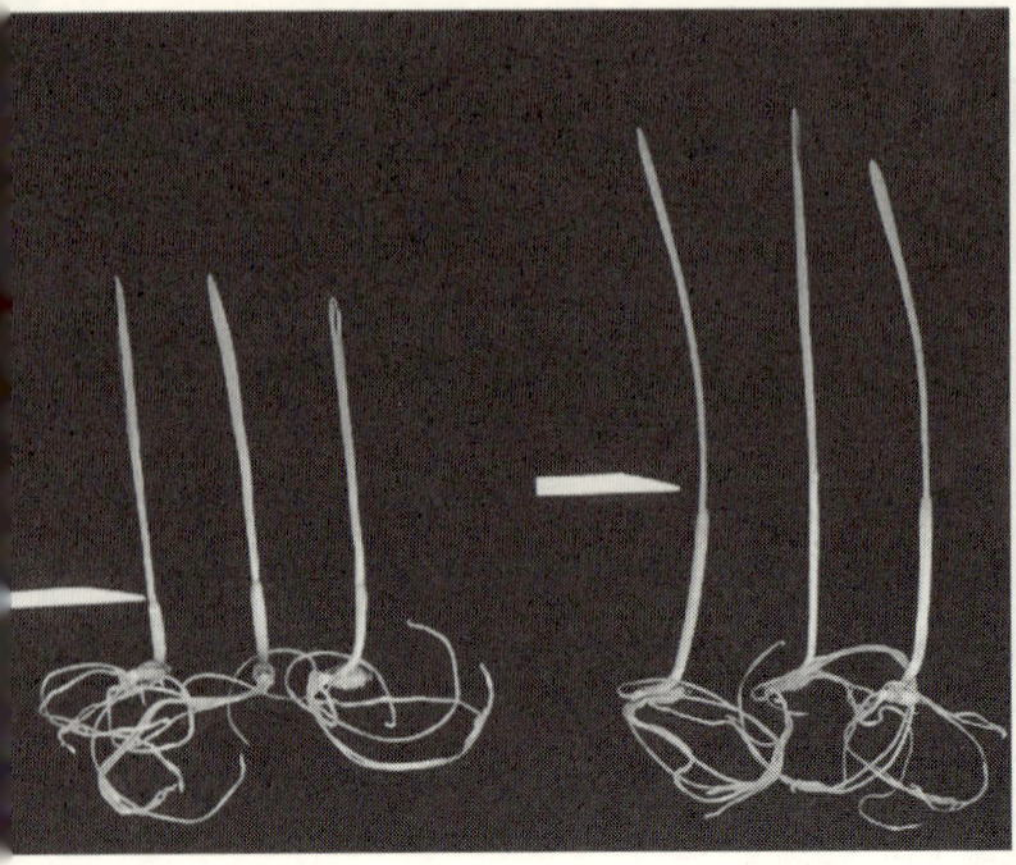

オオムギの渦型（左）と並型（右）．矢印は子葉鞘の先端を示す．右の写真は成熟後の株で渦型（左）と並型（右）．

だけで、粒も結構大きいので研究者によってはこのものは真の野生種ではなく、栽培種とスポンタネウムの雑種に由来するものではないかとか、栽培種から突然変異によって生じたものではないかなどと考える人もいる。もちろん、スポンタネウムと同じく栽培種と交配すると自由に雑種ができる。しかも広く分布しているというものではない。

わが国のオオムギ品種は古くから「渦型」と「並型」に区別されてきた。高橋隆平はこの二つの型は一個の遺伝子の違いにより支配されており、「渦型」は一種の器官の長さを縮める、つまり背を低くする遺伝子であることを発見した。不思議なことに、この遺伝子の入りこんだ品種は日本と朝鮮半島の南部にしか見いだすことができない。大正年間以降に化学肥料が使われるようになり、それに伴ってムギが大きく育ち倒れやすくなると、この「渦型」は「並型」より肥料をやっても倒れにくいというので急速に広まった。「渦型」の品種は裸ムギが多く、なぜかわが国でも西南暖地に多く北には少ない。寒さにたいして「並型」より多少弱いせいではないかと考えられている。この「渦型」はたぶん江戸時代頃に突然変異によって生じ、大変遠目の利いた農民がそれを選んで保存した結果、次第に多くの品種に入り込んだものであろうと想像されている。最近の研究によると、この「渦型」は植物ホルモンであるブラシノライドが作用するときに、オオムギがそれを受容するタンパク質のリン酸化酵素をコードしている遺伝子の中に保存されているアミノ酸が変化していることが明らかにされた。しかし、それは遺伝暗号の中でたった一つの塩基が変わったために引き起こされているというのである。このように「渦型」でブラシノライド受容体が突然変異をおこしているため、作られたものが使われないで残るためか、ブラシノライドを「並型」に比べて多量に体内に蓄積しているという。一方、「渦型」では伸長を促進する別の植物ホルモンであるジベレリンの含量が「並型」に比べて約半分に減っていることが三〇年くらい前に報告されている。「渦型」とこれら異なった植物ホルモンとの関係やそのホルモン間の相互関連については、別の植物ホルモンのオーキシンも含めてもう少し詳しく研究してみる必要があるかもしれない。オオムギは染色体のセット、すなわちゲノムではコムギのような多様性をもっていない。しかし、その多様性を遺伝子の変化で獲得しているのである。(6・14・15)

ライムギ

ライムギはもともとコムギ畑やオオムギ畑の雑草であったものが、次第に作物として栽培されるようになったものとされている。ライムギはどちらかといえばコムギに近く、コムギと雑種をつくることもできる。ライムギの染色体数は半数で七本、全数で一四本で基本の数ではコムギやオオムギと同じである。し

メキシコにある国際トウモロコシ・小麦改良センター（CIMMYT）では苦心の末にライコムギの育成に成功した。

かし、栽培ライムギは一種だけでコムギのようなゲノムの複雑性はなく、この点ではオオムギと一緒である。しかし、栽培ライムギにオオムギのような遺伝子の多様性は見られず、作物としての歴史が新しいためかも知れないし、栽培地が世界全地域に広がっているとはいえないためかもしれない。作物の品種が多様になるには、やはりそれだけそれを栽培する人たちが熱心に手をかける必要があるのである。

ライムギはコムギが作れないような条件の悪い土地にも育つので、コムギとの雑種から育成したライコムギが脚光をあびている。ライムギが交配される相手のコムギは染色体の数が半数で二一本のパンコムギであるため、全数一四本のライムギとの雑種では、その子孫の取り扱いに大変な苦労がつきまとったのである。ライコムギの染色体はコムギの半数の二一本とライムギの半数の七本の合計二八本が半数で、全数は五六本である。つまり、コムギとライムギの雑種そのものは両親から半数の染色体を受けつぐので二八本となるが、この雑種第一代の植物は次の世代をつくるために成熟分裂をするときに、対になる染色体がないので大混乱をきたす。それを避けるためには、雑種第一代の植物が生殖に入る前に、染色体を人工的に倍にする必要がある。幸いコルヒチンという特効薬があり、これを使って染色体を倍加するのである。コルヒチンはコルチカムという植物の球根に含まれるアルカロイドの一種で、コルチカムは秋に球根から葉を出す前に花を咲かせるので、園芸店などで売っていることがある植物である。コルヒチンは細胞が分裂するとき、分かれた染色体が分裂した娘細胞に行くようにひっぱる役目をする防錘糸が作られるのを阻害するため、分裂した染色体が一個の細胞に残ってしまう。つまり細胞内の染色体の数が倍になるのである。

メキシコにある国際研究機関である「国際トウモロコシ・小麦改良センター」では大変な苦労の末にライコムギの優良品種の育成に成功し、コムギの作れないような土地条件の地域への新しい作物として、注目されている。この研究機関はその成功のしるしとして、ライコムギの粉でパンを焼く先住民の写真を、パンフレットに掲げている。

ライムギが栽培化されたのは、トランスコーカサス、アフガニスタン、トルキスタン地域で紀元前三〇〇〇年から二五〇〇年頃であったと思われる。ヨーロッパでは北部への伝播が早く、南部では遅かった。北部には青銅器時代に入ったが、南部に入ったのはローマ時代になってからであった。ヨーロッパではルネッサンス期には、ライムギはコムギよりも重要な作物であったらしい。一八世紀にイギリスでは国民の食糧の三分の一はライムギで賄われていたらしい。コムギが優位になったのは一九世紀になってからであった。この事情はフランスでも同様であった。北ヨーロッパでは気候が厳しい分ライムギへの依存は長く続き、スエーデンでは今世紀初頭にはライムギはコムギの四倍も多く生産された。寒さに耐える性質がコムギの比ではないからである。これらの事情はロシアでも同様である。ライムギからコムギへの切り替えは、ヨーロッパでは現在進行形のことがらなのである。(7)

エンバク

エンバク（カラスムギ）の主要な栽培品種は、染色体数が半数二一本の六倍体であるが、カラスムギ属には基本的に七本の染色体数をもつ二倍体や一四本の四倍体が存在し、この点ではコムギに似ている。主に栽培されるのは上述のように六倍種で、植物学的にはアベナ・サチバの他に同じ属のビザンチナ、ヌダ、ファツアも栽培されている。他に、四倍種のアビシニカや二倍種のストリゴサなども栽培される。このような点もコムギに似ている。

これらは中央アジア、アルメニアなどにおいて、二倍性コムギやオオムギ畑の雑草であったが、コムギやオオムギの伝播と一緒になって各地に広まり、気候不良の年や土地の悪い地方で、コムギなどが稔らない時でも種子をつけることが注目され、次第に作物として栽培されるようになったものではないかと考えられている。その点では、ライムギが作物になっていった経過と似ている。このような作物は、二次作物と呼ばれている。

日本に入ったのは明治期になってからで、北海道で主に飼料とされた。エンバクはしかし、栄養的にみると蛋白質が他のムギ類より多く、脂質もコムギより二、三倍多い。繊維質も多く、カルシウムや無機質も他のムギ類より多く、ビタミン類も他のムギ類に劣らない。西欧やアメリカではこのため精白したものを煎ったり、挽き割ったりしたものをオートミールとして朝食に食べる人が多い。安達巌はエンバク（カラスムギ）はわが国には縄文晩期に渡来したと記述している。作物学者の星川清親は普通の栽培種のアベナ・サチバにエンバクを用い、アベナ・ファツアにカラスムギをあてている。後者は雑草的性格の強い植物なので、安達巌のいうエンバクはオオムギなどの雑草として、縄文後期には日本にも入っていたという解釈も成り立つ。多分、アベナ・サチバがちゃんとした作物として日本に入ったのは、星川清親のいうように明治になってからだったのであろう。安達巌の記述には植物の学名は記されていないので、この点ははっきりしない[8〜9]。

イネ

イネの起源と日本への伝来

イネとして現在栽培される植物には、植物学的には実は二種あるのである。一つは私たちが毎日たべている米をとるイネ（オリザ・サチバ）で世界中に広く栽培される。もう一つはアフリカイネとも呼ばれるオリザ・グラベリマで、このイネはアフリカのニジェール河流域に栽培されるが、現在ではサチバ種のほうが収量も多く味も良いので、現地でも急速に入れ替わっていると言われる。イネ属には二倍体の種と四倍体の種が存在し、その多くについてコムギのようにゲノム分析が行なわれている。しかし、研究者によって意見の一致しない部分もまだ多い。栽培イネの二種はいずれもＡＡゲノムを持つ。しかし、グラベリマ種は本来のＡＡゲノムから少し変化してきているとする意見もある。この二種以外のイネ属の植物はすべて野生種である。二倍種では、ＢＢ、ＣＣ、ＥＥ、ＦＦゲノムを持つ種がある。四倍種では、ＣＣＤＤ、ＢＢＣＣなどのゲノ

古いタイプのイネの穂

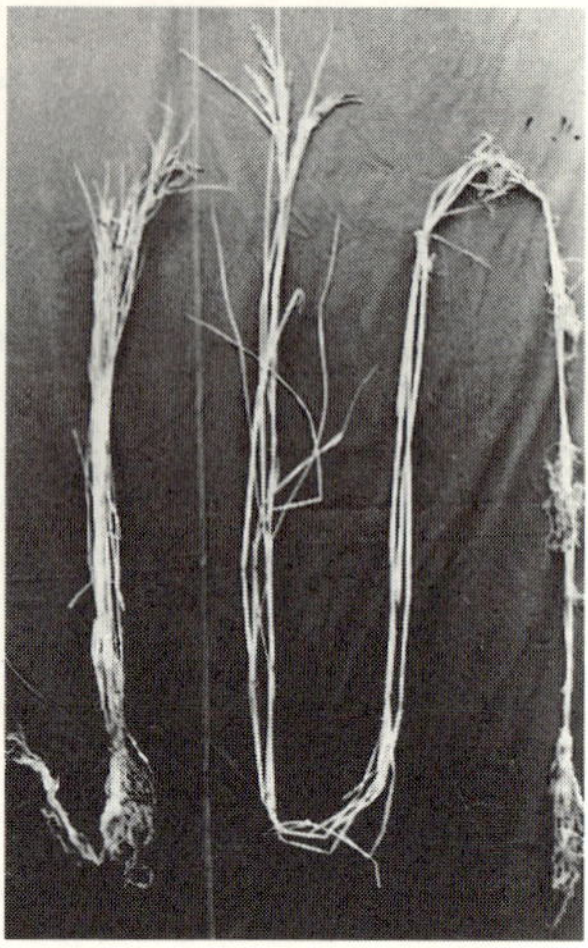

洪水に遭うと茎が伸びる浮きイネ．水が引いた後の水田（左）と普通に栽培した株と深水栽培した株の比較（右）．（井之上準氏提供）

ム構成を持つとされる種が存在する。サチバ種のイネがどこで起源したかについてはインド説、中国説、アッサム〜雲南説、多元的起源説など、古くからいろいろの説があった。この中で、特に有名になったのはアッサム〜雲南説で、この地域にいわゆるインド型とも日本型ともつかぬ変異が多く集積していることや、各地のイネと雑種をつくると、この地域のイネはどの地域のイネとももっとも良い親和性をしめすことなどや、文化史的考察などからこの説は注目を浴びてきた。

私たちは米にいわゆるインド型と呼ばれる粒の細長い米と、日本で普通に食べている短粒の米があることを知っている。今から約七〇年前頃に当時九州大学にいた加藤茂苞はイネには縁の遠い二つの群があることを見つけ、これにインド型、日本型と命名した。その後詳しくしらべると、イネはすっぱりと二つに分けてしまえるほど単純なものでなく、その中間型やいろいろの型があることが明らかにされてきたが、大雑把にみると二つの群に大別することが

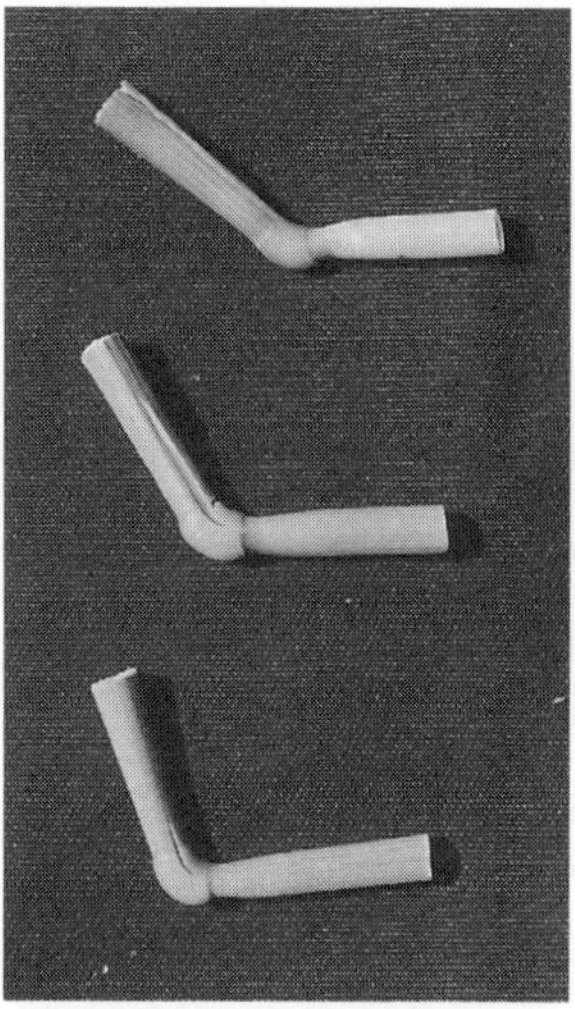

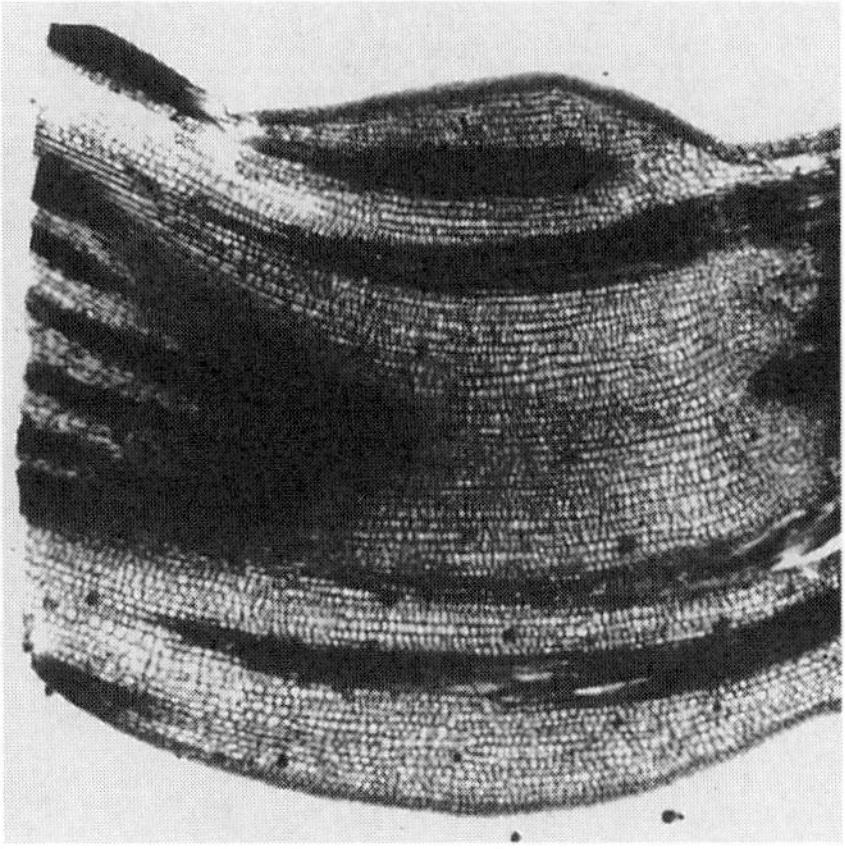

地上に横たわった茎が節の所で屈曲して立ち上がるには，節の下側の細胞が分裂し生長する

できるのである。このインド型も日本型もどこか一カ所で起源したと考える必要もないだろうとする人もあり、特に最近中国の江南地域で古い遺跡の調査が進んだことなどから、日本型のイネは中国の江南で起源したのではないかと推定する人もいる。しかし、日本にイネが渡来したのは、縄文晩期であろうというのは、定説である。それより前に水を張った水田ではなくて、畑に一種の雑穀のような形での栽培があったかも知れないという推測をする人もいる。九州の板付《いたつけ》遺跡などで、畔を持つ水田の跡が縄文晩期のものと推定されているので、この時期にこのような形でのイネ栽培が日本で始まっていたことは間違いないようである。日本に伝来したイネは中国大陸から朝鮮半島経由で北九州に渡来したとするのが定説であったが、中国大陸から直接渡来したという説もあった。最近、静岡大学の佐藤洋一郎のグループはイネのDNAを分析する方法で、中国から直接伝来した道もあったのではないかということを遺伝子DNAの面から推定している。日本、朝鮮半島、中国大陸からの在来品種の二五〇種以上について、分析・比較したところ日本には

大別して二系列あって、その一つは中国大陸にも朝鮮半島にもあったが、一つは中国大陸にはあったが、朝鮮半島に見いだされなかったことから、この系統のものは、中国大陸から直接海を渡って伝来したものではないかと推定している。もちろんこれらは、ヤシの実と違って、イネの種はその性質上、種が海上を浮遊して流れつくといった可能性はほとんどないので、人の移動に伴ったものであろう。ということは、この問題は単にイネの渡来の問題に止まらず、日本民族・文化の成立の問題ともかかわりあってくるという考古学者や文化人類学者のコメントをも引き出す問題なのである。(1・9・13)

浮きイネ――環境適応の極致

バングラデシュ、タイ、ベトナム、ミャンマーなど東南アジアの大河河口やデルタ地帯は、ヒマラヤの雪解け水があふれ、季節によっては一日の水深の増加が二五センチメートルにも達する地帯がある。この地域に栽培されるイネはこの水深の増加に打ち勝って伸びないと、生存を続けることができない。普通に日本で栽培されるイネなどは、栄養生長をしている時は茎はほとんど伸びないで、根元に短く詰まっている。しかし、穂ができると急速に伸びて、穂を葉の上のほうに押し上げてくる。東南アジアなどの深水地帯には、栄養生長してまだ穂の原基ができていない時にも茎を伸ばす性質を持った深水イネあるいは浮きイネとよばれる特別のイネが栽培されている。水深の増加がいちじるしいバングラデシュなどでは、一日あたり二五センチメートルもの水深の増加にも打ち勝って生長する品種さえある。そして、最終的には茎の長さが五メートルにもなる。

このように伸びたイネは、まっすぐに立っているわけにはいかないので、水のまにまに浮かんで生きている。もちろん、根は土に伸ばしてそこから栄養分を吸収しているが、同時に茎の節のところから不定根を出して、水に含まれる栄養をも吸収して生長するのである。このような浮きイネでも、栄養生長を止めて生殖生長に入って穂ができると、それ以上は茎は伸びなくなるので、河が増水している間は生殖生長にはいってては困るのである。ところが、そこは大変巧妙な仕掛けがはたらいているのである。イネは一般には短日植物といって、一日の日の長さが短くなることに反応して生殖生長に入るタイプの植物である。そこで、浮きイネは雨期が終わって増水が止まり、水深が減り始める頃の自然の日の長さに反応して生殖生長に入るような品種ができ上がっているのである。というより、そのような短日反応を持った品種を人間が選んで使ってきたということであろう。水深が減ってきて、最終的には水田には水はなくなってしまう。もちろん五メートルにも伸びたイネは立っている

上：浮きイネ（右端）にジベレリンの生合成を阻害する物質を与えると，与えた量に応じて生長が抑制される．下：洪水により茎が伸びた浮きイネは節から根を出して水中の養分を吸う．右は日本の在来品種．

ことはできず、地面に横たわることになる。しかし、これでは今度はイネは実をつけることができない。そこで、穂から数えて三、四節くらい下の節で負の重力屈性により立ち上がり、その頂点の穂が種子をつけることになる。その穂を収穫するのである。イネ科の草本は、茎の途中ではけっして曲がらない。曲がるのは節のところである。その節が重力に反応して曲がるのも、いつでも自由に曲がるというわけではない。重力に反応するためには、節の生理的な状態が関係していて、古くなって堅くなってしまった節は反応しない。浮きイネの場合は、穂から三、四節下の節が、ちょうど重力に反応する状態にあるというわけである。このような浮きイネを収穫するときは、日本のイネのように根元からきれいに刈り取るというわけにはいかない。それで種をつけた穂だけを摘み取るような方法で行なわれるのである。浮きイネは栽培される土地の増水した時の水深の程度により、いろいろのタイプがあり、そのもっともいちじるしいものは五メートルにも伸びる能力を持っているのである。浮きイネは水深の増加に反応して、どうしてこのように急速に茎を伸ばすことができるのであろうか。詳しく研究された結果、それは植物ホルモンのジベレリンの作用によっていることがわかったのである。

日本でも木曾川、長良川、揖斐《いび》川の三川が合流する地域は、「輪中《わじゅう》」という人文地理学上でも有名な堤防により村落が取り囲まれている。明治期に三川分流の工事が完成するまでは、しばしば河川の氾濫で洪水に見舞われ、そのためこの地域では田植えの時期でも水深が深いために、足の指にイネの苗をはさんで植えたとさえ言われてきた。明治期の文献には、耐水性のある品種としてこの地域で植えられていた品種として、「池底《いけぞこ》」というような品種が記録されている。私はこの品種が農林水産省の遺伝子銀行に保存されていることを知り、その種子を貰い受けて調べたところ、熱帯アジアの浮きイネほどには伸びないが、水深を深くすると、穂ができる前の栄養生長している時期にも茎を伸ばす能力があることを発見した。このことは、上にあげたような特別の地域に適応した品種の中には、日本の在来品種の中にも浮きイネ的な性格を持った品種があったことを物語っている。しかし、明治期以降に治水事業が行なわれ、洪水の危険が減少してくると、品種改良の場でもこのような性質の必要性は次第に忘れられていったのである。(1)

さまざまの性質を求めて

最近はイネの減反政策なども関係しているのか、生産地では新しい品種の開発にしのぎを削っているし、また新しい機能を求めていろいろの特別な性質をもったイネ品種の模索も行なわれている。そのいくつかについて、考察してみよう。

イネにはモチとウルチがあることは周知の通りである。コムギの項で説明したように、普通の穀類の澱粉は、二〇～三〇パーセントがグルコースが直鎖状に結合したアミロースよりなり、残りは枝分かれ状に結合したアミロペクチンよりなる。このアミロースがゼロになったものがモチ澱粉である。イネで突然変異を人工的に起こさせるガンマー線や放射性化学物質処理などをしたところ、アミロースの含量が一〇パーセントくらいのものが得られている。つまりこれは、純粋のモチ性ではないが普通のウルチ澱粉に比べればモチに近い、いわばウルチとモチの中間なのである。一般にイネではアミロースの含量が増えると食味が悪くなる。したがって、このような変異はイネに新しい味をもたらす可能性があるのである。このような低アミロースの米は冷めても食べやすいので、おにぎり、弁当、冷凍食品などに適している。低アミロース品種では「ミルキークイーン」などがすでに開発されているが、宮城県古川農業試験場などでも「たきたて」を開発し、関係者の注目を集めている。ほかの米に二割程度混合すると、食味の官能試験の数値が向上したという。九州大学では、突然変異を誘発する化学物質をもちいて、モチからウルチまでの

カリフォルニアで市販されていた米の銘柄

中間の種々のアミロース含量をもつ突然変異を得ている。例えば「金南風《きんまぜ》」という品種の突然変異では親のアミロース含量が一六・二パーセントに対して、一四、一三・一、五・一、四・一、一・九パーセントのアミロース含量のものが得られた。また、親の「金南風」では成熟粒のショ糖含量が〇・六パーセントに対して「シュガリイ」（「甘い」の意味がある）と呼ばれるショ糖含量四パーセントの突然変異も得られている。日本では、植物油は現在はほとんど輸入されているが、わずか数パーセント生産されるものの大部分は米油だと言う。米の油は胚を含むいわゆる糠《ぬか》層から得られる。普通のものの脂肪含量は二・五パーセントなのに対して、普通品種より二、三倍も大きい胚を持つ突然変異では、脂肪の含量が約四パーセントと一・五九倍に増加した。また蛋白質の含量が普通の品種では、平均七・一八パーセントであるが、この数字が九パーセントを越える突然変異も得られている。先日菓子売り場で一〇〇パーセント米油で揚げたと特筆してある「かりんとう」を見た。米油は植物油の中では、脂肪酸の組成が良質であるとされる。血液の中のコレステロールを低くする効果のあるリノール酸が比較的多く含まれるからである。

コメには昔から香り米とよばれるものがあり、炊飯したときに強い香りを出す品種の存在が知られていた。この匂いは鼠の小便くさいと形容される場合もあり、嫌われることもあったが、普通の米に少量混合して炊飯すると、米特有の香りが強調されて食欲を増進し、好まれることも多かった。このような香り米は、その名の通り香り米と呼ばれる他に、カバシコ（香子）、ねずみ米、じゃこう米、有香米などとも呼ばれてきた。この香り米の香りは、炊飯した時の揮発成分によるものであるが、その化学的に主要な成分については、アルデヒド基といい、炭素、水素、酸素分子が一個ずつ結合した基や、ケトン基といい、炭素と酸素が二重結合で結ばれた基を持つ化合物や、硫黄を含む化合物の組み合わせで香りが出てくるという意見と、香りはピロール環を持つアセチルピロリンによっているとする意見がある。在来種として地方に細々と保存されている香り米品種の多くは、その他の栽培上の形質が今の機械化栽培などにはまったく適さないものが多いので、この香りを出す性質を今の品種に導入して、もっと現代向きに改良しようとする試みもあり、たとえば、宮城県古川農業試験場では「みやかおり」という新品種を育成している。

最近、環境保全運動や有機農業あるいは古代体験学習などとも関連して、古代米といわれる赤米、黒紫米などに関心が持たれている。これは、日本にイネが伝来した古い時代に栽培されていたと思われる玄米に褐色や黒紫色の色素のあるイネである。赤米は特殊な色素のプロトチアンが種皮や果皮に分布するために赤色の米となるものである。この色素プロトチアンは、五パーセントのカセイカリを加えて熱すると、この色素は溶解して濃紅色を示し、酸によって赤色となりアルカリによって青色となるアントシアン色素による反応とはまったく異なる。これに対して黒紫米の色素は、後者のアントシアン系の色素である。これらの米を化学肥料や農薬を使わないか、使用量を減らして栽培しようとするものである。また、健康食としての側面もあるようである。このような運動には文化的側面もあるだろう。(1・10〜12)

品種の概念の進化——「ささろまん」に見る

戦後しばらくまでは、食糧不足のため収量の増大がなにをおいても求められてきた。いわゆる、多収性の探究である。そして多収を阻害する病気、倒伏、冷害などに対する抵抗性が研究されてきた。なかでも、病気、特にイモチ病に対する抵抗性の品種を育成するという目標は常に重要であった。一つの試みは、イモチ病に強いインド型のイネの耐病性の遺伝子を、日本品種に取り入れようとする試みであった。しかし、細長い粒をつけるいわゆるインド型のイネは、日本人の嗜好からみると、イモチ病に強いという性質を除いては望ましくないので、このイモチ病に強い遺伝子だけを入れて、他の性質はすべて日本型にするために、戻し交雑といって、日本品種とインド型品種の雑種に日本品種を何回も交配して、イモチ病への耐病性以外はインド型品種の性質を、すべて消してしまう努力が払われたのである。

ところが、やっかいな問題が持ち上がることになる。というのは、このようにして苦労して耐病性の品種が育成されても、肝心のイモチ病菌にレースといっていろいろの系統が派生してくることであった。あるイモチ病のレースに強い品種を育成しても、他のレースには強くないという問題である。ある地域で主に存在しているイモチ病菌のレースの種類が、変わってしまうことも多い。人間の病気で、薬剤に対する耐性菌の出現と類似している。これに対する対策は予想されるすべてのレースに強い品種を育成すればよいことになるが、そのような万能品種を育成することはほとんど不可能である。つまり一つの品種にすべてのレースに耐病性のある遺伝子を集めることは、ほとんど不可能である。

そこで考えられたのは、品種に一つのレースだけに抵抗性を示す遺伝子を入れることにしたのである。レースの数がたとえば五つあれば、そのそれぞれのレースに強い品種から別々に「ササニシキ」にその遺伝子を入れたのである。イモチ病菌の別個のレースに強い品種が、導入したレース耐病性の数だけできた。それぞれは「ササニシキ」に、あるイモチ病菌のレース耐病性の遺伝子以外はほとんど「ササニシキ」と同じような遺伝的背景を持つ系統ができた。このようにして、違ったレー

スに強い品種を交配し、その雑種に「ササニシキ」を何回も戻し交配して、そのレースに強い遺伝子以外はほとんど「ササニシキ」と同じような遺伝的背景を持つ系統ができた。このようにして、違ったレー

スに対する抵抗性「ササニシキ」系統がいくつかできたことになる。しかし、厳密に言えばこれらはもとの「ササニシキ」とまったく同じものではない。このような「ササニシキ」の遺伝的背景にそれぞれ異なったレースに対する耐病性遺伝子を持った系統を、混合して一つの品種として使うのである。これは、いままでの品種の概念から言えば少し違うことになるが、実用的には消費者からみた味などの点で従来の「ササニシキ」とほとんど違わない。しかし、栽培上はイモチ病の各種レースに抵抗性を持つ「ササニシキ」系統の混合なのである。このようなものを品種として認めるかどうかについては、議論もあったと聞くが、農林水産省では最終的に品種として登録することとなった。

このように混合してあるので、イモチ病のあるレースが発生しても大部分の個体は抵抗性を示すことになり、農薬なども減らすことができる。宮城県古川農業試験場で、このようにして育成されたものは「ささろまん」の商標名で販売されている。これは、品種の概念の進化であろう。

(1) 菅洋『稲　品種改良の系譜』(法政大学出版局)、一九九八年。
(2) 木原均『小麦　一生物学者の記録』(中央公論社)、一九五一年。
(3) 阪本寧男『ムギの民族植物誌　フィールド調査から』(学会出版センター)、一九九六年。
(4) 田中正武『栽培植物の起源』(日本放送出版協会)、一九六五年。
(5) 浅間和男『ジャガイモ四三話』(北海道新聞社)、一九七八年。
(6) 山口彦之『作物改良に挑む』(岩波書店)、一九八二年。
(7) 中尾佐助『料理の起源』(日本放送出版協会)、一九六六年。
(8) 星川清親『新編食用作物』(養賢堂)、一九八〇年。
(9) 安達巌『日本食物文化の起源』(自由国民社)、一九八一年。

（10）ＮＨＫ総合放送ニュース、二〇〇〇年六月一日。

（11）Omura, T. and Satoh, H., "Mutation of grain propeties in rice", Tsunoda, S. and Takahashi, N. eds., *Biology of rice*, Japan Sci. Soc. Press, Tokyo/Elssevier, Amsterdam, 1984.

（12）続栄治「香り成分」、松尾孝嶺ら編『稲学大系第三巻』（農山漁村文化協会）、一九九〇年。

（13）佐藤洋一郎『ＤＮＡが語る稲作文明——起源と展開』（日本放送出版協会）、一九九六年。

（14）蝶野真喜子・本多一郎・銭谷晴子・米山弘一・最相大輔・武田和義・高津戸秀・星野次汪・渡邊芳昭「半矮性オオムギ〝渦〟は農業上重要なブラシノステロイド関連変異体である」植物の生長調節　植物化学調節学会第三八回大会研究発表記録集、三一頁、二〇〇三年。

（15）Suge, H., "Effect of uzu gene (UZ) on the level of endogenous gibberellins in barley", Japan, J. Genetics 47(6), 423-430, 1972.

第五章　史前帰化作物

日本の歴史上で文字での史実の記述のない時代に外国より渡来し、定着帰化した作物を「史前帰化作物」と呼ぶことができよう。これらの作物は日本人が野生状態から作物まで開発したものではないが、その歴史の古さからみて日本の風土に適応した遺伝子を選びだし定着させる上で日本人が深く関わり、それが日本人の生活に及ぼした影響の大きさは、無視できないものであろう。史実の記述のない時代をどこにおくのかは異論のあるところであろうが、ここでは一応弥生時代以前としておく。

安達巌によると、縄文前期に渡来したものはリョクトウ、アヅキ、ヒサゴ（ヒョウタン）、ウルシの四種、縄文中期に渡来したものはウリ、サトイモ、ヤマノイモ、コンニャクの四種、縄文晩期に渡来したものはアサ、オカボ（リクトウ）、イネ、ソバ、カラスムギ（エンバク）、ヒエ、アワ、キビ、ダイズ、オオムギ（カワムギ）、コムギ、ダイコン、カブラの一三種となっている。また、弥生時代にはハダカムギ、アンズ、ナシ、モモ、クルミ、ショウガ、ハス、アサツキ、ネギ、ニンニク、ニラ、ラッキョウ、ミョウガ、カラムシ、アイ、クワ、イ、ベニバナの一八種となっている。この中で並河功は、アサツキ、ミョウガは日本で野生状態から作物にされたとして、外国から渡来したとは考えていないようである。弥生時代にはカイコも中国から導入されたらしいので、クワはそれと随伴したものであろう。これで注目されるのは、いわゆる雑穀とされるヒエ、アワ、キビの類が縄文時代に伝来しており、佐々木高明などがいう稲作伝来以前の日本の農耕文化を窺わせるものである。

中尾佐助は照葉樹林文化の農耕方式の発展段階として、水稲栽培の段階の前に四つの段階を置いている。日本列島はこの照葉樹林地帯の北の端に位置する。日本の稲作は現在では縄文晩期に始まったと考えられているから、中尾の言う四つの段階は縄文晩期までに経験したことになる。その四つの段階とは、(1)野生採集段階で、クリ、トチ、シイ、ドングリ、クルミなどの堅果類やクズ、ワラビ、テンナンショウなどの野生根茎類の採集、(2)半栽培段階で、クリ、ジネンジョ、ヒガンバナなどの半栽培状態での利用で、品種の選択や改良が始まる、(3)根茎作物栽培段階で、サトイモ、ナガイモ、コンニャクの栽培と焼き畑農業、(4)ミレット栽培段階で、ヒエ、シコクビエ、アワ、キビ、オカボの栽培と焼き畑農業である。

オオムギ（カワムギ）が先に縄文時代に渡来し、ハダカムギは後に弥生時代になってから渡来したと考えられている。オオムギはいわゆる皮が容易にはむけない皮ムギで、このほうが先に伝来したようだ。私は農林省でムギ類の品種改良に従事しているとき、カワムギ品種を大量に採種すると、カワムギの中にハダカムギが少し混じっている例を見ている。これは、他のハダカムギが混入したものではなく、皮、裸の差異を除けば元のカワムギの性質を保存していたので、カワムギから突然変異で裸性のものがでてきたものと思われる。このようなことから、裸性への変化が国内でも起こった可能性もある。

カラムシが弥生時代に伝来しているが、ワタが渡来する前には樹皮とかこのカラムシの繊維が衣服の材料として重要であった。山形県などでは現在でもシナノキの樹皮で織ったシナ織りが民芸品として脚光をあびている。これらは多分、古い歴史的産物と思われる。ウルシが古く縄文前期に伝来したことになっているが、最近の発掘調査などで縄文期の遺物にウルシを塗った櫛や土器などが発見されているようなので、にわかに現実味を帯びるが、ウルシの木のようなものがいったいどのような形で渡来したのかは興味深い。生地にウルシを塗る工芸の技術をもった人が持ち込んだものであろうが、縄文人はもっと古くから日本に住んでいた人たちだとすると、このあたりの技術あるいは文化の交流はどう説明されるのであろうか。右に述べた史前帰化植物の中から、すでに述べたものを除外して、重要と思われるものについて述べておく。(1-3)

アズキとリョクトウ

アズキは縄文時代に渡来した古い作物である。アズキはしかし植物の分類学からみるとなかなか厄介な植物である。現在アズキはビグナ・アングラリスとされているが、一時はインゲンマメと同じファゼオラス属に入れられていた。また、一時アズキア属として独立していたこともある。

中国では二〇〇〇年も前から栽培され、日本には中国からわが国にはまだ文字で書かれた歴史のない時代に伝来し、栽培されたものと思われる。『古事記』や『日本書紀』にアズキ（小豆）の記録がある。アズキはしかし日本で発達をとげた作物で、中国などでは歴史が古いわりには利用などでも日本に及ばない。アズキは日本では、大正年代には一〇～一四万ヘクタールに作られたが、現在では昭和五二年の統計では六万六〇〇〇ヘクタールとなっていて、不作の年には多く輸入されている。北海道で全国の七〇パーセントを産する。アズキは「赤いダイヤ」などの異名もあり豊作、不作の差が激しいので投機の対象ともされることもあった。「大納言《だいなごん》」「金時《きんとき》」などの品種名が一般の人にも知られているのはそのせいかも知れない。前田和美によると、アズキの「大納言」の由来は、一説では種子の粒の形が烏帽子《えぼし》に似ていることから来たという。これは、尾張と紀伊の徳川家だけに与えられていた武家の最高位の「大納言」の位と関係があり、この両家は殿中で刀を抜いても切腹しないで済むとされていたということから、赤飯や餡《あん》に煮ても粒が崩れず、腹が割れない大粒で品質の良い種類だというのが通説だという。そう言えば、小大名の赤穂藩主浅野内匠守は殿中で刀を抜いて切腹になり、忠臣蔵の元となった。そうすると「小納言」はどう解釈すべきだろうか。「大納言」よりは小粒だが、煮崩れしないくらいの意味だろうか。この両種の名前は、一七世紀に伊予の国で書かれた日本最初の農書『清良記《せいら》』に書かれているアズキ一一品種の中に登場している。

アズキはダイズに比べると蛋白質、脂肪がすくなく、炭水化物が多いため七五パーセントはいわゆる「餡用」である。日本全土にそれぞれの地方の和菓子の名産があるが、そのほとんどすべてが「餡」を使う。そういう意味で、アズキは日本民族にとってもっとも日本的な作物といっても過言ではないだろう。日本人は和菓子で「四季」を演出し、「自然」を模写し、製品に「文学」をなぞって命名する。この縄文期以来の古い作物に凝集した日本人の心情を思わせる。

アズキは成熟がさやによって斉一でなく、バラバラに成熟しやすい。しかも、成熟するとさやがはじけて種子がこぼれやすい。したがって、成熟がなるべく均一になるような性質が品種改良の一つの目標にされている。とくに機械収穫のためには重要な性質である、

安達巌はリョクトウもアズキとともに縄文時代の渡来とした。その根拠を縄文前期の福井県鳥浜の遺跡からヒョウタンと一緒に出土したことにおいている。リョクトウの分類もアズキとともに厄介である。リョクトウはアズキの近縁な植物で、インド、ミャンマー、ヒマラヤ地域などに野生し、インドでは三〇〇〇年前から栽培されていた。

リョクズはリョクトウともいい緑豆と書き、インド原産の植物で、アズキと植物学的には近縁である。

この植物の種子がヒョウタンの種子と共に福井県三方町の鳥浜貝塚遺跡から出たために、縄文前期かそれ以前の史前帰化植物であろうと考えられている。分類はファゼオラス・ラヂアトスとされ、インゲンマメなどと同属である。ところが不思議なことに、縄文時代の遺跡で発見され、数千年も前に日本に伝来したと思われるこの作物は、近代に再度導入されるまで、その後栽培されたような痕跡はなく、なぜ消え去ったのか現在もよくわかっていない。また、日本では最近ではほとんど栽培されていない(1・4・5)。

ウルシ

最近の縄文期の考古学は新発見を次々と告げているが、縄文期遺跡の発掘からウルシで塗った器具の痕跡が発見されて話題となった。最近も、新聞の報じたところによると、高知県土佐市の居徳遺跡の縄文晩期の地層から、花びらの文様を繊細な筆使いで描いた二五〇〇年前のものと思われる木製の漆器が発見されている。縄文期は西日本では東日本よりも豊かさに欠けると言われてきたが、この発見は貴重だという。クスノキの素材に黒漆で下地を薄く塗り、その上に濃い赤漆で花びらの輪郭を描き、中を薄い同色のウルシで木地が見える程度に塗りつぶしているものだという。ウルシ(ルシ・バーニシフルア)は雌雄異株の落葉高木で、中央アジアの高地または中国の原産で、日本には隋や唐の時代に伝来したといわれてきたが、そうすると遺跡から発掘される明らかにウルシを塗ったと見られる出土品はどう説明されるのだろうか。幹や枝から採取される漆液の主成分はウルシオールで、これに酸化酵素のラッカーゼとゴム質が含まれ、ウルシオールは空気中でこの酵素の働きで、黒い樹脂状態に変化する。この酵素は、キャベツ、ジャガイモ、サトウダイコンなどの高等植物にもかなり分布するが、ポリフェノールオキシターゼよりは普遍的ではない。ハイドロキノンにはたらかせるとｐ－ベンゾキノンに変わるのはラッカーゼに触媒される代表的な反応である。ウルシオールの含量が多いほどウルシの木としては良いとされる。漆液は耐久性に富み、いわゆる漆器を主用途とされるが、機械や機具の塗料にも使われ、接着剤や医薬品にも使われる。

ウルシ工芸は現在日本の各地に名産の伝統を残しており、英語で漆器のことをjapanというくらいだから、ウルシを使う伝統は縄文時代に遡るとしても不思議でないだろう。ヤマウルシは野生しているが、現在漆器に使われるウルシは栽培ウルシから得られたものである。しかし、縄文時代の土器や櫛などにウルシを塗ったものが、福井県三方《みかた》町の鳥浜遺跡（約五〇〇〇年前の縄文前期初頭）から発見されているが、これらの縄文期でも早い時代にすでにウルシの木が大陸から伝来していたのかどうかは不明である。西暦六〇〇年代始めの『大宝律令』には、農家にウルシの木を植えさせた記述があるので、当時の施政者がウルシによる塗物を重要視していたことが窺われるという(1・6-8)。

サトイモとヤマノイモ

サトイモはサトイモ科の植物で、タロイモと称されるコロカシア・エスキュレンタが、古代に中国や日本に伝わり、選抜や改良を経て成立したものではないかと考えられている。中国では紀元前二〇〇～一〇〇年の『史記』や『斉民要術』（五六〇年）に栽培品種の記述がある。サトイモはイモの着生のしかたとイモの形からいくつかのグループに分けられる。茎はほとんど伸びないで、地面の下に隠れており、地上には長い葉柄についた大きな葉をつける。サトイモには枝分かれが旺盛で、子イモは紡錘形で親イモからはがれやすい土垂や石川早生などが入るグループ、枝分かれはやや多く、子イモは偏平でよく肥大する親イモと密着し離れにくい八頭《やつがしら》、唐芋のグループ、枝分かれが少なくしたがって子イモも少なく、主に肥大した親イモを収穫する赤芽、海老芋《えび》のグループ、ほとんど枝分かれせず、またイモをもつけずもっぱら葉柄を食用とするものの四つのグループがある。サトイモは熱帯地方に作られるタロイモより寒さに強く、より雨量のすくない中国や日本の環境の厳しい条件に適応したものであろう。日本で栽培されるサトイモには三倍体のものと二倍体のものがある。

中尾佐助によると、タロイモは予想外にたくさんの形の似た植物の総称で、中尾があげた東南アジアでタロイモと呼ばれている植物には、コロカシア属の植物五種、アロカシア属の植物四種、ラジア属の植物一種、ホマロメナ属の植物一種、テホニウム属の植物二種、シスマトグロテス属の植物二種が含まれている。野生のサトイモはベンガル湾に面した半湿地にたくさん生えているという。サトイモは上述のように日本でも親いも型と子いも型に分化しているが、親いも型が原形のようである。中尾はタロイモをヤムイモ、バナナ、サトウキビと共にいわゆる「根栽農耕文化」の重要な一員として位置づけている。日本でも、サトイモはイネが主体をなす農耕が始まる前には主食的な重要な位置を占めていたのではないかとも考えられている。

ヤマノイモは、東南アジアではヤムイモとして知られているデスコレア属の植物で、世界では六〇〇種もの植物が知られている。東南アジアの熱帯降雨林地帯では栽培あるいは野生で食用にされるこの属の植物は中尾によると、二一種に達するが、その九割まではデスコレア・アラタに属する植物らしい。東アジアの温帯照葉樹林地帯にもデスコレア属の植物は、栽培種が二種、野生種が一種ある。

日本のジネンジョやナガイモはヤムイモのごく小部分を占めるものだともいえる、と中尾は書いている。ナガイモはデスコレア・バタータスに分類され、九州に少量に作られたダイジョはデスコレア・アラタである。カシュウイモと呼ばれているイモはデスコレア・ブルビフェラで、昔は日本でも主食として重要であったが、現在では農家の周辺に半野生状態で生え、栽培されることは少ない。このように一時栽培されたものが見捨てられた場合、これを「残存作物」と呼んでいる。現在も山に自生し、好事家の対象とされるヤマノイモ（ジネンジョ）に星川清親はデスコレア・ジャポニカの学名を採用している。古代から食用に採集され、山に自生するのでヤマノイモと呼ばれたが、中国経由で伝来したデスコレア・バタタスの形がこれに類似していたので、ヤマノイモの名はこの伝来植物に移って使われるようになったものであろう。野生のものをジネンジョとして区別する場合が多い。星川清親によると、牧野富太郎は日本野生のジャポニカをヤマノイモとし、伝来組のバタータスをナガイモとした。植物学の世界や作物学会では、この牧野の見解にしたがっているが、農林水産省ではバタータスをヤマノイモと称し、園芸学会ではバタータスをヤマイモと正式に呼んでいるという複雑さである。ナガイモは長円状、短太棒状、偏平・扇状、球・塊状などの四型に大別されている（4・9）。

コンニャク

コンニャク（アモルフォファルス・コニャク）はインド原産の多年草である。必ずしも確定的ではないが、コンニャクもサトイモなどと同様に古い時代に東南アジアの根栽農耕文化で発生した作物で、渡来したものではないかと考えられている。一説には、伝来したのはそんなに古くはなく一〇世紀頃だと記述されている。日本に伝来したコンニャクは、インドシナ半島の原産ともいわれている。コンニャクは最初は漢方薬として使われたらしい。安達巌によると、コンニャクは『倭名抄』（九四〇年）や『拾遺和歌集』に記載があるという。舒明天皇一二年（六四〇）に朝鮮より伝来したといわれる。しかし、上述のようにもっと古い時代に渡来したという推測もなされている。コンニャクはサトイモに近いが、成分は澱粉ではなくてマンナンといわれる多糖性の炭水化物で、この物質は煮ると粘性を増し、石灰を加えると凝固する性質があるので、この性質を利用していわゆるコンニャクを製造する。マンナンは加水分解するとマンノースのみをつくる多糖類で、多くの禾草類の藁、葉、木、種子などに含まれる。マンノースが結合するときは、澱粉やセルロースのときのように、一位と四位の炭素原子が結合する。コンニャクは野生状態では湿潤な林のなかに生えているため、栽培の適地は平野部でなく山間部にある。

第二次大戦末期に日本軍は風船爆弾をアメリカに向けて飛ばしたが、その風船の製造にコンニャク糊が使われたらしい(1・8・10)。

ソバ

ソバ（ファゴピルム・エスクレンツム）はタデ科の植物で、原産地はバイカル湖から旧満州あたりの地域ではないかと推測されている。日本へは中国経由で八世紀までには渡来したと思われ、『続日本紀』に養老六年（七二二）に飢饉に備えてソバの栽培を奨励したという記載がある。それを意訳すると「今年の夏は降雨がなく、イネが稔らないので、地方の官吏を通じて農家に推奨して、ソバ、オオムギ、コムギを植えて、その収穫物を蓄えおき、飢饉にそなえること」というものである。安達巌はもっと古くからソバが日本に存在した考古学的証拠として、縄文晩期の埼玉県岩槻市の真福寺遺跡、弥生前期に静岡の有名な登呂および同県の山木遺跡、青森県の田舎館村の弥生中期の遺跡、古墳時代の東京都世田谷区玉川養池の泥炭層からソバの種子が出土したことをあげている。

ソバには自分の花粉では受精しない自花不和合性という性質があり、そのため昆虫が花粉を媒介するので、品種といっても非常に雑ぱくである。ただ、栽培される地域の生態に適応していわゆる生態型を形成しており、研究者は成熟期や栄養生長期間の長さなどにより、北方型、中間型、南方型などに分類している。また、成熟期が早い夏ソバ、おそい秋ソバなどにも分けられる。産地は北海道、宮崎、茨城、長野などにある。このような事情のため、ソバには他の作物のようにはっきりした品種は存在せず、従来栽培されてきた地方の地名をとって、山形在来、福島在来、高知在来のように呼ばれてきた。なかには、もう少し地域を限定した十勝在来とか戸隠在来のように呼ばれるものもあった。宮崎大学の長友大らは、宮崎在来の染色体をコルヒチンという薬剤で倍加した四倍体のソバを育成して「みやざきおおつぶ」と命名した。一般に植物の染色体を倍加して四倍体をつくると、植物の各器官や植物全体が大型化するが、開花の時期や成熟の時期は遅くなるのが普通で、種の稔りも低下することが多い。ところが、このソバの四倍体は予想どおり種の粒が大きくなり、収量も倍近く増えたが、開花までの日数も元の二倍体と変わらず、種の稔りも低下しなかった、茎も太くなって倒れにくくなったなど、有望視されている。

ソバが植物学的に面白いのは、ソバの花にある雌蕊《めしべ》と雄蕊《おしべ》の長さが一定でないことである。雌蕊のことを花柱といい、雄蕊のことを花糸ともいう。ソバの花には異型花現象がある。すなわち、花柱と花糸の長さが花によって一定でなくバラバラである。ソバの花をよく観察すると、花柱が花糸より長い長柱花、花柱が花糸より短い短柱花があり、それがほぼ一対一の比率で出現するという。この異なる花型同士の受粉でよく結実し、同型花同士の受粉ではほとんど受精しないといわれる。ソバの研究に一生をかけた長友大は、ソバで花柱と花糸の長さがほぼ同じ同柱花（ホモスタイル）を見つけたときの苦労を書いている。同

氏によると、ソバはアメリカでは蜜蜂が蜜を集める蜜源植物として重要だとのことである、

大分前のまだ日本がバブルに浮かれていた頃であるが、あるテレビ番組で日本に輸入されるソバを求めてカナダまで行ったテレビの取材陣に、日本向けにソバの品種改良をしているカナダの研究者が、「日本の商社の人にカナダのソバは風味が足りないと言われているが、フーミとは一体どんなものであるか」と質問しているのをみて一驚したことがある。その時の印象では、この日本食の代表であるソバまでこうなのかと思った記憶がある。日本でソバは明治三八年（一九〇五）に一八万ヘクタールに作られて最大を記録したが、減少の一途をたどり、最低時には一万五〇〇〇ヘクタールになった。現在水田減反などでやや回復し、二万四〇〇〇ヘクタールくらいとなっている。最近の旅行ブームでテレビの旅行番組などを見ると、各地でソバ名所の紹介があるが、原料のソバ粉はどうしているのであろうか。ソバの日本国内の需要は年間八〜九万トンであろうといわれる。統計が古いが昭和四八（一九七三）年の輸入は四万トン弱で、輸入先は多い順からカナダ、中国、ブラジル、南アフリカ、韓国、アメリカ、オーストラリアとなっている。ソバの利用法は、中国は日本のように麺状にする他にギョウザの皮にしたり、肉ダンゴ、ホットケーキ状にしたりするらしい。ただ日本のソバのように細くないらしい。アメリカでは家畜の飼料に使われる他に、コムギ、トウモロコシなどの粉と混合して、パンケーキにしたり、オートミール状で食べたり、スープに入れたりもするとのことである。なお、ソバにはダッタンソバ（ファゴピルム・タータリカム）といい中国、ロシア、アフガニスタン、イランなど北アジアに栽培される種類がある。これは大変な苦みがあり、日本では栽培されない。(1・4・11・12)

ダイズ

ダイズの故郷は中国北東部からアムール河流域地方とみなされている。中国では起源前二八三八年にすでに記録があるという。日本では縄文期の遺跡から炭化したダイズが発見されているが、栽培されたものかどうかは確定できない。しかし、弥生時代の初期には中国から伝来していたものであろう。『古事記』(七一二年)や『日本書紀』(七二〇年)にこの有用な植物の記載があるのはいうまでもない。ダイズは蛋白質に富み、畑の牛肉とまでいわれるように、日本人の食生活にきわめて重要な役割を演じてきた。そのまま焼いたり、煮たりすると消化が悪いので、味噌、醤油、豆腐、納豆、湯葉、豆乳、黄粉、菓子などに加工されることが多い。成熟前に枝豆として利用する場合はこの限りではない。

日本ではその栽培の歴史が古いことや栽培される地域の自然条件に適応して、多彩な品種分化が生じた。品種差のもっとも大きなものは感光性といって、一日のうちの日の長さに感じて花をつける性質が異なるものが生じた。一般に南に行くほどこの感光性という性質の大きい品種が分布した。すなわち、南に適応した品種ほど花をつけるのに一日の日長が短くなることが必要になる。北海道では無霜期間が短いので、まだ日が長い時でも花をつけるような夏ダイズが適応し、反対に九州のように秋遅くまで暖かい地方では、秋になり日が短くなってから実を結ぶような秋ダイズが適応する。九州のようなところであまり早く花が咲くのでは、栄養生長が十分でないので収量が上がらないのである。

現在、世界のダイズ生産はアメリカが約六割を占め、単位面積当たりの収量でもアメリカが多い。ついで中国が一七パーセント、ブラジルが三位で一六パーセントを占める。アメリカに最初のダイズが導入されたのは一九世紀の初頭であるが、その重要性が認められるまでに約一世紀を要した。二〇世紀になってから積極的に品種の導入につとめ、一九二〇年に一〇〇〇品種、さらに一〇年後に三〇〇〇品種を導入した。最初は導入した品種の中からアメリカの風土に適したものを選抜していたが、やがて交配による品種改良を始めた。最近では、いわゆる遺伝子組み替え品種まで登場し、大量にアメリカからダイズを輸入している日本などで、その安全性が議論されるようになった。日本でもっとも栽培面積の多かったのは大正初期で、四〇万ヘクタールに作られた。日本でもたくさんのダイズ品種が交配や純系分離により作られた。現在は統計がやや古いが、昭和五三年（一九七八）に一二万七〇〇〇ヘクタールに作付けされた。北海道が筆頭を占め、全国の三割を占めた。ついで、東北、長野、新潟などがこれに次ぎ、一般に北日本に多い。

日本で伝統的に地方に保存されている在来品種の中に大変興味深いものがある。たとえば、山形県庄内地方に枝豆用に栽培される「だだちゃまめ」のようなものである。この品種は最近全国的に有名になったが、成熟すると表面に皺がよる茶褐色のものが良いとされ、この地方ではそのような種子を選んで保存してきた。この枝豆は独特の風味があり、山形大学農学部などで分析したところ、ある種のアミノ酸や糖の含量に富むことがわかった。庄内では、このマメがないと盆（旧暦）がこないし夏が終わらないという執着がある。庄内でも特に良質のものを産する村落さえあって、そこの産物は高値で取り引きされる。この名の由来は、定説では庄内の殿様にマメ好きの殿様がおり、季節になると毎日枝豆を食したが「今日のはどこのだだちゃの豆か」と家来に問うたのでこの名がついたのだという。「だだちゃ」とは庄内弁で旦那とか主人とかおじさんとかの意味がある。昔から直播せずに、苗床に苗を作り移植して栽培していた。そのくらい注意して苗を育てないと、鳥に食われてしまったのである。鳥にもこの品種が特別に旨かったのかも知れない。平成一四年（二〇〇二）には発祥の地である鶴岡市大字白山《しらやま》丁に立派な白山だだちゃ豆記

念碑が建立された。撰文を書いたのは私の畏友松木正利である。（口絵写真）

植物学上でダイズの果たした面白い役割がある。それはダイズを材料として、植物の開花に一日の日の長さが関係するという光周律が発見されたことである。アメリカ農務省のガーナーとアラードは、ビロキシというダイズ品種を春から順次日時を変えて種を播いていくと、ある時期になると早く播いたものも遅く播いたものも一斉に花をつけるという現象を研究し、このダイズ品種が花をつけるためには、一日の日の長さがある一定の時間より短くなることが必要であることを発見し、一九二〇年に発表した。この発見に到達するまで、彼らは光の強さ、温度などいろいろの環境条件を調べたが、最後にとうとう日の長さに行きついたのであった。これは、植物学上では大変重要な発見とされている。このように、花が咲くのに日が短くなる必要があるものを短日植物といい、反対に日が長くなることが必要なものを長日植物という。秋に日が短くなってから咲くキクなどは短日植物で、春に穂を出すムギは長日植物である。夏ダイズ、秋ダイズなど、栽培される地域によってこれらの日長に対する要求性が異なることは冒頭にも述べた通りである。いわば、人間は品種の性質を栽培する地域に合わせてうまく利用しているのである。（4・13・26）

ヒョウタン（ひさご）

ヒョウタン（ラゲナリア・シセラリア）はウリ科の植物で、食用としてよりは、ものを入れる容器として利用されたものであろう。ただ種子は火で煎って食べられた可能性はある。ヒョウタンの野生種はアフリカに生えており、そのためここが原産地だと考えられているが、わが国で縄文時代からあったとすると、その伝来伝播の経路はどのようなものだったのであろうか。エジプト（紀元前三五〇〇―同三三〇〇年）やペルー（紀元前三〇〇〇年）、メキシコ（紀元前七〇〇〇年）などの古い遺跡から発見されている。アメリカではヒョウタンを海水に二年も浮かべておいても、中にある種子は発芽することを実験によって確かめたので、広い大洋を浮遊して他の大陸や島に運ばれた可能性がある。したがって、旧大陸と新世界の両方に古い時代からヒョウタンが存在したとしても、このお互いに隔たった地域にすでに交流があったと考えなくてもよいのではないかとも言われている。日本でも縄文前期の福井県三方町の鳥浜貝塚遺跡からヒョウタンの種子が出土したために、五〇〇〇年も前から存在していたものと推定されるようになった。

かんぴょうをつくるユウガオは植物学的にはヒョウタンと同じもので、自由に交配する。果皮をむいて天日に乾かしてかんぴょうを作る。中国では古くから利用されていたらしいが、日本でヒョウタンが縄文期に伝来したのにかんぴょうの利用が遅れたのは、湿度が高くその製造に適した地域があまりなかったことによるらしい。安達巌によると、鎌倉時代に禅宗が伝わり、精進料理に使われるようになって、一六世紀の初めころにその製法が中国からもたらされたという。一説には天文年間（一五三二―一五五五）に渡来したという。安達巌は面白いエピソードを紹介している。かんぴょうの産地は大阪の今宮付近の木津にあったが、ここではユウガオの栽培は古墳時代に遡るという。寿司屋でかんぴょうを別言葉で木津というのはこの歴史を踏まえているという。江戸中期に産地は近江の水口《みなくち》に移った。以来、滋賀、京都、兵庫、岡山などに産地があった。元禄八年（一六九五）に近江水口を治めていた領主の加藤明英が下野の壬生《みぶ》に移封となったので、同氏は製造のノウハウを伝え、移封先でもかんぴょうの製造を奨励したのが現在に至り、ここが主産地となっているという。一方、野中舜二によると、今から三二〇年ほど前に壬生の城主鳥居忠英が近江水口から種子を取り寄せ、領内の数カ村に試作させたのが始まりという。いずれにしても、壬生城の城主が近江水口より、種子あるいは技術を導入した点では一致するが、領主の名前が異なっている。江戸期のこの時期の旧藩主の変遷を調べたところ、次のことがわかった。加藤英明が元禄八年、下野壬生に転封された後をうけ、近江水口には能登下村から鳥居忠英が入った。彼はさらに正徳二年（一七一二）には下野壬生に移されたが、壬生にいた加藤氏は子供の嘉英の代になっていて、鳥居氏の入部に伴いかつて父のいた近江水口に戻った。これらの藩主の変遷をみると、加藤氏と鳥居氏は共に旧領地の近江水口から新領地の下野壬生への種子や技術の導入に尽力したということなのだろう。

かんぴょうは茨城県で全国の九割以上が生産されている。歴史のしからしめるところであろうが、関西では寿司屋以外の一般家庭でも利用が多いという(1・14・15)。

雑穀類

ヒエ

有史以前に渡来したとされる雑穀にはヒエ、アワ、キビがある。縄文時代の遺跡からヒエの炭化物が出ている。日本で栽培されているヒエ（エキノクロア・ウチリス）は水田に生える野生のタイヌビエや他のノビエ類と簡単に雑種ができ、しかもその雑種は不稔にならないので、これら野生のヒエときわめて近縁と考えられる。しかも、インドの栽培ヒエと日本の栽培ヒエとは親和性がなく、雑種にすると雑種第一代の植物には種子ができない。日本のヒエは水田雑草のタイヌビエのエキノクロア・クルスガイから栽培化されたものであろう。中国では二四〇〇年前から栽培されていたらしい。

ヒエはどのようにして食べられていたのだろうか。現在でも白山山麓の焼き畑農業で伝承されているヒエの食べ方には、古い時代からの伝統が残っていると思われるので参考になるかも知れない。『雑穀の来た道』を書いた阪本寧男が引用している、山麓などに残っているヒエの料理法をみると、現在も一〇種の多岐に及んでいる。それを列挙すると、炊いて飯にする、炊いて粒粥にする、味噌汁に入れて粉粥状にする、煎粉にする、煎粉を湯でかきソバガキ状にする、茹でるか蒸して団子状にする、味噌汁、粥の中に団子状に入れる、粉餅につく、ドブサケにする、麹《こうじ》にして味噌を作る、などである。

ヒエは明治時代にはわが国でも一〇万ヘクタールの栽培があったが、以降減少を続け、昭和四〇年代には六〇〇〇ヘクタールとなり、昭和四五年（一九七〇）の農林統計からは姿を消した。昔は米麦の代替食糧で、雑穀の中では最もその地位は高くなかったので、米麦の供給が豊富になるにしたがって姿を消した。日本でも六〇ほどの品種があったといわれる。ヒエにもモチ種があるともいわれるが、日本の品種にはほとんどなかった。ヒエが昔かなり大量に作られていた時代の食べ方は、コメと一緒に炊飯したり、団子、飴、餅にされた。一方では、味噌、醬油、酒の原料としても使われた。ヒエの種子は長期の貯蔵に耐えたので、飢饉のときの救荒作物としての性格も強かったのであろう。

阪本寧男によると、ヒエにはモチはないという。これは、ヒエはコムギと同様に異なったゲノムが三組あわさった異質六倍性だからで、一組のゲノムにモチ性の突然変異が起こっても偶然の三組のゲノムすべてに同時にこの突然変異が起こらないと、モチの性質は表われないからである。コムギでは近年人為的に三ゲノムを集積することに成功し、モチ性のコムギが育成されたことは別のところで述べた。他方、ヒエにもモチ性があるという記述があるのは、なぜだろうか。あるいは、偶然に二組くらいのゲノムにモチ性の突然変異が起こったものがあり、それでは完全はモチ性ではないが、モチともウルチともつかない中間的な性質をもつものがあったのかも知れない。キビではヨード反応が多く、紫赤色でウルチとモチの区別が不明瞭らしい。広野卓によると、『万葉集』にはイネを植えた田に生えるヒエを抜き取ることを詠んでいるものがある。この場合ヒエは現在と同様に水田の雑草としての取り扱いを受けているのである。『古事記』の五穀にもヒエは含まれていない。しかし、条件の悪い土地では重要な作物であったし、朝廷に貢納されたことを記録した文書も存在する。ヒエの実は皮が厚く、脱穀に手間がかかり、糠層《ぬか》が多いのでこれを除外すると、食べられる部分が半分になってしまう。(4・16)

アワ

アワ(セタリア・イタリカ)はイネが渡来する前は、ヒエなどとならんで重要な位置を占めていたものと思われる。アワの先祖はエノコログサであったと思われ、この両種は縁が近く、交雑すると自由に雑種ができる。最初に栽培に移されたのは東アジアであったとされ、日本では朝鮮半島経由で縄文時代にすでに栽培されていたと思われる古い作物である。「粟粒ほどの」という形容があるように一粒の種子は小さい。面白いのはイネと同じようにモチ性が存在し、日本にかつて栽培されたものの半分以上がモチ性の品種であった。阪本寧男の調査によると、モチ品種の割合は日本では八二パーセントに及んでいる、韓国が六八パーセント、中国が一二パーセント、台湾八九パーセントにたいして、ネパール、インド、アフガニスタン、中央アジア、ヨーロッパなどではモチ品種は発見されていない。東アジアの農耕文化のつながりなどとも関連して重要な問題であろう。

阪本寧男はアワは東アジアで起源したとする従来の説に対して、最近の研究結果を要約すると、むしろ中央アジア〜アフガニスタン〜インド西北部を含む地域で、おそらく紀元前五〇〇〇年以前に栽培化され、この地域からユーラシア大陸の東と西に伝播したと考えられるとしている。

同氏によると、山麓や高地でアワの現存する食べ方はヒエよりはバラエティに乏しいようである。ヒエの食べ方が一〇種類に及んでいるのと比較すると、アワの場合はその半分の五種類となっていて、団子にして食べるなどが欠けている。しかし、これはアワの粒が小さいなどの形態上の制約からくるものかもしれない。わが国では高地や山麓などではアワは麦類より重要な作物であった。ウルチ種は精白して米に混ぜて炊飯して常食とされていた。また、モチ種はこれももち米と混合してアワ餅、飴の原料、アワオコシなどの菓子、醸造して泡盛の原料とされた。明治初期には二〇万ヘクタール以上の栽培があったが、以降減少を続け、昭和四〇年（一九六五）には二〇〇〇ヘクタールとなり、昭和四五年（一九七〇）以降には農林統計からも姿を消した。現在、われわれが日常的にアワを見るのはアワオコシのような菓子くらいなものであるが、各地の山麓地方などでは、伝統的に栽培が保存されている場合がある。以前、日本には二〇〇〇もの品種があったとされ、縄文期以来のこの作物の果たしてきた役割の重要性を窺わせる。

広野卓によると、アワは『万葉集』にも詠まれており、当時はイネと共に重要な穀物であり、このことは平安時代になっても変わらなかったようである。文献に見られるアワと他の穀物類との交換比率からアワの価値を推察すると、容量でアワ一に対して、イネは二、ダイズとコムギは二、オオムギは一・五、アズキは一となっている。これを紹介した広野卓は、これらの比率から奈良時代にはアワが主な穀物として重視され基準的な穀物となっており、アワと同価値なものはアズキだけで、オオムギがこれにつぎ、イネ、コムギ、ダイズはアワの半分の価値となっていると書いている。ただ、作物学的な立場からすると、「粟粒のような」のたとえにみるようにアワの粒はきわめて小さい。一定面積から得られる収量（容量）からすると粒の大きい他の穀類や豆類と単純には必ずしも比較できないのではないかと思われる。ここでもアズキの価値が高いのは、この作物は同じ豆類でのダイズと異なり、一本の植物内でのさやの成熟がバラバラで収穫に大変手間がかかり、また年により収量が安定せず、一般に面積あたりの収量が少ないなどの事情を反映しているものと思われる。しかし、この作物が、古代には現在と比べてはるかに重用視されていたことは確かであろう。(4・16・17)

キビ

キビ(パニカム・ミリアセウム)は、ヒエ、アワと並んでイネが渡来する前の重要な作物であったと思われる。原産地は中央・東アジアで、紀元前五〇〇〇年頃に栽培化されたものと考えられている。日本には中国北部から朝鮮半島経由で渡来したものと思われるが、日本で最初に記録に現われるのは承平年間(九三一―九三七)のことである。明治末期には四万ヘクタールの作付けがあったが、アワ、ヒエと同じく、それ以降は減少を続けた。昭和三〇年(一九五五)頃にまだ二万ヘクタールの栽培があった。昭和四〇年代始めに一三〇〇ヘクタール余となり、昭和四五年(一九七〇)以降は農林統計から姿を消した。

キビは、精白してコメと一緒に炊飯されたり、団子、餅、飴の原料となる。「キビダンゴ」にその名を残している。キビは今の岡山県あたりの吉備《きび》の国に通じるし、キビダンゴが今でも岡山の郷土菓子であることを見ると、古代にはこの地方で多く栽培されていたのかも知れない。この地域に移住した渡来人がキビを常食とした形跡が残っているという指摘もある。

キビにもモチ性が存在するが、阪本寧男の調査によると、日本の品種五三種の中で、ウルチと認められたのはたった一種で、実に五二品種はモチ性品種であった。韓国の一二品種はすべてモチであった。これに対して、アフガニスタンの一二、中央アジアの六、ヨーロッパの六品種はすべてウルチ性で、モチ性品種はまったく認められなかった。(4・16)

クワ

人類は人間以外の動物を養うために植物を栽培する。その典型は家畜用の飼料作物であろう。実にたくさんの飼料作物が開発されてきた。しかし、その対象の動物が昆虫となると話は別である。これが養蚕のためのクワの栽培である。養蜂の場合も植物を利用するが、蜂専用にわざわざ植物を栽培する例はあるかも知れないが、私はほとんどその例を知らない。アメリカでソバを養蜂に利用するというが、蜂に蜜を吸わせる以外にまったく使わないのかどうかわからない。

養蚕に利用されるクワ属の植物は四種あり、ヤマグワ（モルス・ボンビシス）、カラヤマグワ（モリス・アルバ）、ロソウ（モリス・ラテフォリア）、シマグワ（モリス・アシドサ）である。ヤマグワは日本、特に東北地方に広く自生していたものである。カラヤマグワは中国や朝鮮に生えていたもので、日本に伝来した。ロソウは中国の山東省の原産とされるが、日本に伝来した。シマグワはもとの分布はヒマラヤ地域から中国、沖縄列島などに自生していたもので、沖縄、南西諸島で利用がはかられている。大陸から伝来した時代は古く、一説では二世紀の末に養蚕と共に伝来したとも言われる。養蚕は中国で始まったが、その時代は五、六〇〇〇年も前に黄河流域で、そこに生息していた原始型の桑蚕（クワコ）から家蚕が生まれたとされる。クワ畑にはときに桑蚕が生息しているが、これと家蚕は自由に交配が可能であるし、子孫もできる。吉武成美によると、家蚕と中国の桑蚕の染色体数は半数で二八であるが、日本と朝鮮半島に棲む桑蚕の染色体は二七だという。しかし、よく調べてみると後者では二本の染色体がくっついて一本になったために数が減ったとのことである。

現在利用されているクワは、カラヤマグワ系の品種が八〇パーセントを占める。面白いのはクワの実用品種の多くが三倍体で、基本のゲノムを三個持っていることである。種子を収穫する作物では、三倍体は成熟分裂が不規則で不稔となる。しかし、栄養繁殖するクワではこれは一向にかまわないのである。一般にゲノムを三つか四つ持つ三倍体や四倍体は、植物の各器官が大きくなるので、葉を収穫するクワには都合が良いのである。一二〇種くらいの三倍体品種が知られていた。一九七三年頃わが国で栽培されていたクワの品種は一〇〇種以上あり、当時保存されていた品種を加えると一〇〇〇種を越えていた。これらには上に述べた植物学上の「種」以外に種間の雑種もあった。

蚕はクワしか食べないので、クワの葉に含まれる成分が大切である。戦後の最盛期には「一ノ瀬」と「改良鼠返」という品種が主要であった。その後、桑農林一号から同八号まで、農林省でも新品種が育成された。クワのような特殊な植物にまで農林省では品種改良に乗り出したのである。養蚕の占める位置は、そのくらい日本の産業として重要だったのである。蚕の繭から糸を繰るには蛾が繭から出た後では不可能である。(1・18-20)蛾が出る前の繭を使う必要がある。この発見をしたのはやはり中国であった。シルクロードの源泉の成立である。

ダイコンとカブ

この本ではいわゆる野菜類と鑑賞用の花類はほとんど取り上げなかった。これらが重要でないというのではないが、種類が多く、取り上げきれなかったのである。しかし、史前帰化植物の視点からと文化史的視点から興味あるダイコンとカブだけは取り上げたい。これらの野菜、特にカブの文化史的重要性に光を

細長いがヨーロッパ系の二十日ダイコンの一種

あてたのは、青葉高である。ダイコンもカブも縄文晩期には渡来していたといわれる。ダイコンにはヨーロッパ原産の二十日《はつか》ダイコンの系統と中国原産の東洋系のダイコンがあり、日本のダイコンはどちらの系統の流れに属するのか議論もあるが、やはり中国原産の系統群に由来すると見るのが自然だろう。ただ、もともとの原産は地中海沿岸だったものが、野菜として中国で二次的に発達したとする説もある。しかし、ダイコンはわが国で特異的といえるほど発達をとげた。桜島ダイコンの巨大さと守口《もりぐち》ダイコンの細長さの両極端の間に多くの地方在来種を分化させた。これは、この作物を愛した人間がいて、その生活といかに密着していたかを物語るものである。いわゆる二十日ダイコンの類が日本に伝来したのは、時代的にはるかに遅い時代である。ダイコン（ラファヌス・サチバ）はアブラナ科の植物だが、同じ属でも主に種子の入っているさやを取る目的でインドで栽培されるラファヌス・カウダタスや、根を収穫するが種の違うラファヌス・インジカスもある。

　文献的には『日本書紀』に「オオネ」と記されているのが、今のダイコンのこととするのが通例である。世界のダイコンは、前述の二十日ダイコン、小ダイコン、北支ダイコン、南支ダイコンに群別され、日本で発達を遂げたのは南支ダイコンの系列である。後で北支ダイコンの系列も伝来した。二十日ダイコンが伝来したのは、明治期に西洋野菜の一員として導入されて以来という。青葉高によると、南支ダイコンの系列は葉に毛が生え、根の澱粉量がもっとも少なく水分が多いので貯蔵性に乏しいが、漬物用として日本人の米食に適していた。北支ダイコンの系統は根の澱粉量が多く貯蔵性に富み、根に緑や紅の着色のあるものも多い。この系統は戦後中国野菜としても導入され、ある程度の栽培がみられるようである。

ダイコンはわが国の各地方にたくさんの在来品種を成立させた。ダイコンの品種名が最初に記載されたのは、二七〇〇年ほど前の『大和本草』らしい。そこにすでに守口の名が見えている。その後に成立した地方系統でその後の品種改良などに大きな影響を及ぼしたのは、宮重《みやしげ》大根（愛知）、方領《ほうりょう》大根（愛知）、聖護院《しょうごいん》大根（京都）、練馬大根（東京）などであった。その他に美濃早生《みのわせ》大根（岐阜）も有名であった。この中で歴史が古いのは、宮重大根で、『尾張風土記』に一〇〇〇年以上前にすでに存在していたと思われる記述があるという。宝永年間（一七〇四―一七一〇）に尾張の殿様が鷹狩りの途中庄屋の近藤庄右衛門方で休憩した際に出した大根が賞賛され、しばしば献納を繰り返すうちに次第に有名になったという。方領大根についても、同書に記載がある。この記載では品質は宮重に劣るが、三貫目（約一〇キログラム）に達するものがあるとの記述がある。その起源は不明だが、数百年前に自家用として栽培があり、特に有名になったのは、安永三年（一七七四）に同様に尾州の殿様が鷹狩りの途中に立ち寄った際に献上し、賞賛されたのがきっかけとなったという。丸いダイコンの代表であった聖護院大根は、元の起源は尾張にあったらしいが、文政年間（一八一八―一八二九）に京都の田中屋喜兵衛が、当時黒谷村にあった尾張大根が大変優良であったので、一本を譲り受け採種して繁殖し始めたが、最初は長かったものが、土壌の関係で次第に短くなり丸い形に変化したという。選抜の効果が見られる興味深い例であろう。練馬大根については、当時の下練馬村は古くからダイコンの栽培に適した土地であったが、延宝年間（一六七三―一六八〇）に徳川綱吉が当地を訪れた際に献上したのが賞賛され、みずから種子を尾張から取り寄せて練馬村桜台に植えさせたが、これが土地によく合い、良いダイコンを産したので、将軍になってからも毎年一五本あて献上させたといわれる。その大きいものは、三〜五貫目（一〇〜一九キログラム）もあったという。このようにみると、ダイコンの場合、その産地は特に土壌的条件が根菜であるダイコンの生育に適した土地であったことがわかる。

東北地方に土着の在来種は北支ダイコンの系列が多いと言われる。青葉高が紹介している各地の、とくに東北地方の在来種は、あまり大型にならない肉質の堅い、また時に色素を持つ貯蔵性に富むものが多いようである。これらも北支ダイコンの性質を残しているものと思われる。

カブ（ブラシカ・ラパ）はダイコンとおなじアブラナ科の植物で、アフガニスタンを中心とするアジア、ヨーロッパ西・南部の生まれである。日本で最初に文献に現われたのは七世紀の終わり頃で、持統天皇の時代（六八七―六九六）に奨励して植えさせ、五穀の助けとしたとある。現在の多くの品種、系統は江戸期に発達したものであろう。三〇〇年以上前の『毛吹草』には、内野蕪（奈良）、天王寺蕪（大阪）の名が見えるという。京都の有名な聖護院蕪の歴史は比較的新しく、江戸後期の享和年間（一八〇一―一八〇三）に京都聖護院の伊勢屋利八なるものが、近江の堅田から近江蕪の種を取り寄せて試作したのに始まるといわれる。この近江蕪の起源は古く、明らかでないが、彦根の河原町の八百屋九兵衛という雑穀を商う店の古記録に、大津尾花川の水川家と三〇〇年以上も昔から、カブの種子の取り引きがあったとの記録があるので、当時すでに他地方に種子が出されていたことがわかる。また、天王寺蕪の起源については記録がないが、元文、寛保年間（一七三六―一七四三）の頃に大坂名物を歌いこんだ歌に「橋と船、御城素人茶屋揚屋、天王寺蕪、石屋植木屋」とあって、よほど有名だったものであろうと、喜田茂一郎は紹介している。また江戸中期の俳人谷口（与謝）蕪村は、天王寺に住んでいたのでこの俳号をつけたというエピソードも紹介している。

　青葉高は長年日本の在来カブ品種の調査を行なった。その結果、日本の在来カブ品種には洋種系と和種系があり、その分布地域の境界は、大体中部地方と近畿地方との境界あたりに引けるとしている。境界にはかなりの幅があり、その地域には中間的な品種が見られるとしている。このように大別して、北に洋種系があり、南に和種系が分布する。長崎や佐賀に例外的に洋種系のものがあるが、これはオランダ経由で江戸期に長崎、平戸あたりから入ってきたものであろうとする。若狭湾と伊勢湾を結ぶ線は、考古学、人類学、言語学からみて東西文化圏の境界が走っているといわれている。カブの在来品種の分布がこれと一致しているのは、きわめて興味深いと言わなければならない。私の郷里の山形県庄内地方には温海《あつみ》温泉の山あいの集落で、古い時代から「温海カブ」が焼畑農業で栽培されてきた。このカブを平地で作るとこの品種の本当の性質が出ないので、伝統的にこの栽培法が守られている。文献上でもこのカブ品種は鎌倉時代まで遡上できる。このカブも洋種系である。焼畑での栽培型は、いわゆる稲作以前の日本の農業の形を伝承しているのかも知れない。東あるいは北日本の在来カブが洋種系であることは、これらの品種がシベリアさらに遡ればヨーロッパとの関係を示していることになろう。北方経由の謎のルートがあったのかも知れない。もっとも、最初まず朝鮮半島経由で洋種系が伝来し、次第に北上して全国に広がったあとに、和種系がやはり朝鮮半島経由で伝来して西日本に拡大したが、東・北日本にまでは及ばなかったとも見ることはできよう。余談ながら、有名な野沢菜は植物学的にはカブである。根が太らない特別の系統を使い、信州の気候に合わせて栽培し、葉や茎が軟らかく特別の風味のある野菜に仕上げたのである。これも風土を利用した、先人の智恵であろう（1・21・22）。

ウリ

『万葉集』の山上憶良《やまのうえのおくら》の有名な「瓜食めば子ども思ほゆ栗食めばまして偲はゆ」に詠まれたウリは、マクワウリ（ククミス・メロ）であったとされている。縄文、弥生の各地の遺跡からウリ類の種子が出土しているので、このアフリカ原産の植物が、有史以前に渡来してきていたことは間違いないだろう。アフリカを出て中央アジアでいろいろの型に分化したが、ここからヨーロッパに向かったものから後のメロンが生まれ、東方に向かったものから中国でマクワウリ型のものが生まれたとされる。一方、マクワウリをインド原産だとする説もある。というのは、インドとアフリカに野生種が自生しているからである。

マクワウリの語源については次のような説がある。応神天皇の時代（記紀によると一五代天皇とされるが伝説的色彩が強いとされる）に美濃国本巣郡真桑《まくわ》村に珍しい瓜が生えたが、おそらく当時朝鮮半島からいろいろの事物が伝来した中に混じっていたものが、偶然発生したのであろうと思われたが、その名前が不明だったので地名をとって「真桑瓜」と名を付し、この名で各地へ伝播したというのである。多分これより以前にも伝来していたのであろう。現在でも、主に西日本に原始的ウリが雑草として生えており、藤下典之はこれを雑草メロンと呼んで詳しく研究した。これらは実は小さく、ウズラからアヒルの卵程度で、苦くて食べられない。しかし、マクワウリやメロンと自由に交配でき、種ができるので、植物学的にはククミス・メロには違いないと思われる。この雑草メロンは種も小さいが、このように小さい種のウリ類が遺

カリフォルニアで栽培されるメロン。左からキャンタロープ、ハネーデュー、クレンショウ。

跡から出土するのは、弥生時代までで（マクワウリ、メロン程度の大きい種も混じる）、奈良・平安期になると現在のマクワウリ程度の大きさの種になる。この時代になると、小さな実のものは淘汰されて、作らないようになったものと思われる。雑草メロンは古代の小果のものが、雑草として残存している可能性があるという。もっとも、もっと後代になってからいろいろの雑種から分離してきた小果の個体が、栽培からはみだして雑草として生存を続けたという可能性もある。

味噌漬、奈良漬、塩漬などの漬物に使われるシロウリも、植物学的にはマクワウリと変わらない。マクワウリの香りや甘みのないものが選ばれ、漬物に利用されるようになったものである。

原産地から西に向かってヨーロッパで発達したいわゆるメロンが伝来したのは明治期以降で、戦前は温室栽培のマスクメロンだけといってもよい状況であったが、戦後ビニールが農業に使われるようになるとこれを使った栽培が可能となり、種々のタイプのメロンが日本独自に育成された。また雨の少ないアメリカのカリフォルニアなどで発達した露地メロンも品種改良に影響を与え、日本の各地に露地メロンの産地も形成している。露地といってもビニールトンネルなどを使う場合も多い。特にマクワウリ型のものとメロン型のものとの交配により、多くの日本の風土に適したタイプの新品種を生みだした。現在でも高級メロンとしてネットのきれいなマスクメロンの系統は温室で栽培され、一本の植物に一個だけ実をつけるようにし、その一個の実を最適に太らせ、成熟させるのに最適な葉の数を計算して栽培する。私は一九六七〜六八年にカリフォルニア大学に留学したとき、豊富なメロンがスーパーマーケットに山積みされていたのを思いだす。ハネーデュー、キャンタロープ、クレンショウ、キャッサバなどの品種名を思い出す。ハネーデューは最近メキシコやカリフォルニアから日本にも輸入され、よくスーパーマーケットなどで見かける。(1・10・17・21・23)

ハス

スイレン科の水生植物のハスには二種あり、一つは東洋に分布するネルンボ・ヌキフェラで、もう一つは北米大陸産ヌキフェラ・ペンタペラである。前種の花は赤ないし白なのにたいして後者の花は黄色である。日本に伝来して栽培されているのは前種である。日本には一五〇〇年も前にすでに渡来して実在していたことが古書に記載があるという。ハスについては阪本裕二の科学、文化、文学全般にわたる詳しい著書がある。同氏は、アメリカの先住民が野生のハスのレンコンや実を食用にしていたことを紹介している。しかし、食用の品種は生まれていない。白人は食べないとのことである。

古い時代に利用されていたのは、現代の食用ハスとは違い、半野生状態のものを採集して使ったらしい。一五〇〇年以降に食用および鑑賞の兼用種が伝来し、各地に在来ハスとして土着したようだ。たとえば、佐賀では中国の華南から長崎、岡山へと伝来したものが導入された。一方、山口経由で中国種が導入され、土着の在来種がなくなったという。(24・25)ハスの語源は「蜂巣《はちす》」でレンコンを横断したときの様子が蜂の巣に似ているところにあるというのが定説である。

(1) 安達巌『日本食文化の起源』(自由国民社)、一九八一年。
(2) 中尾佐助「農業起源論」、森下正明・吉良龍夫編『自然——生態的研究』(中央公論社)、一九六七年。
(3) 佐々木高『稲作以前』(日本放送出版協会)、一九七一年。
(4) 星川清親『新編食用作物』(養賢堂)、一九八〇年。
(5) 前田和義「マメ類」、日本人の作った動植物企画委員会『日本人の作った動植物 品種改良物語』(裳華房)、一九九六年。
(6) 『河北新報』一九九八年一〇月一五日号。
(7) 岡田幸郎「ウルシ」、野口弥吉・川田信一郎監修『第二次増訂改版農学大事典』(養賢堂)、一九八七年。
(8) J・ボナー『植物生化学』、山田登・丸尾文治訳(朝倉書店)、一九五四年。
(9) 中尾佐助『栽培植物と農耕の起源』(岩波書店)、一九六六年。
(10) 女子栄養大学出版部編『食用植物図説』(女子栄養大学出版部)、一九七〇年。
(11) 長友大『ソバの科学』(新潮社)、一九八四年。
(12) 西牧清「ソバ」、野口弥吉・川田信一郎監修『第二次増訂改版農学大事典』(養賢堂)、一九八七年。
(13) 菅洋『作物の発育生理』(養賢堂)、一九七三年。
(14) ハーバート・G・ベイカー『植物と文明』、阪本寧男・福田一郎訳(東京大学出版会)、一九七五年。
(15) 野中舜二「かんぴょう」、農林省農林水産技術会議事務局編『総合野菜・畑作技術事典I』(農業技術協会)、一九七三年。
(16) 阪本寧男『雑穀のきた道』(日本放送出版協会)、一九八八年。
(17) 広野卓『食の万葉集 古代の食生活を科学する』(中央公論社)、一九九八年。
(18) 吉武成美「繭と絹の起源」、『UP』一一〇号、八—一一(東京大学出版会)、一九八一年。
(19) 大山勝夫「クワの来歴・形態・生理」、野口弥吉・川田信一郎監修『第二次増訂改版農学大事典』(養賢堂)、一九八七年。
(20) 間和夫「桑」、農林省農林水産技術会議事務局編『総合野菜・畑作事典I』(農林技術協会)、一九七三年。

(21) 青葉高『野菜　在来品種の系譜』（法政大学出版局）、一九八一年。
(22) 喜田茂一郎『趣味と科学　蔬菜の研究』（地球出版株式会社）、一九三七年。
(23) 藤下典之「日本列島に自生する雑草メロンとその育種的利用〔1〕、〔2〕、〔3〕」『農業および園芸』五二（一〇、一一、一二）、一九七七年。
(24) 川崎重治「湿田の多い土地に発展したハス」、農耕と園芸編『ふるさとの野菜』（誠文堂新光社）、一九七八年。
(25) 阪本裕二『蓮』（法政大学出版局）、一九七七年。
(26) 白山だだちゃ豆記念碑建設委員会『白山だだちゃ豆記念碑の栞』、二〇〇二年。

第六章　果実の利用

果実すなわち果物は人間生活に重要である。しかし、本書は園芸の教科書ではないので、網羅的に果物を羅列しようとは思わない。文化史的に面白いエピソードを中心に紹介してみたい。

しかし、とりあえず生の果実を利用するものを挙げておこう。まず熱帯では、バナナがあるが、これにはムサ属の三つの種が利用される。他にマンゴー、ココナッツ、パパイヤ、パイナップル、パンの木などがある。亜熱帯の果実には、アボカド、レモン、ライム、オレンジ、タンジェリン、グレープフルーツ、イチジク、ナツメヤシなどがある。レモンからグレープフルーツまでは、いずれもシトルス属の植物である。温帯の果実としては、リンゴ、ナシ、モモ、アンズ、プラム、オウトウ、イチゴ、ベリー類、ブドウ、スイカ、メロンなどがある。リンゴとナシはピルス属の植物であり、モモからオウトウまではプルヌス属の植物である。この中で、日本では野菜として取り扱われているものもある。スイカやメロンは野菜ではあるが、果物的取り扱いもうける。（口絵写真）

果物の原産地を西部（ヨーロッパ東南部とこれに隣接するアジア西部）と東部（中国を中心とする）に分けてみると、西部原産のものでは、リンゴ、洋ナシ、オウトウ、欧州スモモ、欧州クリ、アーモンド、欧州ブドウ、イチジク、クルミ、ザクロなどがあり、東部原産のものでは、中国ナシ、日本ナシ、モモ、日本スモモ、アンズ、ウメ、甘クリ、日本クリ、カキ、ナツメ、ビワ、柑橘類などがある。クリのように植物学的には同じカスタネア属だが「種」の異なる植物が洋の東西で別々に果樹として成立したことは興味深い。また、同じ東部でも中国のクリ（甘栗）と日本クリとは、「種」は異なり、各々独立して中国と日本で栽培に移されたものである。ナシも同様で、西洋ナシと東部原産のナシと違う「種」であるのは当然だが、同じ東部の中でも、中国と日本で別の「種」から中国ナシと日本ナシが成立しているのも興味深い。クリ、ナシ、カキについては前述したところである。

ナツメヤシ（デーツ）

ナツメヤシはフェニクス・ダクチリフェラというヤシ科の植物である。この植物はイスラエルで五〇〇〇年も前から栽培されていたと思われる。ナツメヤシはアラブ人により北アフリカを含む地中海沿岸に広められた。面白いのは、この植物が雌雄異株であることである。ギリシャの学者ヘロドスは、紀元前五世紀に、ナツメヤシの木には雌雄があり、雄の穂を雌花の上に振りかけないと実がならないので、アラブ人やアッシリア人は手でナツメヤシの授粉を行なっていると書いている。また石灰石に刻まれた紀元前八五〇年頃のレリーフには、花粉を持つナツメヤシの花を持って、雌のナツメヤシに人工授粉している様子が描かれている。アッシリアのアシュル・ナリ・アパル王（紀元前八八五―同八六〇年）の宮殿の石板には人物の浮き彫りがあり、この人物は左手に籠を持ち、右手を上げて授粉用の用具を持っている。石板に彫られた人物は人間の場合もあるが、くちばしを持つ鷲の場合もある。この石板の一部は、ニューヨークのメトロポリタン美術館にある。エジプトでも、アルピノが一五九二年にナツメヤシの人工授粉が行なわれ

カリフォルニアにおけるナツメヤシの
繁殖．ひこばえをとって養成する．

カリフォルニアにおけるナツメヤシの生産
上：雌穂（左）と雄穂（右）．中：結実している状態．下：砂糖漬けなどの市販品．

ていると記述しているという。

私はカリフォルニア大学に滞在していた一九六八年に、園芸産物の産地を見学して歩く野外旅行に同道し、メキシコ国境に近いカリフォルニアの砂漠でナツメヤシの農園を見たことがある。アメリカのナツメヤシのすべてがこの地方で生産されるとのことであった。ナツメヤシはその名のようにナツメ状の実が葡《ぶ》萄《どう》の房のように結実する。カリフォルニアの農園の売店では砂糖漬けなどにして売っていた。ナツメヤシは果実を生産する植物として、世界スケールでは重要な植物ではないが、人類に植物生殖における花粉の重要なことを教えた記念碑的な有用植物なのである。[1・2] ナツメヤシは側芽から栄養繁殖するとのことで、カリフォルニアではその若木を養成している畑もあった。

イチジク

イチジクが含まれるフィカス属には、多くの半野生的な種や栽培種がある。一般的な栽培種のイチジクであるフィカス・カリカは東地中海地域で、すくなくとも、五〇〇〇年以上も前から栽培されていたことがエジプトの記録にみられる。第一二王朝時代（紀元前二四〇〇—同二二〇〇年）の墓碑に刻まれた絵でもっとも多いのは、ブドウとイチジクである。このように、この地域でオリーブ、ブドウとともに重要な植物であった。学名のカリカは、原産地とも思われる小アジアのカリカ地方に由来する。

シカモア－イチジクと呼ばれる、フィカス・シコモルスは中東において成熟させるためにガシュイング（ガシュには名詞で深手、割れ目、裂け目などの、また動詞で深手を負わせるという意味があるので、ガシュイングは「深手、割れ目、裂け目を与えること」の意になろう）という方法が古くからとられてきた。これは未熟な果実に、裂け傷をつけたり刺し傷をつけたりするものである。これについて、エイブルスは興味深い話を紹介している。今の知識にてらし合わせてみると、この方法により大量のエチレンが発生し、このガスがイチジクを成熟させる。一六日目の果実にこの処理を行なうと、直後にいちじるしいエチレン発生の上昇がおこり、処理当時直径一八ミリメートルくらいだったイチジクの果実は四日後には三五ミリメートルくらいに達する。処理をしない果実がこの直径に達するのはそれより一カ月も後である。この技術は、古代エジプトですでに知られており、紀元前一一〇〇年にまで遡ることができるという。というのは、その時代の墓からガシュイングを施した乾燥したイチジクの実が発見されており、また当時の絵にも描かれていた。テオフラストス（紀元前三七二―同二八七年）は、これは引っかかないと熟さず、鉄の爪で引っかくと四日で成熟すると述べている。紀元前八世紀のヘブライの予言者アモスの言もこれに関連がある。旧約聖書の一書である「アモス書」に、「私は予言者ではなかったし、予言者の息子でもなかった。しかし私は牧者であったし、シカモア‐イチジクの採集者であった」というくだりがあるという。聖書のヘブライ版には、アモスの職業をボレス・シックミンだと書いてある。シクマとはシカモアのことだという。しかし、ボレスという言葉は一度しか現われず、意味不明だという。紀元前二〇〇年頃にアレキサンドリアで作られた初期の聖書ギリシャ訳では、ボレス・シックミンはクニゾン・シカミナと訳され、これは「シカモア果実を突き刺す人」の意味で、採集者ではないという。この訳が受け入れ難いという意見には、現在イスラエルで生産されるシカモア‐イチジクは、ガシュイングしないでも食用になるからだという。しかしこれは、長い年月の間に品種の選抜がなされ、傷をつけなくとも成熟する系統が出現したという説明も成り立つであろう。

ガシュイングの技術が、果物の成熟ホルモンといわれるエチレンの発生を促進していることが発見され

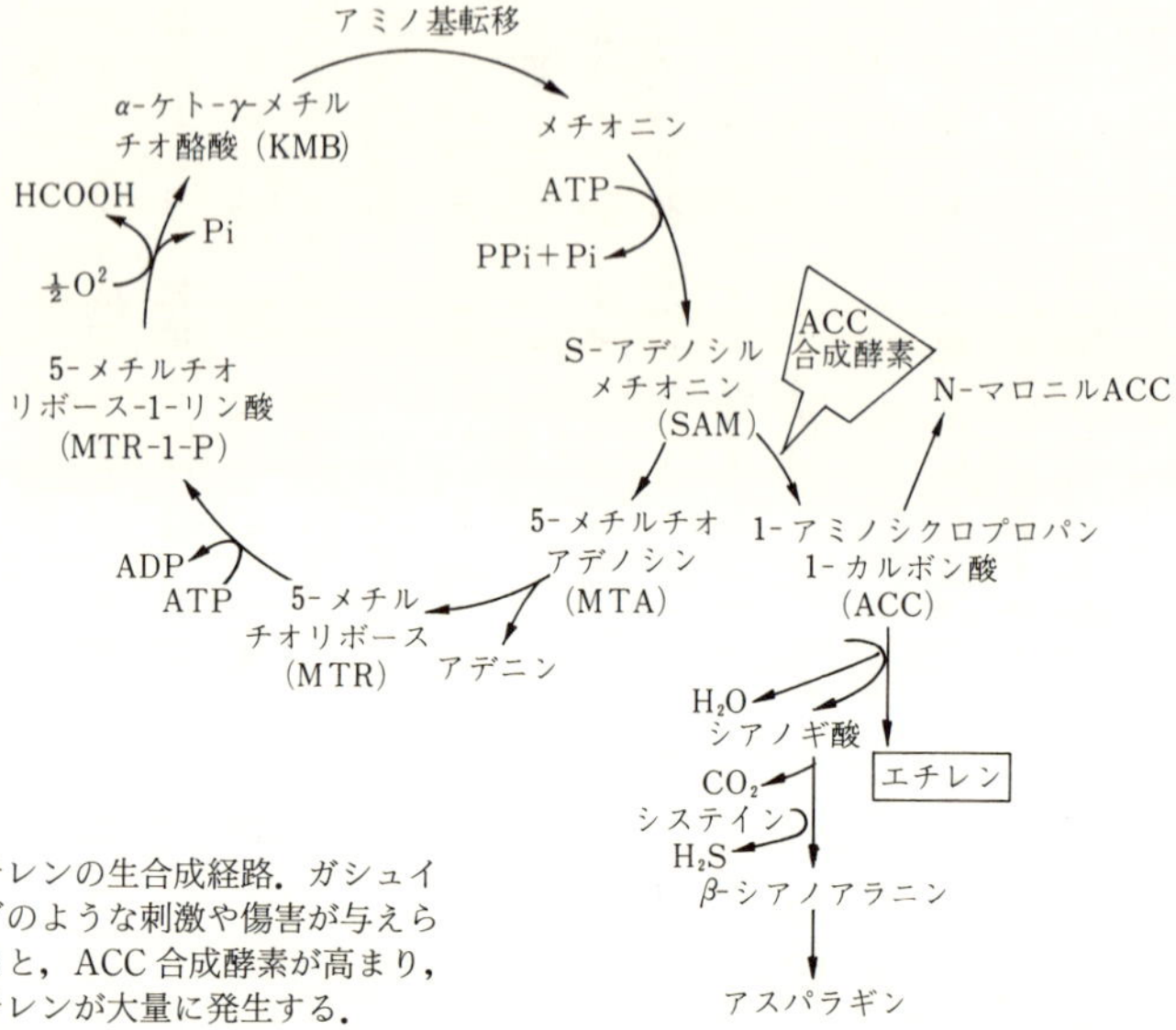

エチレンの生合成経路．ガシュイングのような刺激や傷害が与えられると，ACC 合成酵素が高まり，エチレンが大量に発生する．

たのは、第二次世界大戦前後のことなので、古代の人びとは経験的にこの事実を知っていたことになる。

シカモア‐イチジクの原産地は中央アフリカと考えられており、そこでは特別なスズメバチの一種が授粉を助ける。シカモア‐イチジクは乾燥した近東によく育ち、エジプト、イスラエルや近隣諸国で広く栽培されるが、この地域には授粉を助ける適当なハチがいない。ところがこれらの諸国にいるある種のハチはイチジクの果実の中で一生を過ごすが、そのイチジクは種なしの果実をつける。そのため、シカモア‐イチジクは挿し木でのみ増殖される。キプロスでは適当なハチがまったくおらず、今でも可食できる果実を得るにはガシュイングにたよっている。エジプトでは、ハチはイチジクの果実中に入りその中で一生を終わるので、この昆虫でたくさんの果実ができることになり、ハチのいない食べられる果実を得るために、ガシュイングが発達したものであろう。イスラエルでは、ハチはいるにはいるが、わずかのものが果実の中でライフサイクルをまっとうするにすぎず、多くの果実では、最初のハチの進入の後で速やかに数日のうちに成熟してしまう。アモスの時代には、ガシュイングが重要であったというのは、このような種類のハチはいなかったか、あるいはハチでたくさんの果実ができたからであったろうと考えられている。この間の長い時間の経過の間に、ハチの進入にすばやく反応し、果実を急速に発育させ成熟させる品種が選抜され、もはやガシュイングは必要なくなったものではないかと考えられる。イチジクの日本での栽培は、多い方から愛知、広島、福岡、大阪、兵庫の順で、中部から南に多い(1・3)。

パンの木

パンの木といわれる植物は、アルトカルプス・アルチリスの学名を持つ東インド原産の植物で、太平洋諸島では重要な植物である。果実には三〇から四〇パーセントもの炭水化物が含まれ、普通焼いて食べられる。味や質はジャガイモに似ている。この植物のタヒチから西インド諸島への導入に関して、有名な物語が生まれた。この植物が、文化史的に興味あるものとなった由縁である。

この植物は、それまでヨーロッパからポリネシアへ行った初期の冒険家や探検家により、「果実からパンがとれる木」として宣伝されてきた。西インド諸島の植民者はこれらの話を聞いて、この植物はそこでの奴隷労働者の食糧としてよいのではないかと考えるようになり、この植物を採集するため探検隊を出すようにジョージ三世に請願した。一七六八年から七一年へかけてのキャプテン・クックの太平洋方面への第一次探検に同行して、タヒチに行ったことのあるジョセフ・バンクス卿は、この植物をタヒチから西インド諸島に導入するためにウィリアム・ブレイ大尉を派遣すべきであると進言したので、英国政府は船をチャーターした。バンクス卿は計画をとり仕切り、船にはバウンティ号と命名した。ブレイ大尉はクック船長の一七七六〜八〇年へかけての第三次探検に参加した経験があった。この航海のときキャプテン・クックはハワイで殺された。バウンティ号は一七八七年も押しつまった一二月二三日に出航し、喜望峰を経由して翌八八年の一〇月二六日にタヒチに着いた。実に一〇カ月もかかったことになる。同道した植物学者が持ち帰るパンの木の増殖に日時を要したため、ブレイ大尉は半年近くタヒチに滞在した。

一〇一五本のパンの木と他の植物を植えた七七四の鉢、三九の筒、二四の箱を積んで、ブレイ大尉は一七八九年四月四日にタヒチを出航した。この長期にわたる南国の楽園への滞在に、船乗りたちはすっかり心を奪われてしまい、一部の怠惰な船員にとっては、この出航は不本意なものであった。そして、四月二八日にフレンド諸島の近くで、フレチャー・クリスチャンに率いられた有名ないわゆる「バウンティ号の反乱」が起こったのである。ブレイ大尉は反乱に同意しなかった一八名と共に小さなボートに乗せられて少量の食糧と共に、広大な太平洋に放りだされたが、ブレイ大尉は奇蹟的に西に向かい、三六一八海里（約五〇〇〇キロ）の距離を漂流した後に、約五〇日後の六月一四日にオランダ領のチモールに上陸した。ブレイ大尉はオランダの船で、一七九〇年三月一四日に英国に帰り着いた。反乱者はタヒチに戻り、タヒチ女性を連れて、ユートピア世界の建設を夢みて、別の島に向かった。この反乱はそれ自体として世界的に有名となったばかりでなく、パンの木についても興味を引き起こした。この「バウンティ号の反乱」事件は、戦後ハリウッドでも映画化され、私も見た記憶がある。もし記憶違いでなければマーロン・ブランドなどが出演していたように思う。

ブレイ大尉は一七九二年にプロビデンス号でタヒチに帰り、パンの木を今度はセント・ビンセントのキングストンに五四四本とジャマイカのポート・ロワイヤルに千本運ぶことに成功した。一七九三年にブレイ大尉によりセント・ビンセントの植物園に植えられたパンの木は今でもそこに立っており、一九六六年にはエリザベス二世によりその接ぎ木が元の木の側に植樹されたという。バンクス卿やブレイ大尉の壮大な事業にもかかわらず、パンの木の導入は同地での食料事情の改善にあまり役立たなかったといわれる。というのは、奴隷労働者はパンの実の味をあまり好まず、ヤムイモや料理用バナナをより好んだのである。

アジアではブレイ大尉の時代以前に、パンの木は東マレーシアに到達していた。その後、ペナンには一八〇二年に、マラッカには一八三六年に植えられた。現在ではこの木は熱帯全域に広がっている。パンの木は二〇メートルにも達し、湿潤熱帯では常緑樹だが、モンスーン地帯では落葉する。多数の有種子あるいは無種子の品種が知られているが、多く栽培されるのは種子のないものの方である。成長が早く、三～六年から成り始める。花後六〇～九〇日でまだ果実の固いうちに収穫される。収穫後数日しか保存がきかない(1・4・10)。

パイナップル

ハワイのオアフ島のホノルルなどのある側の反対側に、あるパイナップル会社の観光センターがあり、毎日見学客で賑わっている。私は一九六八年にアメリカ留学の帰りにここのパイナップル畑を見学した。その頃は、観光客はほとんどおらず、記憶は定かでないが、私はホノルルで日本語のうまい日系のドライバーのタクシーに来てもらい、パイナップル畑を見たいと無理に注文して連れて行ってもらった覚えがある。これには理由がある。

ハワイにおけるパイナップルの収穫（一九六八年頃）。
手で収穫してベルトコンベアーのついた車に集める。

パイナップルは花が一斉に咲かない。そうすると成熟すなわち収穫を一斉に行なうわけにはいかない。機械を入れて収穫するためには、どうしても花を一斉に咲かせる必要がある。ケミカルコントロールという化学薬品で花を一斉に咲かせる技術が研究され、ハワイで実用化していた。私はその様子を見たかったのである。会社の試験場に連れて行ってもらい、いろいろ聞いたが、どのような薬品を使っているかは、とうとう教えてもらえなかった。しかし、一隅に産物のパイナップルを試食させたり、ジュースを販売したりするコーナーがあったように記憶する。アメリカ人の観光客は少しいたように覚えている。畑で機械収穫を見た。ベルトコンベアーのついたトラックを畑に持ち込み、横にならんだ労働者が手で収穫したパイナップルをベルトコンベアーに乗せると、自動的に車に積みこまれるという方式のもので、完全な自動化ではなく半自動化であった。働いているのは、当時はフィリピンから来た女性のように見えた。今日のこの会社の観光センターは日本人観光客であふれ返っている。私はほぼ三〇年ぶりにそこに行って一驚した。そこの見本園にパイナップルのいろいろな原種や品種が植えてあるのは、三〇年前と同じだった。

われわれが普通に見るパイナップルの果実は、じつは多数の果実の集合したものである。パイナップルはコロンブス時代以前に南アメリカで栽培化されたものとされている。場所は多分、パラナ－パラグアイ河の流域だろうと言われている。現在の栽培パイナップルには、アナナス・コモススの学名が与えられている。ヨーロッパ人が最初にパイナップルを記録したのは、コロンブスが二回目の航海の時、一四九三年の一一月四日にグアダルーペ諸島で見たというものである。一四九四年一〇月二八日の日付のあるミカエレ・デ・クネオに宛てた手紙に、次のように書いてあるという。そこにアーテチョークのような植物があり、しかし四倍も高く松の実のような果実をつけている。この松（パイン）のような実をつけるところから、スペイン語のピニャが生まれ、英語ではパイナップルとなった。植物学上の属名となったアナナスはツピ・インディアンのナナに由来するという。（口絵写真）

このように新世界で発見されたパイナップルは、旧世界にも急速に広がった。われわれに関係の深いところでは台湾に一六五〇年に伝えられたという。キャプテン・クックは、一七七八年の太平洋諸島への航海では、パイナップルについてはなにも記録していない。したがって、現在一大産地となったハワイに入ったのは一九世紀初頭になってからであった。一八三〇年（天保元年）にネサルセーボンが小笠原の父島にこの苗を植えたのが、日本への伝来の最初らしい。一八四五年（弘化二年）にオランダ人がこの植物を長崎に伝えた。台湾への伝来より二〇〇年も遅いことになる。現在、パイナップルは沖縄で多く植えられていることは周知のとおりである。

パイナップルは植物学上では興味深い。すなわち二酸化炭素（炭酸ガス）と水から太陽の光のエネルギーを借りて澱粉を合成する光合成の経路で特徴があるのである。普通の植物では、炭素数一個の二酸化炭素ガスは植物に気孔から取り込まれて細胞内の炭素数五個の物質（リブロース五燐酸）に結合し、炭素数六個の物質になるがすぐに二つに割れて、炭素数三個の物質になる。これが出発点となり、複雑な過程を経て澱粉に合成される。このように最初にできる物質が炭素数三個なので、普通の植物は、C_3植物と呼ばれる。ところが、二酸化炭素が植物の気孔から入って最初に結合するのが、炭素数三個のホスホエノールピルビン酸という物質で、その結果として炭素数四個の物質ができる特別な植物があり、これらの植物は最初に炭素数四個の物質ができるので、C_4植物とよばれている。これにはトウモロコシ、サトウキビなどがあり、この群の植物は高温や乾燥に強い植物であった。光合成の適温度が普通の植物より高い。二酸化炭素と結合する力がリブロース五燐酸よりもホスホエノールピルビン酸の方が大きい。C_4植物は基本的にはC_3植物と同じ経路で光合成を行なうが、前段階として炭素を濃縮して取り込む装置をつけているといえるのである。しかも、植物の組織のなかで、この二つの炭素代謝の場所がちゃんと役割分担に応じて分化しているのである。

ところが、これとは別に乾燥した砂漠などに生える植物のあるものは、この二つの代謝を行なう場所は分化はしていないが、その代わりに時を選んでこれを行なっているものが見つかったのである。これらはＣＡＭ植物と呼ばれていて、パイナップルもこれに属している。このような植物は太陽がじりじりと照りつける砂漠や乾燥地帯に生えているので、日中は気孔を閉じてしまい、夜涼しくなってから気孔を開いて二酸化炭素を取り込み、C_4植物と同じに炭素数四個の物質を作る。日中の気孔の閉じている時にはこの夜中ためこんだ炭素数四個の物質を使って澱粉をつくる過程をはたらかせるのである。CAM植物とは、この類の植物の代表が属しているベンケイソウ科に由来する言葉をとった「ベンケイソウ型有機酸代謝」を意味する英語の頭文字を取ってそのように呼ばれているのである。

余談であるが、先日沖縄を紹介するテレビの番組で、最近ではクリーム・パイナップルとかスナック・パイナップルと呼ばれる新品種が作られ始めているとのことであった。前者は果肉の色が黄色というよりはやや白色がかったクリーム色で、通常のパイナップルは中心部に固い芯があるが、それが少なく柔らかい繊維質の少ないものであったし、後者は小果が指で芯部分から外れやすく、かじりつかなくとも、指で小果を口に入れてスナック感覚で食べられるというものであった。パイナップルの頭状花は、小花が集合して形成されているものなのである。(4・8)

柑橘類

いわゆるシトルス属に分類されるこの類は、世界中で膨大な果樹群となっている。日本の柑橘類の代表は、いわゆる**温州《うんしゅう》ミカン**(シトルス・ウンシュウ)である。従来、温州ミカンは中国の浙江省の温州から渡来した柑橘であろうと安易に考えられていたが、同省には温州ミカンを産せず、同省で温州蜜柑と言っているものは、日本の温州ミカンとはまったく異なるものだという。日本の柑橘類を詳しく研究したのは、田中長三郎である。同氏らの考証によると、日本の温州ミカンは、浙江省天台山山麓にある柑橘の有名な産地である黄巌県から種を持ち帰ったものがもととなったもので、温州ミカンは少なくとも三〇〇年より前に九州で栽培されたものと推測される。現在温州ミカンは、静岡、和歌山など九州以外にも大産地があるが、明治期以前は産地は九州に限定されていた。温州ミカンは、アメリカの東南部の諸州でもサツマ・オレンジとして栽培されている。他に、黒海沿岸地域やアルジェリアなどでも栽培が見られる。

次に、日本で現在市場に出回る柑橘類のいくつかについて触れてみよう。

・**ナツミカン**（夏蜜柑）にはシトルス・ナツダイダイの学名が付されているが、その来歴は必ずしも確定していない。山口県の原産といわれ、起源に二説あって、その一は山口県青海島で寛政四年（一七九二）に三輪吉五郎なる人が青海島の海岸で蜜柑の一種を拾い、種を撒いたのが最初だという。もう一説は、江戸期の文化年間（一八〇四—一八一七）の初期に山口県萩江村の楢崎十郎が大津郡大日比の知人より蜜柑の一種を貰い、その種を撒いたのが始まりだという。山口県に起源することは確からしい。日本では温州ミカンに次いで、柑橘類では第二位の生産がある。

・**日向ナツミカン**（シトルス・タムラナ）は右のナツミカンとは別種とされたが、分類には異論をとなえる人もいるかも知れない。江戸期の文政年間（一八一八—一八二九）に宮崎県宮崎郡赤江町字曾井の真方安太郎の宅地で偶然に発生した実生として発見された。親は不明であるが、ユズの血が入っているともいわれる。原木は枯れて存在しない。同村の高妻仙平がこの原木の枝を接ぎ木したものは、九〇年以上の樹齢を保ち、第二代の原木は昭和一一年に天然記念物に指定され、保護を受けた。以上の記述は昭和二三年（一九四八）頃のものなので、平成の現在も同じ状態かどうか詳らかでない。それ以降に普及した日向ナツミカンは、第二世原木からのものであるという。日向ナツミカンは、ナツミカンと異なり酸味がうすく甘みが多いので、戦後は都会の市場で歓迎された。これから枝変わりとして発見されたオレンジ日向は原種より糖分がやや高い。

・**伊予柑**（シトルス・イヨ）は、愛媛県に多く栽培されるが、明治一六年（一八八三）に山口県から入ってきたという記録がある。はじめ伊予ミカンと呼ばれたが、温州ミカンと区別するためにイヨカン（伊予柑）と改められた。オレンジと蜜柑類の雑種のタンゴールではないかと推察されている。皮は厚いが、むきやすく多汁である。二〜三月に成熟する。松山で伊予柑から枝変わりとして発見された宮内イヨがある。

・**八朔**（シトルス・ハッサク）は、広島県御調郡田熊村の浄土寺にあったものを、万延元年（一八六〇）にその価値が認識され、八朔の頃（陰暦の八月朔日）に食べられるのでこの名がついた。ブンタン（シトルス・グランデス）と他の柑橘類との雑種に起源すると推定されている。八朔は現在日本で柑橘類のなかでは第三位の生産高を誇っている。

・**グレープフルーツ**（シトルス・パラデシ）は、西インド諸島に栽培されていたものであるが、来歴はわからない。一説には一七五〇年ころブンタンの種子から生じた実生変異ではないかと推定する人もいる。アメリカのフロリダに一八三〇年ころ伝来し、今ではそこが主たる産地であるが、他にカリフォルニア、テキサス、アリゾナでも栽培されている。果実は梢の先端にブドウの房状にかたまって結実するので、この名前が生じた。フロリダで一八六〇年代に種子のないものが突然変異により出現した。現在日本でフロリダやカリフォルニアからの輸入品が大量に出回っている。

・**レモン**（シトルス・リモン）はインド原産で、寒さに弱い。アメリカへはヨーロッパ経由で入り、カリフォルニアに大産地を形成した。ビタミンCを多く含む。酸味が強く、日本では料理用やレモンティーとして紅茶に使うために、カリフォルニア産のものが多く輸入されている。

・**オレンジ**として出回るのは、スイートオレンジ（シトルス・シネンシス）の中のワシントンネーブル系のオレンジである。ブラジルのバイア地方の原産といわれ、ポルトガルからの移民が本国から移入した中

カリフォルニアの柑橘農園における霜よけ対策．燃料をもやした後に空気を攪拌して微気象を変える．

カリフォルニアの柑橘農園で試作されていた，いろいろの種類の柑橘類（1968年頃）．

に、ラランハ－セレクタという品種があった。一八二〇年にこの品種から枝変わりが出てこれを芽接ぎにより殖やし、ラランハ・セレクタ・デ・ウンビゴ（ナーベル）と命名した。一八七〇年にアメリカ農務省が輸入し、四年後にカリフォルニアのリバーサイドに植えられた。そして品評会で好評を得てから急激に普及し、カリフォルニアに一大柑橘産業を形成する源となった。日本にも明治期に入り、栽培されているが、現在市場に出るのはカリフォルニアからの輸入品が圧倒的に多い。

　私は一九六〇年代の終わり頃カリフォルニア大学に留学していたとき、そこの柑橘農園を見学に訪れたことがあるが、カリフォルニアのような温暖な地方でも春先の低温で被害が出ることもあるのか、低温予報が出たときに使うといってある装置を見せられた。それは油を燃やして、樹上に設置したプロペラで空気を攪拌し、果樹園の温度を上げて低温の害を回避するのだという説明であった。私はアメリカの農業のスケールの大きさに度肝を抜かれた記憶がある。現在なら、日本でも茶園などに風車やプロペラを装備したものがあるので、あまり驚かないが、当時の日本の実情と比較して、驚いたのであった。オレンジは日本には明治期に導入されたが、作りにくく、あまり普及しなかったが、近年優良品種がつくられて栽培が増加し、柑橘類の中で生産は第五位を占めるまでになった。

オレンジでは他にバレンシアオレンジがあり、大西洋のアゾレス諸島の原産とされ、世界中で五〇〇トンを越える、もっとも多く栽培される品種である。

・**ユズ**（シトルス・ユノス）は寒さに強いが、わが国では福島県相馬郡が北限である。宮城県南部でも少し栽培がある。中国の原産で、日本には飛鳥、奈良期には伝来したらしい。徳島県の**スダチ**（酸橘）（シトルス・スダチ）や佐賀県のキス（木酢）などはこれと近縁である。芳香性が強い果皮、果汁を料理に使うのは周知の通りである。**カボス**（シトルス・スファエロカルパ）はユズの血が入っていると推定される。大分県に樹齢二〇〇年を越える古木がある。大分県では特産として別府温泉などでも、これからの製品を販売している。

・**ブンタン**（シトルス・グランデス）は日本ではザボン、ボンタン、ブンタンなどの名でも呼ばれる。戦後に「長崎のザボン売り」などという歌謡曲が流行した。インド、マレー半島の原産と言われる。果実は柑橘類の中で最大の部類に属する。酸味がすくなく、やや苦味のあるものもある。日本でも徳川期の初期にすでに作られており、長崎、熊本、鹿児島に栽培される。古くから種子をまいて実生で繁殖されていたため、個体間の変異が大きいといわれる。黒上泰治が大正年間に長崎県で調査したところ、果実の形も卵円形一一種、円形一五種、偏円形八種あったという。当時平戸ブンタン、江上ブンタン（以上長崎）、八代ブンタン（熊本）などが知られた。農林水産省果樹試験場では、八朔に平戸文旦を交配し、ブンタン農林一号の「メイポメロ」と同二号の「イエローポメロ」を育成している。

・**ポンカン**（シトルス・レテキュラータ）は、インド原産で、日本には台湾経由で明治二九年に伝来し、鹿児島、宮崎、熊本の南九州で栽培される。

・タンゼロはミカン類とグレープフルーツあるいはザボンとを交配したものにアメリカで命名された。農林水産省果樹試験場では、上田温州に八朔を交配してタンゼロ農林一号として「スイートスプリング」を、また八朔に夏ミカンを交配してタンゼロ農林二号として「サマーフレシュ」を育成した。同様に**タンゴール**はみかん類とオレンジ類の交配種にアメリカで命名されたが、農林水産省果樹試験場では、「宮川早生」（温州ミカン）に「トロビタオレンジ」を交配したものから、タンゴール農林一号として、「清見」を育成した。この「清見」を親として「ミネオラオレンジ」を交配し、タンゴール農林二号として「清峰」を、さらに「清見」に「興津早生」を交配して「津之香」（タンゴール農林三号）を育成した。宮崎県では「清見」に「フェアチャイルド」を交配して、「南風」を育成している。

最近、店頭でよく見られるようになったものに「デコポン」がある。これは、果実が枝に付着する果頭部が突起状にふくれ、特殊な形をしている。果皮もなめらかでなく、波うっているように見え、姿や形がかならずしも流麗でない。「デコポン」はしかし、商品登録された商標で品種名ではない。これは「不知火《しらぬい》」というれっきとした品種名を有し、農水省果樹試験場で前述の「清見」にポンカンを交配して育成したものである。当初は形状などから、育成した農水省でもあまり有望視しなかったらしく、積極的に普及に力を入れなかったらしい。これを入手して栽培した熊本県では熊本県果樹連合会が「デコポン」として商標登録したところ、形に似合わず果実は香りがあって汁液に富み甘味も強く、品質と姿をうまく表現した商標としてのネーミングが消費者心理にマッチし、良く売れるようになったという。最初、「デコポン」の商標は熊本県以外では使用できなかったが、現在では他県でも使用できるようになったという。

またよく店頭で見かけるイスラエルから輸入されている、果皮色が淡緑色の大型果の柑橘は、原産地で改良されたもので、遺伝的にはグレープフルーツに近いものであろう。

一時新聞などで話題になったのは、オレンジとタチバナを細胞融合して作られた新植物で両親の名前から「オレタチ」と命名されその名前の面白さが話題となった。この雑種は実をつけたが、実用性には乏しい。しかし、この細胞融合は木本植物での最初の成功として、注目されたのである。

『古事記』にある記述で、垂仁天皇の時代に多遅摩毛里《たじまもり》を常世の国に派遣して、「ときじくのかぐのこのみ」を求めさせたが、ようやくその国に達し、その植物を持ち帰ったとき天皇はすでに死去してしまっていて、彼は天皇の御陵の前でその木の実を捧げて号泣したという。この植物は橘であった。この物語は戦前特に有名であった。『日本書紀』(5-7)には田道間守《たじまもり》として同じような記述がある。常世の国とは朝鮮半島あるいは中国の江南地方であったらしい。

バナナ

私たちの世代は、第二次世界大戦開戦以前にバナナを食べた記憶がすこしはあるので、戦争が激しくなってバナナの姿を全然見なくなってから、その記憶にあったバナナを何か宝物のように渇望したことを覚えている。戦前のバナナは多分台湾産のものであったのだろう。戦後次第にバナナも輸入されるようになったが、終戦直後は大変貴重で高級な果物で、子供たちも誕生日などの特別な日に一本貰えるといったような状態であった。現在では、いつもわりあい安価で買える果物となり、価格も物価の優等生のように安定している。世界経済的には、大資本による熱帯地域での土地所有とプランテーション経営とか、生産国の安価な労働力依存とかいろいろ議論もあるところである。

バナナは生産国ではむしろ料理用としても重要な植物で、その分バナナは植物学的には興味ある植物である。フェイバナナと呼ばれる特殊なバナナをのぞいて、食用にされるバナナにはムサ・アキュミナータという種とムサ・バルビシアナという種の二つの「種」が関係している。この両種ともに体細胞で二二本の染色体を持っているが、両種に親和性がなく、ゲノムが異なっている。前種はAAゲノムを、後種はBBゲノムを持つとされている。野生型のアキュミナータの変異が集積しているのはマレー半島で、そこにこの種の五つの変種の四つまでが発見されている。この野生型の二倍性（AA）のアキュミナータに花粉を与えないでおくと、子房は少しはふくらむが、それ以上には発育しない。花粉がつくと種子がたくさんでき、食用にならない。この二倍性のアキュミナータが食用になるには、花粉がつかなくても発育する単為結実（果）性をもつ雌花不稔性という性質が突然変異により生ずる必要があった。このような変異を発見することにより、バナナは熱帯で重要な植物になったのである。このような突然変異はアキュミナータの異なった変種にそれぞれ独立に生じ、やがて相互に交配が進んで、この種子無しの性質のより完全なものができていったものと考えられる。またゲノムが一セット多い三倍体（AAA）のバナナもマレーシア地域で発見され、この三倍体は種子無し性に優れ、さらに果実も大きく豊産であるので、次第に生食用バナナの主流を占めるようになった。現在、中南米や台湾で栽培される主要な品種はこの三倍体である。ニューギニアでは二倍性のものが多く、三倍性はむしろ少ない。古い時代に地理的に隔離されていたためかも知れない。

野生の種子をつける二倍性のムサ・バルビシアナ（BB）が生えている地域に、人間が二倍体あるいは三倍体のムサ・アキュミナータを持ち込んだため、自然にこの両種の間に交雑が起こり、AB、AAB、ABBなどのゲノムを持つ植物が生じた。この二倍性のバルビシアナには種子無しは知られていないし、また三倍体（ＢＢＢ）も存在しない。バルビシアナはインドからフィリピン、ニューギニアまで広い地域に生えている。フィリピンでは一度ＡＢＢＢのゲノムを持つ四倍体が発見されたことがある。Ａゲノムを持つ四倍体のＡＡＡＡは自然には存在せず、実験的に人工で作られたが、弱くて発育が遅く、長く生存はできなかったという。ＡゲノムとＢゲノムの両方を持つ雑種は、病気に強く、澱粉や酸、ビタミンＣをより多く含み、フェノール性の褐色化がより少ない。純粋のアキュミナータにない組織構造と匂いを持つ。主に料理用に使われている。バナナの分類について上の二つの野生種が関係して成立した栽培種に別の学名を与える学者もいる。生食されるバナナをムサ・サピエンタム、料理用バナナをムサ・パラジシアカとするごときである。染色体が三倍体となったムサ・アキュミナータをムサ・キャベンデシィとする場合もある。三倍体の生食用バナナの代表的品種のキャベンデシュに因んだものであろう。第二次世界大戦までは熱帯アメリカで生産される三倍体のバナナはグロス・ミチェルだけであったが、この品種は病気に弱く、後にはキャベンデシュにとって替わった。三倍体でもＢゲノムの入ったＡＡＢやＡＢＢのグループは主に料理用バナナとして、熱帯地域でよく利用されている。

アフリカへのバナナの伝播は、多分インドネシアからマダガスカルを経由して、五世紀頃になされたものであろうという。ザンバジ渓谷からコンゴを経て西アフリカに達したものであろう。コロンブス期以前にバナナが新大陸に伝わったとする証拠は見つかっていない。カナリア諸島からハイチに一五一六年に伝わった記録があるという。日本には天保年間（一八三〇—一八四三）にアメリカの船が小笠原諸島に持ち込んだが、南九州、沖縄などに入ったのは明治期になってからである。(4・8)

リンゴ

昭和九年（一九三四）度のわが国で産したリンゴ品種は栽培面積の多い方から、国光、紅玉、祝《いわい》、倭錦《やまとにしき》、旭、デリシャスの順となっている。これらの品種は現在ほとんど市場から姿を消した。わずかにまれに紅玉が姿を見せることがある。酸味が多いのでジャム用などと注釈入りで売っていることがある。これら戦前の品種は実は、日本名がついているとはいえ、大部分は明治以降外国から導入されたなかから、日本の気候風土に適応したものに和名を付け替えたもので、もともとは外国の品種名を持つものだったのである。たとえば、国光はロールス・ゲネット、祝はアメリカン・サマー・ペアーマイン、旭はマッキントッシュ、紅玉はジョナサン、倭錦はベン・デービスといった具合である。ただ、多分年配の人の記憶にある印度という酸味の少ない特有の芳香を持ち肉質の固いリンゴは、はっきりした品種名がついて導入されたものかどうか不明で、明治七年（一八七四）に弘前の東奥義塾の教師イングが、アメリカの故郷インディアナ州より持ち帰った苗木に結実したものだといわれる。一説では種子を持ち帰ったともいわれる。東奥義塾長菊地九郎の弟である菊地三郎のリンゴ園に最初に植えられたという記録がある。インディアナ州をインドと勘ちがいして命名したらしい。デリシャスだけは原名のままであった。アメリカのコンピューター会社アップル社（英語でリンゴの意）がリンゴをロゴマークにし、製品にマッキントッシュと命名したのは、リンゴの品種マッキントッシュに由来したことは間違いないだろう。

戦後、わが国では独自の品種改良に着手し、現在市場に出回ってわれわれになじみの深い品種は大部分、これらの品種改良の成果を反映している。ふじ、王林、つがるなどみなしかりである。現在の栽培は面積

右：メキシコの中央高原で異常なリンゴの生育．実が成っているのに同時に花が咲いている（矢印）．左：メキシコの農科大学におけるリンゴ品種の比較評価．日本の「陸奥」（ムツ，下から二段目の右）もある．

の多い方から、青森、長野、山形、岩手、秋田、福島、北海道の順である。青森県は全国の約四七パーセントを占め、文字通りリンゴ王国である。ついで長野県が二〇パーセントを占める。三位の山形県からは一〇パーセント以下である。リンゴ栽培で特筆すべきは、矮性台木の導入で、これに接ぎ木すると、比較的樹高が低くなり、授粉、収穫などの作業が楽になったことである。現在の主要な品種は、八月採り用として、北の幸、きたかみ（赤色種）、祝、夏緑（緑、黄色種）、九月採りとして、あかね、旭、つがる、はつあき、ひめかみ、いわかみ（赤色種）、一〇月採りの中生として、レッドゴールド、紅玉、千秋、陽光、世界一、デリシャス、ジョナゴールド、スターキングデリシャス、恵（赤色種）、ゴールデンデリシャス、王鈴、東光、陸奥《むつ》（緑、黄色種）、一一月採りの晩生として、ふじ、国光（赤色種）、王林、金星、印度（緑、黄色種）、などである。平成一〇年（一九九八）度の統計によると、収穫量の多い方から、ふじ、つがる、ジョナゴールド、王林、陸奥の順になっている。

リンゴはマルス・プミラの学名を持つが、ピルス・マルスの学名にする本もある。ミラーが一七六八年にリンゴをそれまで属していたピルス属から独立させて、マルス属としたが、独立させないままの属名を使う教科書もある。ちなみにピルス属に残った植物にナシがある。このように縁が比較的に近いためにときおりリンゴとナシの雑種を作ったなどという話に出くわすのである。

リンゴの栽培は有史以前に遡るとされており、スイスに遺跡が多い、いわゆる湖棲時代の遺物に炭化した果実が発掘されているという。ギリシャのテオフラストスはリンゴの野生のものと栽培のものを区別して記述し、接ぎ木の方法や栽培法まで述べている。ローマ時代にも二九ものリンゴの品種が記載された。ラテン系の民族が温暖な気候に適したブドウやオリーブを重視したのに対して、リンゴは冷涼な気候を好むため、アングロサクソン系の民族が重要視したらしい。リンゴでは英国が、一九世紀のなかばまでヨーロッパでは質量共に他を凌駕していた。アメリカには三五〇年前には導入されたが、古くはむしろリンゴ酒などの醸造用に使われた。ヨーロッパでもクラブアップルと呼ばれる古いリンゴは半野生状態のものも多く、実も小さく、リンゴ酒にされる場合が多かった。一九世紀後半よりアメリカのリンゴ栽培は盛んとなり、品種の改良も進んだ。日本へのリンゴの明治期における導入は、アメリカ経由で行なわれたのである。ただ中国経由で実の小さい古代のリンゴが唐の時代に伝来したらしいが、ヨーロッパなどと違って日本ではこの古代リンゴからリンゴ酒を作ることに関心を示さなかったので、幕末から明治期に改良された近代品種が導入されるまでは、大面積に作られることはなかった。日本では米を使った酒の伝統があったからであろう。

リンゴはこのように冷涼な気候に適した果樹である。そのため、上述のように、日本でも産地は青森、岩手、秋田、山形などの東北地方や長野のように標高の高い地方にある。アメリカでもリンゴの産地は、西部ではワシントン、オレゴン、北カリフォルニア、中部ではミシガン、東部ではニューヨーク、バージニアなどの比較的冷涼な地域に位置する諸州にある。私はメキシコの農科大学大学院に滞在していたとき、そこの付属農場で不思議な現象を見た。メキシコは緯度からみればハワイとかフィリピンあたりに相当する熱帯か亜熱帯に近い場所にある。しかし、首都のメキシコシティは標高二〇〇〇メートル以上の高地にあるなど、標高の高い場所にアルチプラーノと呼ばれる高原が広がり、ここに多くの人が住んでいる。ブドウ、モモ、リンゴの生産地では、春に木が葉を展開する前にまず花が咲き、それから葉が開いてくる。日本のサクラと同じである。実が熟れるのは夏から秋になってからである。つまり、リンゴがこのような正常なライフサイクルを示すためには、適当な低温すなわち冷涼な気候が必要なのである。メキシコで私のいた大学のあった場所は、標高が高く（二二五〇メートル）気温は冬には昼は一五〜二〇度くらいで、夜は零度前後に下がることがあったが、それでもリンゴを正常なライフサイクルに乗せるには、冬の温度の下がり方が十分でなかったらしいのである。それで、サイクルが狂ってしまい、一本の木に果実と花と葉が同時に見られるような現象が起ることがあったのである。(6・9)

ブドウ

ブドウの属するビティス属は世界に四、五〇種存在するが、このなかで栽培ブドウの成立に関係するのは一一種だという。これらのビティス属の原産地は三地域に分けられるが、もっとも多いのは北アメリカである。ヨーロッパのブドウの基本となったのはビティス・ビニフェラであるが、これはヨーロッパといってもその中心部ではなくどちらかと言えばアジアに近いコーカサス地方の原産である。地中海沿岸部などに栽培されるヨーロッパのブドウはこれに由来し、日本人がよく知っているマスカット・オブ・アレキサンドリアという品種はこれである。北アメリカには原生する種がもっとも多く、主なものでも一三種が認められている。アメリカブドウの基本となったのはビティス・ラブルスカで（コンコードはこの純粋種の品種）、この種と他の種との雑種で、ビティス・ラブルスカナと命名されたものはアメリカブドウ品種二〇〇〇のうち、一五〇〇種がこれに入るという。この雑種性のものに有名なデラウェアー、キャンベルスーアーリー、ナイアガラなどがある。ビティス・アエスチバリスはこの種自身では栽培されていないが、他の種と交配して、栽培品種の確立に寄与した。ビティス・リンセコミーは、やはりこれ自身では品種となっていないが、他の種との交配に使われた。紫黒色の実をつけるベリーはこの雑種である。ビティス・コルヂフォリアも同様である。ビティス・ロツンデフォリアはアメリカ東南部に生え、長寿で一〇〇年以上の老木もあるという。この種自身で栽培品種ともなっている。

一方、東アジア原産のものには五種ほどあり、ビティス・アムレンシスは中国北部から東北部に生えている。果実は採集されて生食や醸造に使われるが、栽培はされない。ビティス・コイグネチアエは前の種に近縁だが、日本の中部以北から朝鮮半島、サハリンなどに分布する。いわゆる日本でヤマブドウというのはこれで、古くから果実を生食した。最近では葡萄酒製造用に栽培もされる。山形県の月山《がっさん》葡萄酒はこのヤマブドウを原料に使う。ビティス・フレキソーサは日本、朝鮮半島、中国に生えるが、食用としての価値が低い。ビティス・ツンベルギーは日本でエビズル、エビカツラと言われる植物で、日本のいたるところに自生し、朝鮮半島、中国、台湾にも生えるが、食用の価値には乏しい。ビティス・ダビディは、中国の江西省、雲南省に生え、食用にもされるが、果実が小さく濃い紫黒色で、表面に白い粉をふくので、

メキシコにおけるブドウ栽培

鑑賞用にもされる。葉や葉柄に刺があるので、刺葡萄と呼ばれている。

エビズルやビティス・ロッツンデフォリアなどは雌雄異株である。ヤマブドウや刺葡萄は雌雄両性花をつける株に雄株が混じる。ビティス・ラブルスカは大部分は両性花をつけるが、雌だけをつける株や品種があるという。このようにブドウ属は性表現について雑種性が強い植物群だといえよう。

ブドウは人類史で最も重要な果実の一つであるが、新大陸発見以前のヨーロッパ世界で使われたブドウは、コーカサス地方原産のビティス・ビニフェラ一種だけであった。ブドウを使った醸造の年代は古いので、見当もつかないくらいである。エジプト、ギリシャ、ローマの各文明にブドウ酒があったことは歴然としているし、ローマ時代には栽培法などの詳しい記述もある。イタリア、フランス、スペインなどのラテン系国家ではみな紀元前からブドウの栽培が行なわれていた。今でもこれらの三国は優れたブドウ酒の産地である。

アメリカでは、一七世紀初頭よりヨーロッパブドウの栽培が試みられたが、気候の関係でカリフォルニアにその適地を見いだし、世界でも有数のブドウ産地となった。カリフォルニア州の州都サクラメント近郊のデービスにあるカリフォルニア大学の農学部には、ブドウ栽培およびブドウ酒醸造を専門に研究する学科さえ設けられているほどである。アメリカの大学とくに州立大学は、基礎研究も盛んであるが、地域の産業を重視したこのような目的のはっきりした研究も盛んである。州民の税金を使っているという良い意味の実用主義意識が強いのである。

日本でもブドウが日常的果物として、あるいはブドウ酒が一般に普及したのはそんなに古い話ではない。ただ甲州ブドウというものが戦前からあって有名であった。菊地秋雄が紹介している、明治一四年（一八八一）に福羽逸人が書いた「甲州地方葡萄樹繁殖来暦」なる一文には、次の意味のことが書いてある（現代文に改めた）。文治二年（一一八六）の後鳥羽天皇の時代に、甲斐の国八代郡祝村が入会権を持っている山の一つの場所を、村人は「城の平」と称していた。古くからここに石尊宮のほこらを作り、毎年三月二七日に祭礼を行ない、遠近の村人が参拝を行なっていた。村人のなかに雨宮勘解由《かげゆ》という者がいて、その年もここに参拝にきたが、たまたまその路傍に一種の蔓性の植物が自生しているのを発見し、「この植物は山中でまだ見たこともない植物であるのに、今まで誰もこの植物のあるのを語らなかったのは不思議なことである。この植物の蔓や葉の形はおおいに普通の山葡萄とは異なっており、またこれに類似したものもない。私が思うに、もしこの植物が、美果をつけるようなことがあれば、これこそこの尊宮の賜わり物であるから、永く祭ってもよいと思う。したがって、今村人と相談して、これを私の園に植えてその成長をみようとも思うのだがどうだろうか」と村人に尋ねた。しかし、村人は皆これを疑い、あえてその成果を言う者はいなかった。そこで、雨宮勘解由は自分の城正寺の家園に移植し育てることにした（第一期）。このような由来があるので、現在でも土地の人は「城の平」を葡萄の始生の地と信じ、取苗代（トナヘシロ）と言っている。城正寺の雨宮氏をブドウ栽培の首祖と呼ぶのも理由のないことではない。

それから五年を経て遂に建久元年（一一九〇）の四、五月になって、はじめて三〇あまりの房の果実をつけたので、同人はその栽培が村人の疑いを解くに至ったことを喜び、さらに手をかけて育成したところ、その年の八月下旬になって、果実はみな成熟し、朱紫色となり味もきわめて甘美であった。村人もその優秀なことを賞賛し、同人の先見性を認め、前に疑いを抱いた者も今はかえってこれを羨む者も多かった。以来同人はその繁殖の方法を研究し、同八年に至りようやく増殖して一三株にまで増えた。(第二期)。

この年九月一五日に源頼朝が信州善光寺に参詣した際に、よく成熟したもの三籠を献上したが、頼朝も大変喜んだという。またその後、天文年間（一五三二―一五五四）に雨宮織部正の代になって、領主の武田信玄にしばしばブドウを献上したが、武田氏もおおいに喜び、刀一振りを与えたという。慶長六年（一六〇一）に徳川家康が命じて甲州の土地を検査し、その帳簿によると、葡萄樹一六〇余本とあり、この頃はじめてこれを山梨郡勝沼村に分植した。(第三期)。

それからさらに一一六年を経て、正徳六年（一七一六）に松平甲斐守が再びその土地を検査した。その記録によれば、祝村の葡萄畑の面積は一五町三反九畝一七歩で、また勝沼村の葡萄畑は五町四畝一六歩であった。元和年間（一六一五―一六二三）の始め、甲斐徳本という医師がたまたま祝村に来て、雨宮氏の一族の一人からブドウの効用を聞き、この果実は口に旨いだけでなく滋養にも良く、この栽培の方法を研究し、繁殖すれば将来必ず産業として国益になるであろうとして、棚をつくり蔓を誘引する方法を考えだし、これを村人に伝えたが、村人はその方法を採用したので、栽培の改良として画期的なものとなり、年をへるにしたがって増加したという。この徳本は姓を長田といい、知足《ともたり》と号した。三州大浜村の生まれで、大永から享禄年間（一五二一―一五三一）の間は武田信虎に医師としてつかえ、寛永七年（一六三〇）に信州諏訪で没したという。また、栽培の初期には村人は、ブドウの苗木や穂木が他国に伝わるのを嫌い、極力その約定を守ったという。江戸期以前にはイネなどでも、良い品種が発見された時に、それが村や藩外に出ないように、約定をもって当たった例は少なくない。以上のような記録から推察すると、また明治期まで残った甲州ブドウから推察すると、これは東洋系の品種で、日本に自生しているヤマブドウなどの変異体ではないことは明らかである。

明治期以降、多くのヨーロッパ系あるいはアメリカ系のブドウ品種が導入され、その日本の風土への適応性がテストされた結果、そのいくつかは定着して栽培されるようになった。特筆すべきは、戦後植物ホルモンのジベレリンを用いたデラウェア種の種子なし化であろう。このジベレリンという植物ホルモン自体も日本で発見された画期的なホルモンである。この発見の物語自体、優に一巻の本を構成するくらいだが、ここではそれは主題でないので述べない。ただ、ジベレリンはイネの馬鹿苗病を引き起こすジベレラ・フジクロイという菌の出す代謝産物であって、この菌に寄生されたイネはひょろひょろ伸びて、最終的には枯れてしまうということだけは述べておこう。ジベレリンはしたがって、もともと植物の生長をいちじるしく促進するはたらきを持っているのである。その後に、植物自身もこのホルモンを作っていることが発見された。しかし、植物はそれを作る量とか場所をうまく調節して、必要な量を必要な場所でのみはたらかせるしくみを備えているのである。そうでなければ、植物は自分で馬鹿苗病を引き起こしてしまうだろう。ブドウのジベレリンによる種子無し化の技術を創ったのは、山梨県果樹試験場の岸光夫を中心とする人たちであった。山梨県は戦前、露地栽培が中心であったが、岡山県は温室栽培を主体として発展した。ここでは、マスカット・オブ・アレキサンドリアのような品種が高級ブドウとして栽培された。

戦後も年数がたって、生活が安定して肉料理が定着してくると、葡萄酒に対する需要が多くなり、各地にワイナリーが成立し、村興し運動などとも連動して、特長ある葡萄酒を生産するようになった。北海道

馬鹿苗病にかかったイネ
（佐々木次雄氏提供）

ジベレリンによるダイコンの
生長と開花の促進（右の２鉢）

の十勝ワイン、山形県の高畠ワイン、月山ワインなどはその例であろう。また、大量のワインがイタリア、フランス、ドイツなどのヨーロッパのみならず、アメリカのカリフォルニアの他にオーストラリア、アルゼンチンなどからも輸入されるようになった。

葡萄酒はブドウの果汁に含まれる糖類を醱酵させるが、そのはたらきをするのはブドウの果皮に自然に存在しているブドウ酒用の酵母菌で、サッカロミセス・エリプソイデウスである。ブドウの果実の成分はブドウが育った土地の気候や土壌の条件により異なるので、同じ品種を使ったとしても、異なった葡萄酒ができ、それが銘柄を生みだしているのである。葡萄酒を蒸留してブランデーが得られる。

ブドウは現在では、栽培の多い方から、山梨、山形、長野、岡山、福岡、北海道の順である。品種では生食用（醸造にも使われる）として、果色が緑のものでは、ネオマスカット、ヒムロッド、ナイアガラ、マスカット・オブ・アレキサンドリアなど、赤のものでは、デラウェア、甲州、紅瑞《べにずい》宝《ほう》、レッドパール、笛吹、オリンピア、甲斐路、レッドクイーン、ハニーレッドなど、黒のものでは、キャンベルアーリー、マスカットベリーA、スチューベン、巨峰、ピオーネ、高尾、伊豆錦などがある。醸造用では、白葡萄酒用と赤葡萄酒用にそれぞれの適品種がある。平成一〇年（一九九八）度の栽培品種ベストファイブは、多い方から巨峰、デラウェア、マスカットベリーA、キャンベルアーリー、ピオーネの順である。(6・9)

モモとアーモンド

モモ（プルヌス・ペルシカ）とアーモンド（プルヌス・コムニス）は同じ属に属する近縁の植物である。この両種は花や果実のかたちから見ると近縁であるが、利用する部分からみるとまったく違う。植物学的に見ると、モモの食用にする部分は中果皮に相当する果肉を食べるが、アーモンドではこの部分の発達がきわめて不良で、食用にされるのは核すなわち内果皮の中にある種子の子葉となるべき部分であり、植物学上ではクルミとかクリの食用とする部分と同じなのである。

ペルシャ方面へのアレキサンダー大王の遠征がこの果実をもたらしたので、ギリシャのテオフラストス（紀元前三二二年）はこの果物をペルシャの原産として記述した。そのため、モモの学名にはペルシャを意味するペルシカが種名として与えられたのである。一九世紀に栽培植物の起源論を書いたドゥ・カンドルは、しかしこの既成の説に疑問を提出し、モモの原産地は中国であろうと書いている。現在では、モモは中国起源だということが定着している。

中国でのモモの歴史が古いために、日本のモモはたぶん弥生時代に中国から伝来したとする人も多いが、果樹の起源論に造詣の深い菊地秋雄はその著書の中で、この問題は決着のついた問題ではないとしている。すなわち日本にも原生のものがあって、これが栽培化され改良を加え、中国から渡来したものも同時に栽培したのかはまったく不明だとしている。植物図鑑で有名な牧野富太郎は山口県熊毛郡や美弥郡に純粋に野生のモモとみとめられるものがあることを指摘しているし、園芸学の宮沢文吾も宮崎県西臼杵郡で野生のモモを認めているという。これらから、日本にもモモの野生種があったことは認めるべきであろうとしている。しかし、日本には中国のモモのように果実の大きいものはなく、江戸期までの在来種は、六〜二〇匁（一匁は三・七五グラムなので約二三〜七五グラム）の範囲内の小さなものであったらしい。

『古事記』や『日本書紀』にモモの記述があるが、これが中国からの渡来のものであるか、日本の原生のものであるかはわからない。日本の記述で品種らしきものが記述されたのは宮崎安貞の『農業全書』（一六九六年）が最初のようである。それに七つほどの品種らしきものの記載がある。この時代、京都の伏見が産地として有名であったらしい。桃山の名はその名残りであろうか。中国には相当古くから大果のものがあったので、この点からも、明治期に外国品種が導入されるまでの在来品種は、日本で独自に日本の野生のモモから成立したという推測も成り立つ。上海水蜜、天津水蜜などが導入されたのは、明治八年（一八七五）である。外国品種の導入により、明治末には在来品種はほとんど姿を消したという。

モモはヨーロッパや中国でおおいに品種が発達した。明治後半にいたり、外国からの導入品種からの偶発実生のなかから日本に適したものが選ばれ、新品種として日本特有の品種群を形成するようになった。戦前の品種は栽培面積の大きい順に、橘早生、伝十郎、天津水蜜桃、離核水蜜桃、土用水蜜桃、白桃などである。現在の主要品種は、生食用としては、早生のさおとめ、布目早生、砂子早生、倉方早生、松森早

カリフォルニアにおけるアーモンドの開花

生、中生のあかつき、白鳳、大久保、大和白桃、清水白桃、晩生のゆうぞら、白桃などである。ネクタリンでは、早生ネクタリン、興津、秀峰などがある。缶詰用の品種は、粘核であること、肉質がやや固いこと、黄色の果肉であることなどの、生食用とは異なった適性品種がある。栽培の多いのは、福島、山梨、長野、山形、岡山の順である。平成七年（一九九五）産では収穫量の多い方から、白鳳、あかつき、川中島白桃、大久保、日川白鳳の順になっている。

モモは形態学的に、離核と粘核があり、前者は核（いわゆる通常種子と呼ぶ部分）が果肉からたやすく離れるもので、後者はその反対である。また、果肉の色が白いものと黄色のものがある。果実の表面に毛があるものと無毛のものがあり、後者は油桃、ネクタリンといわれる。

アーモンドはモモと近縁の植物であるが、われわれがモモで食べる果肉をなす中果皮の部分はきわめて薄くかつ堅く、普通のモモでは皮と呼ばれる外果皮とともに、核（種子）を覆っているにすぎず、成熟するとこの部分は裂けて核が露出する。アーモンドは小アジアから中央アジアあたりが原産ではないかと言われている。核は堅い堅核種と柔らかい軟核種があるが、アーモンドとして栽培されるのは軟核種の中の甘仁種である。苦仁種は薬用にされる。堅核種は一般のモモの種のように堅いので、花木として利用されるにすぎない。アーモンドは乾燥した気候を好み、日本にも輸入されたが、雨の多い気候のため定着しなかった。地中海沿岸地域とアメリカのカリフォルニアに産地が形成された。私は一九六七年から足かけ一年間カリフォルニア大学に滞在したとき、大学のキャンパスのあったデービスは町を抜けるとすぐ果樹地帯が広がっており、春にはモモの花と見まちがうアーモンドの花が満開だったことを思い出す。(6・9・10)

セイヨウナシ

セイヨウナシ（ピルス・モムニス、西洋梨）は別にヨウナシ（洋梨）とも言われ、日本には明治初頭に移入された。ヨーロッパやアジア西方では有史以前から栽培され、ギリシャにおいても繁殖法などが記載されている。ローマ時代にヨーロッパ西部〜中部以北に伝播したが、栽培が軌道にのったのは一一世紀より後であった。日本にも明治期に多くの品種が導入されたが、ほとんど定着しなかった。要するにこの果樹は生育や花芽の着生に比較的厳密な気候を要求し、これに合った適地が日本にはあまりなく、わずかに山形県と北海道において成功した。昭和一三年（一九三八）度の産額の約三割は山形県であった。現在も栽培のトップは山形県で、比率も約三五パーセントなので、少し比率が上がっているとはいえ、戦前とあまり大差はない。次いで青森、岩手、秋田、北海道の順である。セイヨウナシは収穫してから二〇度くらいの温度で追熟させる必要があり、明治期に導入された当時はこの必要性が把握されておらず、これも日本であまり評価されなかった原因となった。

最近有名なのは、いわゆる「ラ・フランス」という品種である。この晩生品種は比較的に保存性があり、晩秋から冬にかけて出荷され、贈答用などに評価されている。ただ、この品種は収穫時の果実の表皮の色がきれいでないのが欠点である。他に「バートレット」が有名であるが、この品種は実に二三〇年も前に成立した古い品種である。一七七〇年に英国バークシャー州で発見された偶発実生である。ウィリアムという苗木商人が広く販売したのを、一七九九年にアメリカのボストン近郊のバートレットなる人物が輸入し、この名がついたという。(6)

オウトウ

ここでいうオウトウとは、洋種オウトウのスイートチェリー(プルヌス・アビウム)で、セイヨウナシやリンゴと共に明治初頭に導入されたものである。西南アジア、カスピ海地域の原産といわれ、この地域の栽培の歴史は有史以前に遡るが、ローマ帝国に伝わったのは紀元前六五年だという。しかし、その前からもっと粒の小さいものは栽培されていて、植物学的には同じものと思われる。

オウトウのわが国における主産地はセイヨウナシと同様に山形県である。昭和一三年(一九三八)度においてすでに山形県は筆頭となっており、福島県、山梨県、北海道がこれに次いでいた。一九八二年度になると、筆頭の山形県には変化はないが、次いで北海道、青森県、山梨県、長野県の順となった。山形県が六二パーセントを占め、二位の北海道は約一一パーセントにすぎない。オウトウは生育が早く、すぐ高木になりやすい。そうすると、収穫に困難をきたすが、むやみに枝を切ると木全体が枯れやすくなる。そのため、最近では背を低くする台木の利用や、枯れにくい効率的な整枝の方法などが研究されている。また、成熟期に雨に遭うと裂果して商品価値がなくなってしまう。そのため、木全体をビニールで覆うなどの手間のかかる栽培が行われる。そのため、特に早出し栽培などのオウトウは高価な果物である。

山形県では、しかしこの特産物を宣伝するため「道の駅」にチェリーランドなどと名づけて観光客を集めている。市場に出回る品種はナポレオンや佐藤錦《さとうにしき》が多い。最近はアメリカから果実色の濃い黒紫色の品種が輸入され、国産の品が出る前に出回っている。(6)

ウメ

ウメ(プルヌス・ムメ)は、『古事記』、『日本書紀』、『万葉集』などにしばしば現われることは周知の事実である。広野卓によると、『万葉集』にはウメを詠んだ歌が一一八首あり、これはサクラの四二首の三倍近いという。しかし、『延喜式』には菓子としても加工品としてもウメの記述がないので、当時は花を鑑賞する植物であったのであろうか。果樹としてウメを最初に記述したのは、一七世紀の終わり頃である。いわゆる梅干しとして現在のような形での消費が確立したのは、明治期になってからのようである。一九八二年の統計では、栽培面積は多い方から、和歌山、群馬、長野、福島、山梨、宮城、徳島、茨城、埼玉、福岡の順である。和歌山の栽培は一一・五パーセントを占める。大産地の和歌山でさえ、約一割にすぎないので、ウメは比較的分散型の果樹のようである。用途は多方面にわたるが、一般消費者に目につくのは、梅干しと果実酒用であろう。生食がほとんどされない果樹も珍しいと言えるだろう。

古代から日本人の好みに合ったせいもあってか、記録にあるウメの品種は多いのが特長である。たとえば、延宝九年(一六八一)に水野元勝が書いた『花壇綱目』にすでに五二種が記載され、文化八年(一八一二）に春田久啓は『韻勝園梅譜』に一〇〇種を挙げている。明治三八年（一九〇五）に高木弾右衛門が書いた『梅花集』にいたっては実に三二一種を記載している。現在栽培されるウメも栽培される地方に適した特有の品種がある場合が多い。これらは、そこで開発された加工法と相まって発展してきたものであろう。梅干しにしても、加工する季節の天候も地域により微妙に異なるであろうし、それに適した品種が定着しているものと思われるからである。おもな産地別の主要品種を見ても地方により品種が重複するのは、「豊後」が東北地方と九州地方に栽培されるのと、「養老」が群馬県と和歌山県に作られるくらいなものである。もちろん小面積では、重複があるだろう。ウメはアンズ（プルヌス・アルメニアカ）やスモモ（プルヌスの数種）との類縁が云々され、青森県で杏梅《あんずうめ》と呼ばれるものは、ほとんど杏だったという調査結果もある。このことから、純粋梅、杏梅、李梅と三種に分ける人もいる。また、果実の大小により、大梅（三〇グラム以上）、中梅（一〇〜二五グラム）、小梅（一〇グラム以下）などにも分ける。(6・9)

クルミとイチョウ

クルミの属するジュグランス属は、ヨーロッパ、アジア、南北アメリカの各大陸に分布し、多数の種があるが、日本で果樹として関連があるのは、日本の特有種であるオニグルミ（ジュグランス・シーボルディアナ）、ヒメグルミ（ジュグランス・サブコーデフォルミス）と欧米諸国に栽培され、後に日本にも導入されたペルシャグルミ（ジュグランス・レジア）および中国起源のテウチグルミ（ジュグランス・レジア変種オリエンチス）である。オニグルミは古来から日本の山野に自生し、実や材木が利用されてきた。自然でもまた人工的にも種からの実生による繁殖が長い間なされたので、大変変異に富むとされる。ヒメグルミは、

カリフォルニアのスーパーで売られるクルミなどの乾果類

東北や甲信越に栽培されているが、野生と思われるものはないらしい。このクルミは核の表面が滑らかで皺がなく、核の中にはわれわれが食用とする仁の部分が一杯につまっていて、食用価値に優れている。奈良時代の出土品には、日本古来のオニグルミの他にテウチグルミがあるので、このクルミの伝来はそれより古いものであろう。テウチグルミは植物学的には、ペルシャグルミの変種なので、西域経由で伝来したペルシャグルミから中国で起源したものであろう。シナノグルミとして江戸時代から有名であったものは殻が薄く実が大型で、テウチグルミとペルシャグルミの雑種起源だと推定されている。シナノグルミには主に長野県で成立した品種が多数ある。また、ペルシャグルミそのものも後に導入された。クルミの花は一株に雄花と雌花が別々につく雌雄異花で、この雌と雄の花の咲く時期が異なるため、品種を混ぜて植えて雌と雄の花の咲く時期を合わせる必要があるとされる(6・9)。

イチョウ(ギンキョウ・ビロバ)は、有名な雌雄異株植物で、中国原産とされ、日本に渡来したが、神社仏閣の境内によく栽植されたため、大木が今でも残っているものがある。日本に伝来したのは意外に新しく一三世紀の末で、文献に最初に現われたのは鎌倉後期だという。意外なのはイチョウも園芸的に品種改良されている点である。これらの改良されたものは実が大きく、苦みが少ないという。この植物は、西洋にはまれに植物園にあるくらいで一般には生えていないのに、植物学的には興味ある木なので、欧米から日本に来た植物学者はこの木を見て大変感激する人が多い。その理由はイチョウがソテツと共に植物では珍しく精子を作って受精するからである。イチョウの精子を発見したのは、平瀬作五郎で明治二九年（一八九六）のことである。ちなみに、ソテツの精子も池野成一郎により明治三一年（一八九八）に発見された。イチョウは花粉が風で飛んで運ばれる風媒なので、一本のイチョウの雄の木があれば、五キロメートル四方くらいにある雌の木を受精させることができるといわれている。イチョウはフランス語では「日本のくるみ」と言う。中国原産なのになぜ日本のクルミと言うのかは、たぶん日本人がこの実をクルミのように食用にすることからきているのであろう。また学名のギンキョウもギンナンと関連があろう。イチョウを漢字で公孫樹と書くのは、この木は生長が遅く、孫の代になってやっと役に立つようになるからだと言う。イチョウが街路樹によく栽植され、秋に近所の人が実を拾うのは秋の風物詩でもあろう。外皮に異臭の強い成分を含むのも周知の事実である。(8・9・11)

キウイフルーツ

キウイフルーツ（アクチニジア・シネンシス）はマタタビ科の落葉の蔓性植物で、中国の原産である。戦前の果樹園芸の教科書などには登場しないものだった。現在では日本のスーパーマーケットなどでも普通に見かける果物になった感がある。中国では古くから栽培されていたが、日本でこのように普通に見られるようになったのは、ニュージーランドから輸入されるようになったのと、国産のものがかなり大量に実をつけるようになったためである。中国には近縁の野生種が多い。ニュージーランドに伝来したのは一九〇六年といわれ、そこの風土に合って改良が進んだ結果である。キウイフルーツの名はニュージーランドの国鳥のキウイに因んでいる。日本には一九八二年にニュージーランド経由で入ってきて、わずか二〇年足らずの短い年月の間に栽培が広がった。愛媛、静岡などに産地がある。

キウイは雄雌異株である。果肉は美しい緑色で、放射状にゴマに似た小さな種が入るのは周知のとおりである。バナナのように収穫後の追熟を促進するのに、エチレンガスが使われるのも面白い。果実はまだ堅いうちに収穫するからで、小売段階でも追熟が完了していない場合もあるようで、家庭で買ってから食べ頃を見計らう必要があるのもバナナと似ている。十分に追熟がすすまないと、酸味が甘みを凌駕してすっぱい感じがする。日本でのキウイの栽培面積は一五〇〇ヘクタール弱であるが、この数字はイチジクなどより多いので、その普及の早さは相当なものであろう(9・12)。

マンゴーとパパイヤ

マンゴー(マンジフェラ・インディカ)はウルシ科の常緑高木で、インドからミャンマーあたりの原産ではないかと推察されている。インドの北東部には野生状態で生えている。この果実は四〇〇〇年もの歴史をもつものと考えられる。成熟したものは、生でいわゆる果実として食べられるが、ジュースに搾られることも多い。未成熟のものもピックルスなどに使われる。インドではチャトニーと言われる甘辛い調味料にも使われる。スライスしてから陽干ししたものは、ウコンなどと調合して、粉末にして料理に使われる。

マンゴーは、異質倍数体でないかとインドの学者は推測している。異質倍数性というのは、異なるゲノムをもつ二つの「種」の雑種の染色体が倍加されて成立する。雑種そのものは、ゲノムが異なるものが二種あるので、染色体の間に親和性がなく、成熟分裂で染色体が対合できないので、正常な花粉ができず不稔となって子孫を残すことができない。しかし、雑種の染色体がなんらかの機会に倍加されれば、対合する染色体ができるので子孫を残すことができる。

インドからミャンマーあたりで成立してから、紀元前四、五世紀にはその近くの国に伝播し、一〇世紀頃には東アジアの沿岸に達し、ポルトガル人が西アフリカや新世界に伝えて一八世紀の初めにはブラジルに伝わった。私は一九七五、六年にメキシコの大学院に滞在していた時、院生の一人がモレロス州のマンゴー園で花序が不整型になり実がつきにくくなる現象が起こって困っているので、一緒に見に行ったことがある。また、ハリスコ州の試験場の果樹園にいろいろのマンゴー品種が試作されているのを見たことがある。そこには、メキシコでも普通は市販していないような多種の品種があって珍しいと思った。現在日本には主にフィリピン産のものが輸入されているようだ。果実は果肉が淡い黄から紅色で多汁、甘みがあり豊潤であるが、特有の匂いがある。

パパイヤ（カリカ・パパヤ）は、熱帯アメリカ原産のパパヤ科の植物で、一〇メートルくらいにもなる高木である。雌株、雄株、両性株がある。果実はパパインと呼ばれる蛋白質分解酵素を含むので、肉と一緒に煮ると肉を軟らかくする。パパイヤは中央アメリカの東部の低地あたりが原産といわれ、メキシコあたりに変異が多い。この地域にはカリカ・ペルタータという「種」も生えている。飯塚宗夫によると、メキシコ南部のベラクルスからタバスコにかけて、土地の人がパパイエロと呼ぶこぶし大のあまり大きくない実をつけるパパイヤがよく生えており、これは実が小さいので人は食用にはしないという。土地の人に聞くと、この実を鳥が食うという話である。日本でも山際の畑の隅に柿の木があって、あまり大きな実も

メキシコにおける
マンゴーの開花と
結実．左下は観光
地での市販風景．

パパイヤ（メキシコのモレロス州にて）

つけないのでほとんど人は収穫もせず、秋が遅くなっても木上に残っており、結局は小鳥などが食っている光景とよく似ていると思う。しかし普通、家屋敷にはパパイヤの一本や二本は植えてあり、この方は大きな実をつけ、人が収穫して食べる。この大きな実をつけるものは、果実の形、果肉の色、一果中の種子の数や糖度まで多種多様だという。このように変異が集積しているのは、そこが原産地である証拠であろう。

雌雄異株のため品種を純粋に保つのは難しい。両性花をつけるソロという品種がハワイに導入栽培され、アメリカ本国などに空輸されるようである。日本に輸入されているのは、最近はフィリピン産のものが多いが、小型の品種のようだ。私がメキシコで見たものは人の頭くらいのものが多かった。私がベラクルス州の州都ハラパのホテルで朝食にとったフルーツの皿には、マンゴー、パパイヤ、スイカなどがふんだんに盛ってあり、他のものは食わなくてもこれだけで朝食に十分であったのを覚えている。パパイヤもマンゴーと同じように特有の香りがある。熱帯性果実には香りや匂いの強いものが多い(13)。

グアバ

グアバ(ピシデウム・グヤバ)は、バンジロウ属の常緑の高木で、熱帯アメリカ原産である。野生に近い状態のものも見られる。野生のものは果実も小さく、最大三〇グラム程度であるが、栽培されるものでは、一五〇グラムくらいになるものもある。果肉の色も、野生のものでは、白から淡黄であるが、栽培されるものには、淡いピンク色のものもある。生食の他にジュース、ジャム、ゼリーなどに使われる。果実は直径一〇センチメートル前後で、果肉は白く粒状で甘みがあり芳香が強い。スペイン人により、フィリ

メキシコにおけるグアバの集団栽培

ピンにもたらされ、ポルトガル人がインドに伝えた。いまでは熱帯のどこにでも見られる果実となっている。グアバは一般に屋敷内で自家用に植えられたり、経済栽培でも中小程度の果樹園が多いが、私は一九七六年にメキシコに滞在中に、グアバの大規模な栽培団地をみたことがある。メキシコ政府が補助して作られたもので、傾斜地に段々畑のように造成した果樹園にグアバが何ヘクタールにもわたって植えられていた。山の麓に栽培農家が集団移住して集落が作られていた。ここでは、降雨が少ないので、何カ所かに水を貯蔵しておく池が設けられていた。池は蒸発を防ぐためか、閉鎖式になってタンク状になっていた。その水はドロップ灌漑という方法でグアバの木の根元に点滴法で与えられていた。必要な時は肥料もこのドロップの中に入れて与えられる。このグアバ栽培団地は政府のいわば、モデル事業のようであった[4・13]。

ユカタン半島のキッチンガーデン

農家などがまったくの自家消費用に屋敷内にいろいろの果樹などを植えている例は世界中に見られる。特に消費経済が発達していない、開発途上国ではこれが普通に見られる。日本でも、戦後は屋敷内の家庭菜園にいろいろの野菜を作っていたし、柿の木の一本や二本は多くの家に植えてあったものである。

メキシコのユカタン半島で調べた面白い例を紹介しておく。調査地点はメリダから約七〇キロほど奥地に入った所である。トウモロコシ、インゲンマメ、トウガラシなどの主要な食糧は畑で栽培されているが、家の近くには次のような多種多様な有用植物が植えられて利用されていた。柑橘類では、シトルス属のシネンシス（スイートオレンジ）、アウランチム（サワーオレンジ）、レティクラータ（マンダリンオレンジ）、アウランチフロラ（ライム）の四種があり、チェリモヤと言われるアノナ・チェリモヤもあった。蜜柑類の上の二種は直接食べたり、また搾って飲み物にする。後の二種は、普通料理に使う。また、ブレッドナッツと言われるブロシナム・アリカスツム、クラボーと呼ばれるバイルソニア・クラシフォリアもあった。この植物は現地ではナンチェと呼ばれ、大きな灌木か低木である。

果実は時に菓子に作られるし、ラム酒の香りつけに使われる。パパイヤ（カリカ・パパヤ）、ココナッツ（ココス・ヌシフェラ）マンゴー（マンジフェラ・インディカ）、アボカド（ペルセア・アメリカナ）は当然あったし、メキシコでは珍しくない果樹のグアバ（ピシデウム・グヤバ）、黒サポテ（ディオスフェラス・デジナ）の他に、グアノヤシ（サバル・マヤルム）もあった。草本では、トウガラシの一種（カプシウム・アヌウム）、ハッカの一種（メンタ・シツラータ）、ウリ科のチャヨーテ（セシウム・エデューレ）が植えてあっ

メキシコの山村でみられる土着の果実類

た。またマリーゴールド（タゲテス・エラクタ）が植えてあった。コーデア・ドデカンドラという植物は、スペイン語ではジリコーテと言われ（私の持っている普通の西和辞典には日本語訳はのっていなかった）、現地のマヤ語ではコプテと呼ばれる。この植物のザラザラした葉は台所でたわしとして使われ、また紙やすりとしても使われる。果実は特に子供たちによって食べられる。この葉は有用なので、木を植えていない人のために、市場で売られる。むかし、日本でもトクサをやすりに使ったようなものであろう。

このような地域でのキッチンガーデンにある果樹などは、われわれの概念と異なり、文字通り一家の財産なのである。マリーゴールドは今改良されて日本でも人気のある花壇用の草花であるが、マヤ人がこれを植えるのは「まじない」と関係があるらしい。彼らはその頭花（この中に種子がある）を、ねらいを定めないで背中越しに投げ、それがうまく生えて繁茂すれば、その人の健康は約束され、もし生えなければその人は一年以内に死ぬといったような言い伝えがある(14)。花は一年に一回集められ、死者の祭りの日に飾られる。

（1） Langenheim, J.H. and Thimann, K.V., *Botany Plant bioloby and its relation to human affairs*, (John Wiley and Sons), 1982.
（2） 安田貞雄『種子生産学』（養賢堂）、一九四八年。
（3） Abeles, F.B., *Ethylene in plant bioloby*, (Academic Press), 1973.
（4） Purseglove, J.W., *Tropical crops Dicotyledons*, (Longman), 1968.
（5） 西浦昌男「柑橘類」、日本人が作りだした動植物企画委員会編『日本人が作りだした動植物　品種改良物語』（裳華房）、一九九六年。
（6） 菊地秋雄『果樹園芸学　上巻　果樹種類各論』（養賢堂）、一九四八年。
（7） 上野勇「カンキツ類」、野口弥吉・川田信一郎監修『第二次増訂改版農学大事典』（養賢堂）、一九八七年。
（8） 安達巌『日本食文化の起源』（自由国民社）、一九八一年。
（9） 吉田雅夫「落葉果樹」、野口弥吉・川田信一郎監修『第二次増訂改版農学大事典』（養賢堂）、一九八七年。
（10） ドゥ・カンドル『栽培植物の起源　中』、加茂儀一訳（岩波書店）、一九五八年。
（11） 小野勇「平瀬作五郎　イチョウの精子の発見者」、木原均・篠遠喜人・磯野直秀監修『近代日本生物学者小伝』（平河出版社）、一九八八年。
（12） 女子栄養大学出版部編『食用植物図説』（女子栄養大学出版部）、一九七〇年。
（13） 飯塚宗夫「植物遺伝資源をめぐる諸問題（21）」、『農業および園芸』六〇、一四七六―一四八〇、一九八五年。
（14） Smith, C.E.Jr., "Ethonobotany in the Puuc,Yucatan", *Economic Botany* 31, 93-110, 1977.

第七章　薬用植物

人類は古くから経験的に、種々の植物に薬効があることを知っており、利用してきた。研究によると、チンパンジーはある種の植物の効用を知っているとさえいわれているほどである。古代あるいは先住民族のシャーマンはこの知識が部族の他の人よりも卓越していたものであったと思われる。植物学の発達が、薬用植物の探査に依存するところが大きかったのは、議論の余地がない。

タバコ

タバコを薬用植物に入れてよいかどうか問題もあるが、ここで取り上げておく。ヨーロッパから新世界への初期の航海者は、そこで先住民族がパイプを使って煙を吸う方法で友好を確かめ合っていることを見聞した。この植物、すなわちタバコの種子は一五五八年にフィリッペ二世のスペインにもたらされた。これを広めたジーン・ニコットの名前から、タバコの属名のニコチアナが由来することとなった。喫煙に利用されるタバコ属の植物は、ニコチアナ・タバカムとニコチアナ・ルスチカであるが、大部分は前者で後者は昔メキシコで煙草用に栽培されたこともあったが、現在では殺虫剤に使うニコチン採取用に少量栽培されるにすぎない。

ルスチカはタバカムと違って黄色い花をつけ、古代メキシコ人やメキシコより北に住む先住民によりしばしば栽培されていた。この二種ともに野生していないので、どのようにして栽培種ができたのであろうか。ニコチアナ・タバカムはゲノム分析から、南米に野生するニコチアナ属の二つの「種」であるシルベストレスとトメントシフォルミスが交雑した後で、なんらかの機会に染色体が倍になって安定した「種」であろうと考えられている。雑種そのものは、不稔だからである。シルベストレスはボリビアからアルゼンチンにかけて、またトメントシフォルミスは、ボリビアに生えている。この両方の植物が共通して生えている地域でタバカムが成立したものと推定されている。ルスチカ種は、やはりゲノム分析から、パニキュラータとウンジュラータの雑種の染色体が倍加したものであろうと推定されている。したがって、タバカムもルスチカも四倍体である。

新大陸がヨーロッパに発見された当時に、煙草を喫ったりあるいは嗅ぎまた嚙む習慣は、すでにアメリカ大陸の大部分に広まっていたらしい。メキシコのアステカの墓や北米の先住民の遺跡でもパイプが見つかっている。一六世紀後半にトルコやペルシャを回り、その地での風習を記録したものにはまだ煙草を喫う風習は書かれていないので、その地域に喫煙の風習が拡散したのは一七世紀に入ってからであろう。

英国のウォーター・ローリー卿はパイプで煙草を吸う習慣を広めたことでその逸話とともに歴史に登場する。一六〇三年にジェームス一世は煙草反対令を発して、煙草の喫煙を禁じようとし、煙草の輸入に重税を課した。しかし、喫煙の風習は簡単には止められないのは今も昔も同じで、この禁令は失敗に終わった。しかし、煙草に税を課して国家の収入を殖やすという政策は、洋の東西を問わず定着することとなった。面白いのは、栽培種の先祖となったと推定されている野生の二倍種の成熟した葉には、ニコチンがほとんど認められないということである。成熟していない葉のニコチン含量も低い。人間はニコチン含量の高いものを選ぶとともに、いつか成熟した葉でもニコチンが壊れないで存在するような変異が起こったのであろうか。

アメリカの煙草の産地は、サウスカロライナ、ノースカロライナ、ジョージア、バージニア、フロリダ、アラバマ、ケンタッキー、テネシーなどの諸州であるが、アメリカでは煙草は国の専売でないのでたくさんの銘柄がある。私は一九六七～八年にアメリカに滞在していたとき、珍しいので煙草の包装紙を収集したことがあるほどである。現在、喫煙は健康問題で苦しい立場に立っているのは、周知のとおりである。

タバコの花

日本にタバコが入ってきたのは、江戸期の一六世紀の中頃から末にかけてポルトガル人が煙草と喫煙の風習を伝えたもので、日本に滞在した植物学者のツンベルグの書いた『フロラ・ジャポニカ』にも煙草の利用はポルトガル人が日本に伝えたという記録がある。一七世紀の末までには関東地方まで広がり、各地に銘柄が登場した。喫煙の習慣やタバコの栽培はしばしば禁令が出されたにもかかわらず、渡来から七〇年くらいでほぼ全国にひろまり、各地に産地が形成された。

「花は霧島、煙草は国分《こくぶ》、燃えて上がるは桜島」の民謡に歌われた鹿児島の国分は、当時から鹿児島の島津領でタバコの産地として成立し、有名であったのだろう。鹿児島に伝来した後、慶長一一年（一六〇六）に服部左衛門が国分に伝えたと言われ、いわゆる「国分葉」となってゆく。山本義忠が面白い話を紹介している。江戸期の一九世紀初頭の文化元年（一八〇四）にこのタバコに病気（立枯病）が激しく発生したが、国分の北原八左衛門なる者が、この病気に抵抗性を持つ個体を選抜したという。現在の「国分葉」は葉が丸いが、これはこの時に選抜された個体に由来するという。江戸期に耐病性の品種改良が意識的に行なわれたことは驚異に価する。各地に成立した特産のタバコは「〇〇葉」と呼ばれるようになった。薩摩から水戸に送られたものから「水府葉」が成立し、一九世紀後半に常陸国から福島にもたらされたものから「松川葉」が生まれた。

同氏が紹介しているもう一つの面白い逸話は、一八世紀の初頭の宝永四年（一七〇七）に富士山が噴火し、火山灰が今の神奈川県の秦野《はだの》地方に降って、田や畑が荒廃したので、その救済政策としてタバコの栽培が許可されたという。これがきっかけでこの地方に大産地が作られ、「秦野葉」が生まれたという。専売公社のたばこ試験場が秦野におかれるなど、この産地は後世にも影響を与えた。タバコは日本では、用途などにより、黄色種、在来種、バーレー種の三種に分類されている。日本には特有のキセルを使って喫煙するキザミ煙草があり、これは在来種だけをごく細く刻んでつくられる。現在の生産量はきわめて少ない。私は子供の時代に見た、父が火鉢の前に座り、キセルでキザミ煙草を吸う光景が彷彿とする。また、街にはキセルの竹を交換する羅宇竹屋《らうだけや》の呼び声がときたま聞こえた。すべては、過ぎ去った光景と音である。

ニコチンはタバコの根の分裂組織で生成され、蒸散の流れによって地上部に運搬されて蓄積する。そのため、分離して溶液に培養した根を使ってニコチン形成の機構が研究された。いくつかのアミノ酸を根に与えるとニコチンの合成が増加するが、ビタミンBであるニコチン酸がもっとも効果が高い。ニコチンはピリジンとピロリジンという二つの環を持っている。ニコチン酸の炭素原子がピリジン環に現われ、アミノ酸のリジンまたはオルニチンの炭素原子がピロリジン環に現われる。付属するメチル基はアミノ酸のメチオニンから供給される。ニコチアナ属のグラウカという種は同様なアルカロイドであるアナバシンを含んでいるが、ピロリジン環が第二のピリジン環で置換されており、これはアミノ酸のリジンに由来する。普通のタバコにもある量のアナバシンが存在する。このように、ニコチンは根で生成されるので、ニコチンを生成しない近縁の植物、たとえばトマトにタバコを接ぎ木すると、接いだ接ぎ穂に使ったタバコに含まれていた以上にはニコチンは増えない。しかし、タバコの台木にトマトを接ぎ木すると、接がれたトマトに大量のニコチンが現われる。トマトに接いだタバコも正常に育つので、ニコチンはタバコの生長に必要な物質ではないことがわかる。ニコチンもアナバシンもきわめて有毒な中枢神経系刺激物質である。しかし、ニコチンとただメチル基の存不存だけでちがうノルニコチンは生理的に活性がない。タバコでニコチン含量の多いものと少ないものがあるのは、後者ではニコチンのメチル基を除去する能力を持っているからである。[1-5]

アルカロイドなどを生産する薬用植物

アルカロイドは、植物がつくる窒素を持つアルカリ（塩基）性の物質で、その化学構造上で、窒素を含む環を形成する炭素化合物のピリジンやキノリンを基本骨格として持っている。医学的に重要なケシ（パパーヴェル・ソムニフェルム）の生産するモルヒネ、コカ（エリスロキシロン・コカ）の葉からとれるコカイン、マオウ（エフェドラ・サニカ）の株から得られるエフェドリン、キナ（シンコーナ属の一種）の木の樹皮からとれるキニーネ、ベラドンナ（アトロパ・ベラドンナ）の諸器官に含まれるアトロピンなどがある。

また、熱帯アメリカの先住民の使う矢毒として有名なクラーレは、コンドデンドロン・トメントサという植物の葉からとられる。これらのあるものは、強い麻酔作用があり、幻覚症状を誘起したりするので、医学的使用にも厳重な注意が払われ、その栽培、採集には強い禁止や規制があるのが世界的な通例であるが、法律を侵した移動が常に問題になっているのは、周知の通りである。

・**ケシ**は地中海東方沿岸の原産といわれる。スイスの石器時代の湖水住居人は、パパーヴェル属の植物を栽培していた証拠があるという。ギリシャでもケシはよく知られていた。パンを作るときに種子を混ぜたという。エジプトではケシ汁は薬として用いられた。中世にケシはアヘンをとるために栽培されたが、中世でも医師はこれを非常に危険なものと考え、使うのは稀であったという。アヘンおよびその英語名であるオピアムという言葉は、ギリシャやローマにまで遡る。ギリシャのディオスコリデスは、オポスという言葉をつくり、アラビア人はそこからアフィウンという言葉を作ったという。これが中近東を経由して中国に伝わり、阿片となった。

・**コカ**は、ペルー、ボリビア原産である。この植物からとれるコカインは局部麻酔、鎮痛剤として使う。同属異種のジャワコカ（ノボグラナテンス）があり、その名のとおりジャワ原産である。

・**マオウ**は、草状態の小木で中国の黄土地帯の原産である。エフェドリンを含み、咳、喘息の鎮咳剤として使う。

・**キナ**は、アカネ科の常緑の高木でペルー、ボリビアなどの高地の原産である。樹皮を剝いで使う。キニーネのようなアルカロイドをとるが、マラリアの特効薬である。一九世紀の中頃までは、野生の木を利用していた。ボリビア在住のイギリス人のチャールズ・レッジャーは、秘密裡にキナの種子を集めてヨーロッパに送ったが、最終的にその半分はスリランカに、半分はジャワにもたらされた。ジャワに植えられたキナはここで良く育ち、その結果ジャワがキニーネの世界生産量の九割を占めるようになった。最近は合成品が代用されることが多い。

・**ベラドンナ**は、ナス科の多年草で、中・南ヨーロッパ、小アジア、アメリカ、インドなどに産する。葉や根を収穫する。アトロピン、ヒヨシアミン、ベラドニンを取るが、これらは鎮痛、発汗、散瞳薬などに使われる。トマトと接ぎ木して調べてみると、アトロピンが作られる場所は、タバコのニコチンの場合と同様に根であることがわかった。

これらの他に有名な薬用植物として、ジキタリス（ジキタリス・パープレア）、ヒヨス（ヒヨシアヌス・ニゲル）、チョウセンアサガオ（ダツラ・タツラ）、ミブヨモギ（アルテシミア・マリテマ）、アロエ（アロエ属の一種）、ダイオウ（レウム・オフィシナレ）、カンゾウ（グリシリーザ・グラブラ）、キキョウ（プラチコドン・グランジフロラム）、オウレン（コプチス・ジャポニカ）、シナ（アルテミシア・シナ）、サフラン（クロッカス・サチブス）、ストリキニーネ（ストリキノス・ヌックスーボニカ）、アメリカアリタソウ（ケノポデウム・アンブロシオイデス）、デリス（デリス・エリプチカ）、シロバナムシヨケギク（クリサンセマム・シネラリアエフォリウム）などがある。

・**ジキタリス**は、ゴマノハグサ科の多年草で、世界中の温帯に分布する。ジキトキシン、ギタリンを含み、強心剤に使われる。

・**ヒヨス**は、ナス科の植物で、越冬型の一年草である。ヒヨシアミンを含み、鎮咳剤などに使う。ヒヨスは植物生理学では、開花生理の研究に使われるので有名である。花が咲くために冬の低温に遭うことが必要で、その仕組みを研究する材料となった。

・**チョウセンアサガオ**は、ナス科の一年草で、熱帯アジアの原産である。遺伝学の材料として有名であった。異数性という現象がある。これは染色体の一セットであるゲノムに染色体がさらに一本だけつけ加えられる現象である。一本加えられる場合は、どの染色体が加えられるかで、その植物の染色体のゲノムに含まれる染色体の数だけ異なった種類の異数性ができることになる。チョウセンアサガオでは種子が入っている蒴果の形が異数体により区別がつくことから有名になった。アトロピン、ヒヨスチアミンを含み、鎮痛、散瞳薬として使う。この属からはスコポラミンが得られるものもある。チョウセンアサガオでもアトロピンの生成は、やはりトマトとの接ぎ木実験の結果から、根で作られることがわかっている。

・**ミブヨモギ**は、キク科の多年草である。ヨーロッパ原産であるが、日本では京都の壬生《みぶ》にはじめて導入されたのでこの名がついた。サントニンを含み、回虫の駆除剤として使われた。

・**アロエ**は、ユリ科の多年草で、南アフリカの原産である。アロインを含み下剤、健胃剤などに使用される。家庭で栽培し、健康食品的に使うことが流行した。ある食品会社はヨーグルトに入れて販売している。葉に半透明の多肉質の組織があり、これが利用される。

・**ダイオウ**は、タデ科の多年草で中国、日本に産する。エモジン、クリシファンを含み、健胃剤、緩下剤としての作用がある。

・**カンゾウ**はマメ科の多年草で、南ヨーロッパの原産である。西・中央アジアに産するのはロシアカンゾウで、同属異種のエチナタである。グリシルリジンを含み、緩和、除痰、解毒、甘味料などに使う。

・**キキョウ**は、キキョウ科の多年草で、根を乾燥して使う。キキョウサポニンを含み、除痰剤として使う。

・**オウレン**はキンポウゲ科の多年草で、ベルベリンを含み、苦味がある。健胃剤として使う。

・**シナ**はキク科の半木性の多年草で、トルキスタンに産する。花が咲く前にまだつぼみの時に収穫し、乾燥して用いる。サントニンを含み、回虫の駆除剤でロシアの特産である。

・**サフラン**はアヤメ科の球茎植物で、花を採集し、雌蕊《めしべ》すなわち花柱を抜き取って乾燥する。クロセチンなどを含み、鎮痛、通経、健胃などに使う。サフランはスペイン料理のパエーリャなどの色付けに使うことは有名である。収量効率が低いので、単位重さあたりでは高価である。**ストリキニーネ**は、フジウツギ科の高木で、種子を興奮剤などに使う。**アメリカアリタソウ**はアカザ科の多年草で、種子が完熟する前に植物体を刈り取り、ヘノポジ油と呼ばれるものを取る。その成分はアスカリードルで、回虫、条虫など寄生虫の駆除に使う。以上はいずれも使う対象は人間であるが、殺虫剤として使われる例もある。

・**デリス**はマメ科の蔓になる木である。東南アジアの熱帯に産する。根を収穫し乾燥するが、ロテノンを含む。この成分は根の皮に多く含まれるが、茎、種子にも含まれる。作物の殺虫剤に使うのが主要な用途である。もともと原住民が魚獲を目的にして使っていたもので、アフリカでもマメ科のロンコカルパス、テフロシア、ムンドレアなどが同様の目的に使われていた。有効成分はロテノンであるが、類縁化合物も含めてロテノイドと総称される。ロテノンは戦後人工合成された。戦後でも、まだ合成の殺虫剤が開発されない頃は、デリス乳剤のような自然起源の殺虫剤は数少ない貴重な農薬であった。

・**シロバナムシヨケギク**はキク科の植物で、花にピレスロイドと呼ばれる殺虫成分を含み、構造の似たピレスリンⅠとⅡ、シネリンⅠとⅡ、ジャスモリンⅠとⅡが含まれる。これらの天然のピレスロイドよりさらに効果の優れた誘導体の合成が試みられ、アレスリン、テトラメスリンなどが発見された。この植物は一名を除虫菊ともいい、瀬戸内海の島々で栽培され、蚊取り線香に使われた。合成品は衛生昆虫駆除に広く使われる。(6−8)

ヤクヨウニンジン

ヤクヨウニンジン（パナックス・ジンセン）はセリ科の多年生草本で、中国東北部、ロシアの沿海州、朝鮮半島に自生すると言われているが、現在では野生状態のものは激減したという。天平一一年（七三九）に渡来したが、栽培が行なわれるようになったのは江戸期になってからである。対馬の領主がこの植物六株を享保四年（一七一九）に幕府に献上したという。幕府はこれを日光で栽培した。韓国で特に栽培が盛んである。他に、朝鮮民主主義人民共和国や中国東北部で多く栽培されている。

日本では長野県、福島県、島根県で栽培がある。このように長野県や島根県で栽培されるのには、これを入手するに際してのエピソードがある。出雲の藩主の命令を受けた小村茂重は、園の役人人夫に化けて栽培する園内に潜入し、栽培法なども習得すると共に、種子を持ちだし、これを竹の杖に隠して藩に持ち帰り、八束郡古志原で試作したのが、出雲人参の始まりだという。信濃人参もこの日光の幕府の園から隠れて入手したものが始まりとのことである。いわば、今の言葉でいえば、産業スパイとも言えないこともないであろう。

ヤクヨウニンジンは漢方薬の代表的な素材である。上記の逸話も、この植物が当時はそれほど貴重なものであったということであろう。江戸時代に、父や母の病気に高価なニンジンを手に入れようにも手段がなく云々の話は、テレビの時代劇などでよく見るところである。

発芽が難しい植物で、夏に採種したものは湿った砂に保存するなどの工夫が必要である。発芽の促進に植物ホルモンのジベレリン処理なども有効である。種子を秋になって一〇、一一月頃に播くと、芽を出すのは翌年の春四月頃になる。さらに夏を越して秋の一〇、一一月頃に移植を行なう。移植後も日覆いをそえて直射日光を避けるなどの管理が必要である。収穫されるのは四～六年目の夏から秋にかけてである。古来から不老長寿の高価な植物として知られた。ダマラン系のトリテルペンの配糖体であるサポニンが二〇種含まれ、これはジンセノサイド類と命名されている。薬効の科学的解明は十分になされているとはまだ言えないようである。日本の山地に同属の異種トチバニンジン（ジャポニカス）が生えているが、これは、薬用として使われるが、目的も異なる別種である。(9-11)

洗濯に使う植物

民族植物学や栽培植物の起源論に、独創的で大きな業績を残した中尾佐助は大変面白い洗濯用植物の存在を紹介している。同氏などにより大要を紹介しよう。石鹸が発明される前に古代ギリシャやローマでは、フスマ、砂、灰や、中身は記録がないのでわからないが、植物汁などを使ったという。

石鹸はチュートン人かタタール人の発明らしいが、アルプスより北のヨーロッパで発達し、一二世紀には北ヨーロッパのスカンジナビア半島あたりから輸出されたが、動物性油を使っていたため悪臭があり、この問題はオリーブ油を使うようになってよくなったという。石鹸の製造にはソーダが必要である。中央アジアなどにはこの成分の高い湖もあるが、ヨーロッパにはなく、その代わりとして、ものを燃やした灰を使った。中世のヨーロッパでこの石鹸づくりに使う灰を得るために燃やしたのは、バリラ（サルソラ・ソーダ）というアカザ科の植物で、これはオカヒジキの近縁だという。この学名のサルソラは英語のソルトが由来したとおり塩の意味で、ソーダはソーダである。この植物は一時期南ヨーロッパでは栽培もされたという。

アジアでは、洗剤にはもっぱら植物性の成分を利用していた。化学的にサポニンと呼ばれる水を泡立たせる成分である。東アジアで洗剤用に使われたのは、ムクロジ（サピンダス・ムクロジ）の仲間だという。この植物は日本、中国、インドに分布し、どこでも洗濯用に利用されるという。ムクロジの分布が広いのは、人間が植えたからだという。ムクロジと同じ属の異なる種である、トリフォリアーツはインドやスリランカで植えられ、ララクはミャンマー、タイ、マレーシア、インドネシアに栽培され、同じ目的に使われているという。中国の北部は寒いのでムクロジが育たない。代わりにサイカチが洗剤として利用されたという。インドではアカシアの一種（アカシア・コンシナ）のさやが洗剤として使われる。石鹸がたやすく手に入るようになった地域では、次第に使われなくなった。

飯塚宗夫も主として中・南アメリカで石鹸の代用として使われる植物を記載している。それによると、竜舌蘭の仲間のアガベ・ヘテラカンサ（レチェギラと同じ）は根の部分にサポニンを含み、アメリカ南部やメキシコ中北部で石鹸の代用にされる。また、ユッカ（キミガヨラン）属のユッカ・エラータは、アメリカ南部やメキシコで根が飲料を泡だてるのに使われる他に、石鹸の代用として使われる。英語でソープトリー（石鹸の木）と呼ばれる由である。ユッカ・フィラメントサは、アメリカ南東部で、果実を食用にし、根は石鹸の代用にされると言う(12・13)。

染料とする植物

染料とする植物としてアイ（ポリゴヌム・チンクトリウム）とベニバナ（カルサムス・チンクトリウス）が

あるが、ベニバナについては油料植物のサフラワーのところでついでに言及した。ベニバナとサフラワーは植物学的に同じ植物だからである。

アイ（藍）はインドシナの南部の原産といわれる。日本には中国経由で伝来し、江戸期以前から栽培されていた。現在四種ほどの品種が知られている。葉に含まれるのはインディゴである。この青色の染料インディゴをつくる植物は、まったく縁の遠い植物に散在し、世界の違う地域で利用されてきた。インディゴをとる植物はアジアで四〇〇〇年も前から知られていた。マメ科のコマツナギ属のインディゴフェラ・チンコリアや同属のスマトラナなどである。マメ科の灌木のネムノキと同じように羽状の葉をつける植物である。ヨーロッパ東部原産のアブラナ科の植物ホソバタイセイ（イスアチス・チンクトリア）は古くから、ヨーロッパで知られていた。英国では戦いの時に敵を脅す目的で、この染料を使って体を青く染めているのを、侵入したローマの軍勢が目撃した。また、有名なロビンフッドはこの色素で染めた衣料を身につけていたという。ここで気がつくのは、上記の縁の遠い三つの染料植物の「種」名に、チンクトリウム、チンコリア、チンクトリアといずれも関連のある語が使われていることである。これらの植物が染料原料として共通していることを、よく物語っている。一九世紀になって合成染料が出回るようになると、染料植物の栽培や採集は減少した。わが国の藍も例外ではないが、最近また村おこしや伝統技術の見直しなどと関連して、藍染めが話題となることも多い。つむぎ、かすりなどの伝統工芸でも使われることが多い。

赤色染料としては、カリブ海の先住民族が戦いの時に体を飾るのに使われた、ベニノキ科の植物のベニノキ（ビキサ・オレラナ）がある。赤い果肉の中に赤い種ができ、これを有機溶媒で抽出すると染料が取り出される。この色素はアナットーと呼ばれ、水には溶けない。先住民はこの事実を知っていて、動物の脂肪に溶かして使ったという。ミソハギ科のシコーカ（ラウソニア・イネルミス）の葉からとれるオレンジ色の染料のヘンナは、エジプトでは古くから知られ、古代エジプトでは高貴な婦人が手を染めるのに使ったという。現在でも髪や皮の染色に利用されるという。(1・14)

（1）ハーバート・G・ベイカー『植物と文明』、阪本寧男・福田一郎訳（東京大学出版会）、一九七五年。
（2）田中正武『栽培植物の起源』（日本放送出版協会）、一九七五年。
（3）山本義忠「タバコ」、日本人が作りだした動植物企画委員会編『日本人が作りだした動植物　品種改良物語』（裳華房）、一九九六年。
（4）Langeheim, J.H. and Thimann, K.V., *Botany Plant biology and its relation to human affairs*, (John Wiley and Sons), 1982.
（5）J・ボナー『植物生化学』、山田登・丸尾文治訳（朝倉書店）、一九五四年。
（6）ドゥ・カンドル『栽培植物の起源　下』、加茂儀一訳（岩波書店）、一九五八年。
（7）星川清親「その他の薬料作物」、野口弥吉・川田信一郎監修『第二次増訂改版農学大事典』（養賢堂）、一九八七年。
（8）高橋信考・丸茂晋吾・大岳望『生理活性天然物化学』（東京大学出版会）、一九八一年。
（9）田中治「ヤクヨウニンジン」、野口弥吉・川田信一郎監修『第二次増訂改版農学大事典』（養賢堂）、一九八七年。
（10）宮沢洋一「薬用にんじん」、農林省農林水産技術会議事務局編『総合野菜・畑作事典I』（農業技術協会）、一九七三年。
（11）安達巌『日本食文化の起源』（自由国民社）、一九八一年。
（12）中尾佐助『栽培植物の世界』（中央公論社）、一九七六年。
（13）飯塚宗夫「植物遺伝資源をめぐる諸問題(19)」、『農業および園芸』六〇、一二四四―一二四八、一九八五年。
（14）小山弘「アイ」、野口弥吉・川田信一郎監修『第二次増訂改版農学大事典』（養賢堂）、一九八七年。

第八章　ハーブと香辛料植物

日本では今一種のハーブのブームである。春になるとホームセンターにたくさんのハーブの苗が並ぶ。ハーブと香辛料植物の違いははっきりとした定義があるわけでないが、ハーブは一般には温帯地方の一年草で、香辛料植物は多く熱帯地方原産の樹木である。ハーブは熱帯産の香辛料が比較的安価で手に入るようになるまでは、ヨーロッパでは重要な植物であった。

ハーブとして使われる植物には、ペパーミント、スペアミント、マジョラム、バジル、ローズマリー、タイム、セージ、パセリ、セロリ、コリアンダー、キャラウェイ、デル、クミン、アニース、テラゴンなど多種多様である。しかし、ミント類はハッカ油などをとる工業の原料植物でもある。

大航海時代の幕あけ

香辛料にまつわる物語は文明史のバイパスというよりは、むしろ主役におどりでる場合も多かったくらいであった。大航海時代の幕開けは、東方の熱帯地域に香辛料を求めての航海であった。これにまつわる物語だけで優に一巻の書物となりうるし、実際多くの本が書かれている。古来、アジアの熱帯地域で産する胡椒類のヨーロッパ世界への輸入は、アラビア人により独占され、莫大な利益を産んでいた。これが、ヨーロッパ世界に東洋の胡椒類を求めてのいわゆる大航海時代をもたらす原因となったのである。西洋の肉食を主体とする食生活では、冷蔵の手段がなかった時代には、肉は腐りやすく、その匂いを消すために胡椒類は珍重された。ナツメグ、シナモン（肉桂）、チョウジ（丁子）、コショウ（胡椒）を産するモルッカ諸島は香料諸島とも呼ばれていた。

マゼランがマゼラン海峡を発見したのが、一五二〇年一〇月二一日で、一カ月かかって海峡をぬけ太平洋に出、一五二一年三月六日にグアム島に着いた。三月一六日にフィリピン諸島に船を乗り入れ、セブ島を経由して近くのマクタン島に至ったとき、先住民と戦闘となり、ここでマゼランは死んだ。このときマゼラン船隊で残ったのは五隻中三隻だけだったが、破損した一隻は焼き捨てて残った二隻で航海を続け、一一月八日に香料諸島の一つのティドール島に着いた。そこで残留した一隻を残して、香料を満載して一二月二一日出航した。残留した者五一人で、帰国の途についたのは四七名であったが、航海の途中で次第に死に、一五二二年九月六日にスペインに帰り着いたのはわずか一八人であった。この時代背景には、香料諸島をめぐる権益をめぐるポルトガルとスペインの争いがあった。

ついでこの地域に勢力を伸ばしたのはオランダ人であった。一五九五年、オランダの艦隊は喜望峰経由でスンダ海峡を通ってジャワに着いた。困難な状況を克服して香料を満載した船団は、二年四カ月後に帰港した。帰国できたのは三分の一だけであった。一五九八年に再び喜望峰経由で二船団、マゼラン海峡経由で二船団が派遣されたが、一船団は成功を収め、一六〇〇年に帰国した。四船団のうちマゼラン海峡経由の一船団は、バラバラになって二隻だけが海峡を通過した。この二隻も太平洋で暴風に襲われてちりじりになった。その一隻のリーフデ号は豊後に漂着した。この船の航海長であった英国人のウィリアム・アダムスは、後に徳川家康につかえ、三浦安針となった挿話は有名である。この頃の香料諸島をめぐる情勢は、オランダによるポルトガル勢力の駆逐であった。かくしてオランダによる東インド会社の設立へとつながってゆく。その後、英国とフランスはこのオランダによる支配を打ち破ろうとして、アジア以外の地に胡椒類の産地を作ろうとした結果、西インド諸島やマダガスカルに産地を作るのに成功した。コショウなどはブラジルにも大産地を形成した。(1-3)

コショウ

コショウ(ピペル・ニグラム)はコショウ科の東インド原産の蔓性の多年生植物で、挿木で繁殖し、植えて三年目くらいから収穫し、一五年ほどは収穫できる。果実は一年中収穫できるが、実の成った房を熱湯に浸けて乾燥し、黒胡椒とする。果皮を除いたものは白胡椒となる。成分としてアルカロイドのピペリンとピペリジンを含む。テオフラストス(紀元前三七二—同二八七年)もコショウを記述しており、ギリシャやローマにおいても使われていたことがわかる。東洋とヨーロッパのもっとも古い交易品であった。アラブ人がインドから、そして後にはジャワからアラビアにコショウを持ってきた。そこからアレキサンドリア、そしてベネチアへと運ばれた。ロンドンには古く一一八〇年に、すでにコショウのギルドが存在したという。コロンブスの航海も、コショウなどの香辛料を求めるルートを開拓するのが重要な目的であった。バスコ・ダ・ガマが一四九八年にアフリカを回るルートを開拓し、香辛料貿易はポルトガルの手に落ち、以降一七世紀まで貿易を独占した。このような情勢下で、マラッカとゴアはコショウ貿易の拠点となった。

コショウと同じピペル属の異種のロングム（インドナガコショウ）はローマ時代から中世にかけて、ヨーロッパでも重視されたが、現在ではインドのベンガル地方などで栽培され、カレーなどに使われる。他にレトロフェアクタム（ジャワナガコショウ）が、インドネシアで栽培される。ピペル属の他の種クベバ（ヒッチョウカ）は未熟の果実を収穫して乾燥し、スパイスとして使われてインドネシアで広く栽培される。この植物は雌雄異株である。また、ピペル・クルシイ（ギアナコショウ）も香辛料として栽培される。(1・3)

ナツメグ

ナツメグ一名ニクズク（ミリスチカ・フラグランス）は、ニクズク科の常緑の高木で雌雄異株である。赤味がかった黄色い果実をつけ、成熟すると外果皮が縦に裂ける。中央に三センチメートルほどの種があり、褐色でこれをニクヅクと呼ぶ。メースと呼ばれるのは乾燥した仮種被である。両方で精油は同じだが、香りはいちじるしく異なっている。ナツメグはギリシャやローマでは知られておらず、五四〇年頃にコンスタンチノープルの記録に現われる。一二世紀の末にはヨーロッパにも知られるようになったが非常に高価であった。アラブ人はその産地を秘密にしたので、ポルトガル人が一五一二年にアンボイナで生えている木を見るまでは、知られなかったのである。一七世紀にオランダ人が到達するまでは、ポルトガルが貿易を独占した。一七七二年にフランス人は、木をフランス領ギアナに導入した。英国人もセント・ヴィンセント、トリニダード、グレナダに導入し、ザンジバルにも入った。現在の主産地は、インドネシアとグレナダにある。ナツメグには水分、炭水化物、蛋白質、油脂、精油がそれぞれ、九、二七、六・五、四・五パーセント含まれる。メースは油脂、精油をそれぞれ二二・五、一〇パーセント含む。ナツメグバターは七三パーセントのトリミリスチンと、一三パーセントの精油が含まれる。ナツメグ油にはピネンとカンフェンが八割と、四パーセントのミリスチシンが含まれるが、これには毒性がある。(1・3)

シナモン

シナモン（シナモヌム・ゼイラニカム）はクスノキ科の高木で、セイロンニッケイとも呼ばれ、スリランカ原産で、一五メートルにもなる。収穫には若い木を地表面付近で切り、新しく出た若い枝の皮を剝いでむしろで覆って醗酵させてから乾燥する。乾燥して丸まった皮をケイヒと呼ぶ。ポルトガル人は一五三六年にセイロンを占領し、一六五六年にオランダ人により排除されるまで、シナモン貿易を独占した。セイロンのオランダ人は、一七九六年に英国人が来るまでその専売を保持した。英国の独占は一八三三年まで続いた。オランダ人は一七七〇年にセイロンで商業的な栽培を始めた。一八二五年にジャワに入り、そこから南インド、セイシェル、マダガスカル、ブラジルなどに拡散した。シナモン樹皮の芳香物質は、シンナミックアルデヒドであるが、ユウゲノールや他の物質も含んでいる。

シナモンと同じシナモヌム属の植物のシナモヌム・ロウレイリーはニッケイの和名を持ち、中国南部原産の常緑の高木である。幹や根の樹皮を乾燥したものは。ニッケイヒと呼ばれ香辛料とされるが、シナモンより品質が劣る。日本には江戸期の享保年間に中国より伝来し、暖地に植えられた。

カシアは同属のシナモヌム・カシアという高木で、ミャンマー、中国南部、インドシナ半島に産する。冬に(1・3)切った木の樹皮を取る。乾燥した未熟種子も使われる。カシア油は葉から得られる。シナモンの代用になる。

クローブ（チョウジ）

クローブ（ユウゲニア・カリオフィラス）すなわちフトモモ科の植物のチョウジは、香料諸島やモーリシャス原産の木である。現在はマダガスカルとザンジバルに主産地がある。名前の由来した「クロウ」はフランス語の爪という言葉に起源し、乾燥した未展開の爪の形に似ている花のつぼみに由来する。つぼみは開く前に摘みとる必要がある。というのは、花が開いてしまうとスパイスとしての価値が半減するからである。

用途は食品に香りをつけるために使われるが、クローブの油は医薬用にも使われる。紀元前三世紀の中国では、宮廷で高官が皇帝の前で話すときに吐く息をやわらげるのに使われたという。日本でも丁香《ちょうこう》、丁子香《ちょうじ》として知られ、正倉院御物にもあることが知られている。西洋ではアレキサンドリアに紀元前一七六年には知られており、四世紀頃には地中海地域でよく知られていた。八世紀になると全ヨーロッパで知られたが、非常に高価であった。貿易商人たちは他の香辛料と同じく、その産地は何世紀にもわたって秘密にした。一六世紀にポルトガルはモルッカ海の香辛料諸島を占領し、その貿易を独占した。一六〇五年にオランダ人がアンボイナを占領し、以降二世紀にわたって貿易を独占した。これはフランスの探検隊が一七七〇年にモルッカに達し、種を取るのに成功するまで続いた。オランダ人は独占を続けるため、アンボイナ以外の木をすべて切ることを命じたという。フランス探検隊のもたらした種より、マルティニク島や他の西インド諸島へと拡散した。後に別のルートで、ザンジバルに持ち込まれ、ドミニカ、そこが現在の主要な産地となっている。クローブ油は蒸留により得られるが、八〇〜九五パーセントのユウゲノールを含む。主たる香りは微少成分、特にエステル類に依存する。バニリンはユーゲノールより作られる。

シナモン、カシア、ニッケイの属するクスノキ科の植物にゲッケイジュ（ラウルス・ノビリス）がある。この木は地中海沿岸地方が原産のため、熱帯原産の香辛料植物のように覇権争いとは無縁であったが、ヨーロッパでは料理の香味料として常用される。常緑の小高木で雌雄異株であるが、雌株は比較的少ないという。乾燥葉、生葉ともに芳香をつける目的で料理や菓子に使う。果実は薬用にされる。種を撒いたり、あるいは株分け、挿木でふやす。

明治期以前は通例では肉食がなかった日本では、胡椒類に対する願望はほとんどなかった。代わりに日本で発達した香辛料はワサビ、ミョウガ、シソなどで、いかにも日本らしい。これらについては別の所で[1・3・4]述べた。

アブラナ科の香辛料

アブラナ科の香辛料として、クロガラシ（ブラシカ・ニグラ）、シロガラシ（ブラシカ・アルバ）、コショウソウ（レピデウム・サチブム）、オランダガラシ（ロリッパ・ナスターチウム-アクアチカム）、ワサビダイコン（コクレアリア・アルモラキア）などがある。クロガラシはいわゆる洋辛子で、種を粉にして辛子粉にする。シロガラシは種が白いか黄色で、やはり種を粉に引いて辛子粉に作る。この両種とも日本にはいわゆる和カラシ（ブラシカ・ユンシア）があるため、ほとんど栽培されない。それぞれ、ブラック・マスタード、ホワイト・マスタードと言われる。英国では後者が、海峡を越えた大陸では前者が好まれるという。コショウソウは、葉をサラダに、種子を香辛料にする。オランダガラシは、いわゆるウォータークレスあるいはクレッソンとしても名が通っている。日本でも明治以降帰化植物となっている。茎葉も使われ、種もカラシと同じように使われる。

ワサビダイコンは、英語でホース・ラデッシュと言うもので、根に辛みと香気があり、これを乾燥した粉末をワサビの代用として使う。ヨーロッパ原産の多年生の草本で直根が肥大し、繊維が多い。根に辛みと香味がある。英語のホース・ラデッシュ（馬のダイコン）は「非常に精の強いダイコン」の意味である。肝心のワサビ（ワサビア・ジャポニカ）については別の所で述べたので、ここでは述べない(3)。

ハッカ

シソ科に属する多年草のハッカは一種の植物というよりは、ハッカ属の植物の総称でもある。ハッカは旧大陸の温帯地方に見られる。ニホンハッカ（メンタ・アルベンシス）はメントールが主成分である。ハッカ属を示す学名のメントはギリシャ神話の妖精のミントに由来し、古代エジプトでも記録がみられ、ギリシャ人やエジプト人も使っていたし、新約聖書にもこの植物は登場する。最近はハーブブームでいろいろのミント類が出回っているが、セイヨウハッカと呼ばれるペパーミントは特に香りに優れ、メントールの含量は五〇パーセントくらいである。ミドリハッカの和名のあるスペアーミントは、カルボンを含む。ベルガモットミントは、リナルアセテート、リナロールを含むし、ペニロイヤルミントはプレゴンを含む。わが国ではニホンハッカを和種と呼び、その他のものを洋種と呼んだが、最近ハーブとして売られているのは、洋種が大部分であるようだ。

大規模に栽培されるハッカはいずれも、成分のメントールを目的としたもので、ハッカ油、ハッカ脳を取る。健胃、整腸用の薬剤に使われ、頭痛、歯痛、神経痛、かゆみ止めなどの軟膏につかわれる他に、貼り薬に多用される。医薬品以外では、歯みがき、チューインガム、菓子類、口中剤、化粧水、たばこ、酒などの香料として必須である。用途別でみると、天然から得られたものでは、用途の多い方から、貼り薬、歯みがき、ガム、その他の順となっている。合成品も相当に使われている。和種と呼ばれるニホンハッカも戦後は、ブラジル、中国、台湾などで生産が増加した。ハッカ油は収穫した茎葉を水蒸気蒸留して製造して取り、これから無色針状のハッカ脳をとり、のこりはハッカ油となる。メントールは単環のモノテルペンである。スペアミントに含まれるカルボンもメントールと化学構造の骨格は同じであるが、二重結合の位置や酸素原子が一個余分についているなどの違いがある。モノテルペンは炭素数が五個のイソプレンという物質が単位となって生成される。ニホンハッカは、北海道、岡山、広島に産地があった。そのため、北海道農業試験場や岡山県農業試験場で品種改良が行なわれ、昭和二八年（一九五三）から四八年（一九七三）にかけて、いくつかの新品種が生まれた。(5・6)

ラベンダー

ラベンダー（ラベンドラ・オフィシナリス）はシソ科の多年生の小灌木で、日本では北海道に栽培される。紫の花の開く開花期には観光客が押し寄せ、観光植物とでも言いたいくらいになっている。もともと香料としての油を取る植物である。花にもっとも多くの油が含まれる。日本では昭和一二年（一九三七）にフランスから導入された。ラベンダー油は、石鹸、化粧水、整髪料などに使われる。現在必要量はほとんど輸入される。

ホップ

ホップ（フムルス・ルプルス）はコーカサス付近の原産といわれ、雌雄異株の蔓性の多年生植物である。ギリシャ人やローマ人はビールの製造にホップを使うというような記述は残していない。しかし、彼らはこの植物を医療用に使っていたらしい。ホップを醸造に使う習慣はヨーロッパでも中世以降に広まったものだという。ホップの栽培に関する記述が最初に現われたのは、七六八年に作成された、フランスでの遺産相続についての文書であるという。英国で栽培がはじまったのは、ヘンリー八世の時代だという。ホップは冷涼な気候に適する。その用途から、すべてビール会社との契約栽培である。収穫するのは球花といわれるもので、これは雌の花序が発達したもので、花弁の下部にルプリンが分泌される。ルプリン粒の成分はホップ油、ホップ樹脂を含み、苦み成分（フムロン、ルプロン）がビール製造に重要である。この成分の含量は、品種、産地、乾燥の方法などにより変動する。この成分はいくぶん抗菌性があり、その存在は不要な菌の感染を抑える役目もする。世界的には良質のホップは、チェコ・スロバキア、英国南東部、アメリカのオレゴン州で産するとされる。ビールは、細かい製造過程の違いによりいくつかの種類が生じる。エールは、醸造槽の表面に浮かぶ性質を持つ酵母の系統を使って作られ、ラガーは沈む性質を持つ酵母を使う。スタウトは色がより濃くいくぶん甘みを増すが、これは別の属の酵母ベタノマイセスにより一次醱酵の後で、二次的醱酵が進むからである。

日本で栽培されるホップの品種は二つが主で、一つは北海道で使われるアーリーツークというもので、明治末期にドイツから導入された種子から生じた実生から育成され、寒さや病気に強くルプリンを多く含む早生の品種である。もう一つは、信州早生と呼ばれ、明治末頃に北海道で交配された、雑種の実生から長野県農事試験場が選んで育てたもので、大正六年（一九一七）に命名された。病気にあまり強くないが、収量が多く品質が良いとされ、長い間栽培された。早生の名があるが、どちらかといえば晩生である。

ホップは雌雄異株である。すなわち、動物と同じように株（個体）により、雄と雌があり、雄ヘテロ型の植物である。すなわち、性を決定する性染色体が雄にあるXY型である。雄の花粉ができるときにX染色体を持つ花粉と、Y染色体を持つ花粉の二いろができる。雌はXX型であるから、X染色体を持つもの一種類の配偶子しかつくらない。どちらの花粉で受精するかにより、子供が雄か雌かに決まるわけである。(4・7・8)

（1）Purseglove, J.W., *Tropical crops Dicotyledons*, (Longman), 1968.

（2）増田義郎『大航海時代　ビジュアル版世界の歴史一三』（講談社）、一九八四年。

（3）女子栄養大学出版部編『食用植物図説』（女子栄養大学出版部）、一九七〇年。

（4）Langeheim, J.H. and Thimann, K.V., *Botany Plant biology and its relation to human affairs*, (John Wiley and Sons), 1982.

（5）笠野秀雄「はっか」、農林省農林水産技術会議事務局編『総合野菜・畑作技術事典I』（農業技術協会）、一九七三年。

（6）笠野秀雄「はっか」、野口弥吉・川田信一郎監修『第二次増訂改版農学大事典』（養賢堂）、一九八七年。

（7）ドゥ・カンドル『栽培植物の起源　中』、加茂儀一訳（岩波書店）、一九五八年。

（8）安丸徳広「ホップ」、農林省農林水産技術会議事務局編『野菜・畑作技術事典I』（農業技術協会）、一九七三年。

第九章　有用植物ア・ラ・カルト

アーテチョーク

アーテチョーク（シナラ・シコリムス）はチョウセンアザミともいわれ、キク科の植物で、地中海沿岸から中央アジアの原産である。この植物は地中海沿岸原産の同属のカルドン（シナラ・カルドンクルス）から進化したものとされる。ローマでは、この植物の花を支える花托を食用にしていた。アーテチョークは一四六六年に、ナポリからフィレンツェに導入されたと、ドゥ・カンドルは紹介している。この植物を食べる習慣は中国では書かれていないし、中国に伝来したという記録もないようだ。したがって、日本ではほとんど知られていない。ヨーロッパでも伝播は遅かったようで、英国で知られたのも一五四八年である。カルドンの方は、南アメリカ大陸、特にアルゼンチンの大草原やチリに帰化して大繁殖し、交通の邪魔になるほどだったという。

アーテチョークの植物は、巨大といってよい。蕾は総苞片に覆われ、大きさは優に子供の頭くらいもある。総苞片は多肉質で、茹でて食べたり生食もする。私はこの植物の栽培をカリフォルニアで見た。この

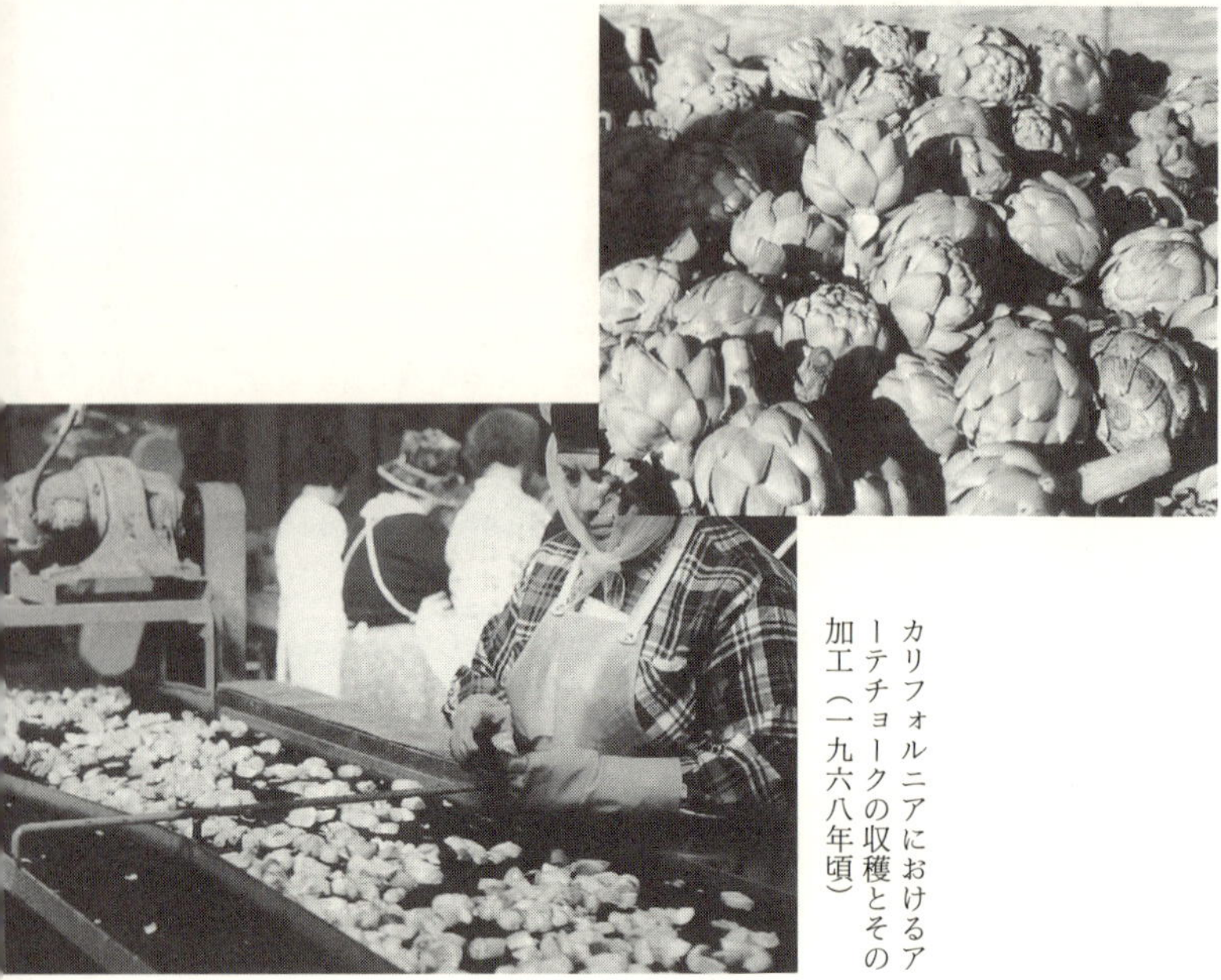

カリフォルニアにおけるアーテチョークの収穫とその加工（一九六八年頃）

植物をここで取り上げたのは、その時の印象があまりにも強かったからである。私が見たのはこの植物の蕾を加工して、花托の部分を瓶詰にする工場である。蒸したあとで、この蕾の鱗のような総苞片をはがして、バターをつけて食べたりもする。収穫したアーテチョークの蕾を大きな木箱にいれて、加工工場に運ばれるさまは、まだスーパーマーケットもない頃の日本から来て、日本の当時の野菜園芸を見慣れた目には、まさにすさまじいの一語につきるほどであった。また、このアーテチョークの畑の上には、双翼の飛行機が超低空で飛び、農薬か肥料を散布していた。この光景も当時の日本の園芸を見慣れた目には、驚異の一語に尽きた。また、つけ加えれば、コールドチェーンに供給するための、ホウレンソウを巨大なハーベスターで刈り取り、併走するトラックにまるで堆肥か牧草でも積み上げるように積載し、冷凍工場まで運び去るありさまは、牛乳もまだ一合瓶で各戸に配達していた日本から来た目には、形容する言葉に絶し、相当なカルチャーショックを受けたのである。(1-3)

原料作物としてのサツマイモ

農林水産省で最近育成されたサツマイモの新品種には、面白いものがたくさんある。葉柄を緑野菜として食べるために開発されたものについては、すでに述べた。ここでは、工業の原料として開発されたものを紹介しておく。

一つはニンジンのようにカロチンをたくさん含む「ベニハヤト」、「ジェニーレッド」、「サニーレッド」という品種群である。これらのイモは乾燥してパウダーを作る。パウダーは製パン、製麺、製菓に使われる。

肉色が濃い紫の高アントシアニン品種として「アヤムラサキ」が育成された。この新品種はおおもとの親に使った品種に比べて、五倍も多いアントシアニンを含む。ジュース、パウダーなどの加工用、発泡酒などの醸造に使われる。この品種から製造したサツマイモジュースには、肝機能障害を軽減する効果が認められたという。「ジョイホワイト」という新品種は、焼酎原料として澱粉含量が高く、一方糖含量は低い。この品種はベーター・アミラーゼを欠損しているためか、澱粉の老化が遅いため、そのパウダーから特長ある麺ができるともいう。「サツマヒカリ」もこの酵素を欠損し、調理するときにマルトーズができず、加工上の特性が従来の品種と異なるという。糖分の少ないサツマイモは、従来のサツマイモの概念を変え、ジャガイモのようにサラダやコロッケに使われる可能性があるという。もちろん、澱粉含量が高く、

サツマイモの開花

澱粉原料として注目される「コガネセンガン」、「ミナミユタカ」、「シロサツマ」、「ハイスターチ」、「サツマスターチ」などもある。葉柄を野菜として食べるための「エレガントサマー」という品種については前述した。

サツマイモはヒルガオ科の植物で、淡紫～桃色のアサガオに似た花をつける。日本では野外で栽培している植物ではめったに花を見ることはない。この点はジャガイモと大違いである。サツマイモは日が短くならないと咲かない短日植物である。現在では農林水産省の育成地では、キダチアサガオというアサガオの一種に接ぎ木して花を咲かせている。台木のキダチアサガオから開花ホルモンが供給されるのである。(4)

シンボル（紋章）としての植物

シンボルとしての植物は、たとえば「国花」、「県の花」、「市の花」などはわかりやすい。各県ではその県を特長づける花を県花に選んでいる。また、各家には家紋があり、多くは植物を図案化した紋である場合が多い。また、「花言葉」などもある種のシンボルといえる。同じ植物でも図案化の違いにより、違う紋章になることもある。家紋は花一輪の図案化もあれば、葉と花の両方が入った場合もあり、また葉だけの場合もある。

日本では、キクの花は朝廷の象徴とされてきた。一重咲きのキク、特に黄色の頭状花は太陽に擬せられてきた。神話における太陽神に起源を持つものであろう。アオイは徳川将軍家の家紋で、江戸幕府の権威の象徴であった。ドラマ「水戸黄門」の決まり文句の「この紋所が目に入らぬか」は「葵の紋」を指し、権威の象徴として使われている。徳川将軍家の家紋は「三つ葉葵」で、葵の葉三枚が図案化されている。しかし、その権威も時代の推移には勝てず、歌謡曲の歌詞に歌われたように「菊は栄える、葵は枯れる」となってゆく。幕末の「錦旗」に菊の紋が描かれ、その旗の登場により葵の権威が低下していくのである。

秀吉の豊臣家では、「千成り瓢簞」と「桐の花」がシンボル化されているし、菅原道真のシンボルはウメの花である。このウメは有名な道真の歌「東風《こち》吹かば想い起こせよ梅の花　あるじなしとて春な忘れそ」から、後世になって定着したものであろう。しかし、「梅に天神」は決まり文句になっている。私が農林省勤続二〇年記念に国から貰った銀杯には、桐の花が刻印してあるが、いつから「桐の花」が国のシンボル的に使われるようになったのだろうか。豊臣家は滅んだが、そのシンボルの「桐の花」はなにか一種の権威を象徴するものとして、意味を持ち始めたのであろうか。それとも、単なるデザインとしての意味しかないのであろうか。

サクラは日本の国花的な存在であった。サクラは散り際が潔いというので「花は桜木、人は武士」などと美化され、戦争中はこれが特攻隊の名前などに使われた苦い経験もある。しかし、平和になっても、サクラを愛する日本人の心情は変わらないようだ。ローマの時代には、ナポリ近くの八重咲きのバラの名所に、日本人が春にサクラが咲くと花見に出かけるのと同じように、そのバラの花を見に行くのが伝統であったという。家紋には植物と動物を組み合わせたものもある。伊達政宗の紋は「竹に雀」の取り合わせである。これらの家紋が成立したのは、相当古い時代だと思われるが、どの紋章も、現代のイラストレーターが描いたように、相当近代的な感覚で描かれているのは驚きである。昔の正装である、いわゆる羽織、袴の羽織には、それぞれ「家紋」が描かれた「紋つき」で、これらは武士の時代に所属を示す「旗指し物」の名残りがあるのであろうか。家の制度がなくなった現在は、この「家紋」の意識も希薄になってしまった。

日本におけるキクの花に似た状況は英国のバラであろう。バラ戦争（一四五五―一四八五）は、王権をめぐって英国内の貴族を二分して行なわれた戦争であるが、この王権を象徴するのがバラの花であった。国王エドワード三世の三人の男子のなかで、ランカスター公ジョンが創始となるランカスター朝三代（一三九九―一四六一）にたいして、ジョンと兄弟のエドマンドの子孫は王権継承の正当性を主張して、ヨーク朝三代（一四六一―一四八五）を創始した。その間、英国の貴族はどちらかに荷担して二分して戦った。ランカスター家のシンボルは赤いバラで、ヨーク家のシンボルは白いバラであったので、この戦争はバラ戦争と呼ばれる。赤いバラはローザ・ガリカで、白いバラはローザ・アルバであったと思われる。ガリカの染色体は体細胞で二八本で、ローザ属の染色体の基本は七本なので、ガリカは四倍体である。一方、アルバは六倍体で染色体は四二本ある。一四八五年にヘンリー七世によりチューダー朝五代が創始され、バラ戦争に終止符が打たれた。チューダー朝では、両朝の対立を解消したというので、赤と白のバラをシンボルとしたという。わが国でも、南北朝時代には、二つの王権が並立したが（一三三一―一三九二）、両王権共に菊の紋章を使っていた。

仏教では、ハス（ネルンボ属）の花が特別な意味を持ち、中国ではボタン（ペオニア・スフルチコサ）の花が皇帝の花として珍重されたいきさつがある。[5-7]

クワイとチョロギ——めでたい縁起物

日本には特別の季節だけ出回り、あるいは消費され、他の季節にはほとんど姿を見せぬ食用植物がある。正月料理に使われるクワイもその代表であろう。クワイ(サジタリア・トリフォリア変種シネンシス)は、同じ学名を持つオモダカ(サジタリア・トリフォリア)が水田の雑草として生えている。この植物の肥大した地下茎(塊茎)は色といい形といい、食用とされるクワイとそっくりである。ただ大きくても指の先くらいにしかならず、大きさが際立ってちがう。

オモダカの種子は縄文晩期の水田遺跡である北九州の板付遺跡の層位からも発見されているので、この時代から日本に生えていたと考えられる。ところが、クワイを作物にしたのは日本ではなく中国らしい。クワイの類はアジアだけでなく欧米にも分布するが、現在でもクワイを食べるのは中国と日本だけである。現在の主産地は埼玉県で、明治の後期から栽培がされたらしいが、その来歴についての記録はあまりない。稲山光男によると、クワイの語源はその葉と葉柄の形が農具の鍬に似ているからだという説がある。しかしこの類を英語では「アロー・ヘッド」という。すなわち「矢頭《やがしら》」である。ちなみに日本語では「矢尻《やじり》」である。矢の先端につける石あるいは金属のとがった部分を西洋では、すなおに矢の頭と言うのに、なぜ日本では矢の尻と言うのであろうか。そういえば、この類の葉の形は矢尻にそっくりである。日本ではこれを鍬の形とみたのは、狩猟民族と農耕民族の違いのようにも思える。もっとも、野生のオモダカにくらべて栽培化されたクワイの葉は、ふくらみを帯びて矢尻より鍬に近くなっているのも事実である。

クワイは日本でも一〇〇〇年以前から食用にされていたという。稲山光男によると、渡来のはっきりし

オモダカと地下にできる塊茎。色と形はクワイとそっくりだが大きくならない

た年代は不明だが、九二三〜九三〇年ころには「久和為」の名の記録があり、奈良朝期には栽培があったという。苦味もあるので、最初は薬用とされたとも考えられる。高嶋四郎によると、天正一四年（一五八六）に豊臣秀吉が、京都の西部に塁を作り、市内と市外を分けた際に、その土塁を作る土を得るために付近を掘った際にそこに水がたまったのでクワイを栽培したという記録が残っているという。

現存するクワイには、青クワイ、白クワイ、吹田クワイの三系統がある。最初のものがもっとも品質が良いとされる。白クワイは時代が下ってから中国から渡来した。吹田クワイは前二者より小型で姫クワイ、豆クワイなどの異名がある。苦味がなく品質が良いとされている。吹田クワイも起源はさだかでないが、中国の福州に小慈姑と称するこれと類似したものがあったので、たぶん中国起源であろうと考えられる。クワイは販売されているとき、塊茎から芽が出ているので「目が出る」すなわち縁起が良いとされ、正月に使われるようになったものであろうと言う。しかし、大体は年中出まわるほど生産量が多くはない。クワイは古くには「慈姑」と書かれたが、喜田茂一郎や稲山光男によると「根に一年に十二の子いもを着けるのは、いつくしみあるしゅうとめ（慈姑）が諸子に哺乳するようだ、すなわち慈母が子供に乳を与えているようだ」という語源説があるという。ワラビとかウドあるいはオカヒジキのように、野生のものがそのまま採集利用されるとか、栽培化されているものを除き、同じ学名を持つ植物が野生状態で生えているのに、一方で古くから栽培されている作物がある例はほとんどない。クワイとオモダカはそのまれな例であろう。

お祝い料理に使われ、やはり縁起物とされるものにチョロギがある。チョロギ（スタチス・セボルディイ）はシソ科の植物で、チョロキチ、ネジリイモ、ヨメノゾキ、クビレイモ、トロミなどの異名がある。漢字でも甘露子、千代老木、長老芋、松露花、滴露などと書かれる。喜田茂一郎によると『言海』には朝露葱と書かれ、「朝露が落ちて生じた球」の意味であるが、韓国語でミミズのことをチョロギと言うので、その形からこう称するのではないかという。英語でチャイニーズ・アーテチョークと言うのは、芋の味がアーテチョークに似ているからだという。現代の『広辞苑（第四版）』では「草石蚕」の字を当てている。

喜田茂一郎によると、エジプト、アラビア地方の原産であるが、一四世紀にはすでに中国に存在し、「地蚕」と称して食用にされていたという。欧州には一八八六年にフランスにもたらされた。『広辞苑』の「草石蚕」の語源はこの「地蚕」と関連あるのだろう。形状からは、「地蚕」がぴったりである。地下茎がカイコ状に肥大するからである。日本への渡来は確かでないが、『和漢三才図会』（一七一五年）に「近ごろ諸所にこれがある」と書かれているので、その当時に中国から導入され、繁殖していたらしい。しかし延宝三年（一六七五）の『遠碧軒記』に、「これは唐物なり」とか「高麗物なり」とかの記述があるので、さらに四〇年は古いという。高倉志能によると、大分県の竹田地方で三〇〇年も前から各家庭で絶えることなく栽培されてきたという。竹田地方を治めた岡藩七万石の中川氏は豊臣秀吉の朝鮮出兵に出兵したので、その際持ち帰ったのではないかとの推測も成り立つという。昭和四〇年代に竹田市農協で梅酢漬にして「長老喜」の商標で特売したという。昭和五〇年代始めに竹田市で一〇ヘクタールに栽培され、自家用として一〇〇〇戸で栽培された。正月用に使う時は赤く染められ、黒豆と一緒に盛り付けることが多い。(2・8-13)

(1) ドゥ・カンドル『栽培植物の起源 上』、加茂儀一訳（岩波書店）、一九五三年。
(2) 女子栄養大学出版部編『食用植物図説』（女子栄養大学出版部）、一九七〇年。
(3) 菅洋「カリフォルニア農業印象記」、『農業技術』三巻、五八七―五九一、一九六八年。
(4) 熊谷享「九州農業試験場におけるサツマイモ育種の最近の成果」、『育種研究』第二巻二号、九七―一〇四、二〇〇〇年。
(5) Langeheim, J.H. and Thiman, K.V., *Botany Plant biology and its relation to human affairs*, (John Wiley and Sons), 1982.
(6) 大場秀章『バラの誕生　技術と文化の高貴なる結合』（中央公論社）、一九九七年。
(7) 木下康彦・木村靖二・吉田寅編『詳説世界史研究』（山川出版社）、一九九五年。
(8) 笠原安夫・黒田耕作「岡山県津島遺跡（弥生前期〜後期）の作物および雑草種子について」、『日本作物学会紀事』別号二、九七―九八、一九七〇年。
(9) 稲山光男「縁起物　クワイ（慈姑）」、農耕と園芸編『ふるさとの野菜』（誠文堂新光社）、一九七九年。
(10) 喜田茂一郎『趣味と科学　蔬菜の研究』（地球出版株式会社）、一九三七年。
(11) 高嶋四郎「京都を中心として」、農耕と園芸編『ふるさとの野菜』（誠文堂新光社）、一九七九年。
(12) 新村出編『広辞苑（第四版）』（岩波書店）、一九九一年。
(13) 高倉志能「祝い事に使う珍草　チョロキ」、農耕と園芸編『ふるさとの野菜』（誠文堂新光社）、一九七九年。

終章　二一世紀型の有用植物

二一世紀に入ってはや数年を経過した。これまで述べてきたように、有用植物のプロフィールは時と共に変化していく。二一世紀は地球環境の変化により人類の運命がどのようになるかの曲がり角になるかも知れない。このような時代には、二一世紀的特長のある今までとは異なった形の有用植物が話題となるであろう。

とは言っても今のところ、植物の光合成を試験管内で代行させること、すなわち澱粉の人工合成は不可能なので、農地を必要とする二〇世紀型の主要な食用作物が引き続き、有用植物の中で主役を占めることは間違いないであろう。

すなわち、コムギ、オオムギ、イネ、トウモロコシなどの穀類やダイズ、インゲンマメなどのマメ類、ジャガイモ、サツマイモ、タロイモなどのイモ類が、引き続き増加する世界人口を支える食糧として、重要性は二一世紀もむしろ増大するであろう。さらに、サトウキビ、テンサイなどの甘味料作物、ナタネ、トウモロコシ、ダイズ、サフラワー、ゴマなどの油料作物、各種の飼料作物、数多くの蔬菜、果樹も引き続き重要である。鑑賞用の花卉の消費は増大する一方である。

ここでは、二一世紀的特長を具現した有用植物の二、三を展望して終章としたい。まず、地球環境温暖化、オゾン層破壊による紫外線増加など地球環境の悪化に対応して、不良環境でも育つ有用植物の探索がなされるであろう。第一段階としては、これら不良環境に耐性を示す作物種や作物品種の選抜がなされるであろう。その具体的例を示そう。今後の地球環境悪化の重大な問題に、地球の乾燥地の増大がある。すなわち砂漠化である。したがって、乾燥耐性を持つ作物品種の育成は急務である。中国の黄土高原では、降雨量が極端に少ないため、コムギは地中に深播きされる。浅く播種すると土壌の水分含量が少ないため、ほとんどうまく発芽しない。そのため、多少は水分含量の高い深い所に播かれる。しかし、通常の品種はそのように深い所からは地上に出芽できないため、黄土高原ではそのような深い地中からも出芽できるような特別の在来種が栽培されてきた。

われわれはそのような品種が、深い播種でも茎を伸ばして地上に出てくることができるメカニズムを研究してきた。そのような品種は、ジベレリンという植物を縦方向に伸ばす作用のある植物ホルモンに対する感受性が普通の品種に比較していちじるしく高く、通常はほとんど伸びない第一節間という、種子のすぐ上の茎をいちじるしく伸ばして地上に出てくるのである。余談であるが、一九七〇年代にいわゆる「緑の革命」の担い手として有名になったメキシココムギは、このジベレリンに対する感受性をほとんど失っているので、茎が長くは伸びず短稈なので肥料を多くやっても倒れることがなく、灌漑下などで栽培するといちじるしく収量を増し、その成果は「緑の革命」として宣伝され、メキシコにある「国際コムギ・トウモロコシ改良センター」でこれらメキシココムギと総称された一群の品種を育成したボーローグはノーベル平和賞を受賞した。しかし、このような品種は、降雨が適当にあり肥料も十分に与えられるといったように条件が整わないと増収はしない。砂漠化した乾燥地に適応する品種は上に述べたように「緑の革命」型の品種とは、ある意味では反対の性質を持つ品種だということになる。このような新しい型の品種は、二一世紀的地球環境下で第二の「緑の革命」をもたらす可能性を秘めているといえよう。いわば、二

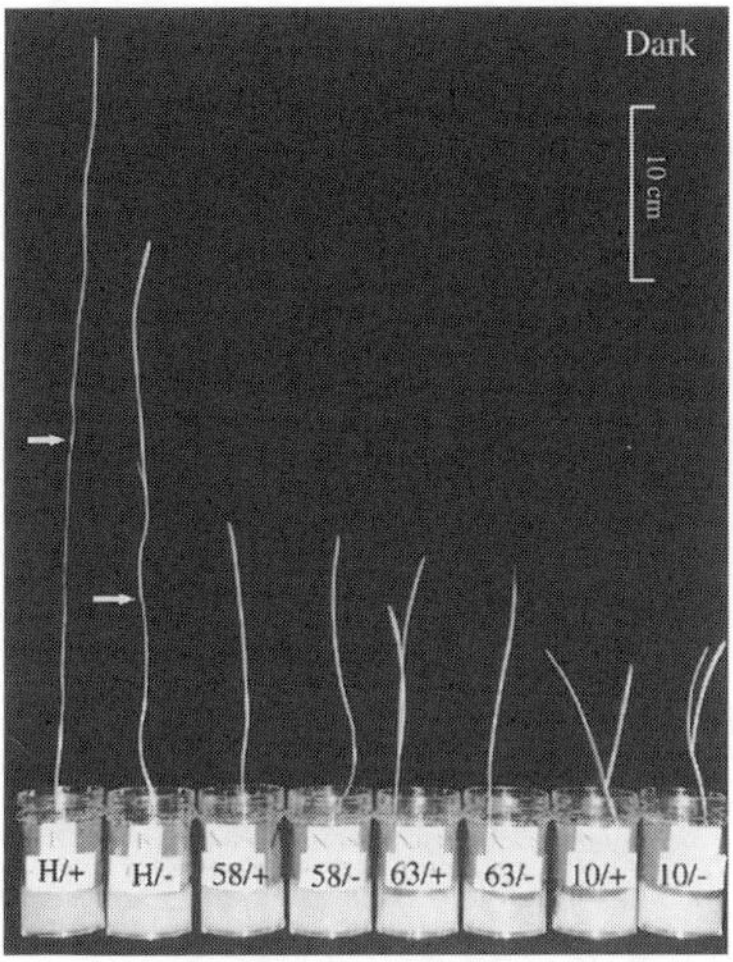

植物ホルモンのジベレリンに非常によく反応する遺伝子をもつ品種（左の2個体）は深播きして地上に出芽できる．他方，ジベレリンに反応しない遺伝子をもつ品種（右の2個体）は，良い条件では肥料をやっても倒伏しないので多収である（Nishizawa ら，2003年）．

植物の遺伝子研究に「標準時計」として有用なシロイヌナズナ（東北大学高橋秀幸教授の好意による）．

重力に反応して立ち上がる性質を失ってしだれるオオムギの突然変異．無重力の宇宙空間における植物生育のありさまを，地上で研究するのに役立つ．

一世紀型の有用植物といえるだろう。

また、品種単位でなく、植物単位でみても、不良環境に適応する植物として今まであまり注目されなかった植物に目が向けられている。国連のFAOなどでも二一世紀の資源植物として、いくつかの植物に注目している。メキシコでスペイン人が征服する前まで、重要な作物であったアマランサスの類などは、土着宗教の儀式と結びついていたので、スペイン人はキリスト教を広げるため、この植物の栽培を禁止した。しかし、この植物は種子にリジンなどの必須アミノ酸含量が高く、不良環境にも強いので国連も二一世紀の有用植物として注目している。この種の有用資源植物は熱帯に多い。

また、直接食用にしたりせず、また他の目的にも利用しないが、実験植物として遺伝子研究のモデル植物となっているシロイヌナズナ（アラビドプシス）という植物がある。この植物は小さく、一世代を経過する時間が他の植物に比較して短く、染色体の数も少ない。この植物は遺伝子研究のモデル植物として集中的に研究され、他の重要な栽培植物の遺伝子を研究する時にある意味での「標準時計」としての役割を果たしている。これは、人間生活に直接利用する植物ではないが、科学の発展のために不可欠な「有用植物」となっている。シロイヌナズナで解き明かされた植物の生命現象の秘密が、それを介して他の重要な植物の解析に一種の「標準時計」として利用され、ひいては人間に役立ってくるのである。まさに、二一世紀的有用植物といえよう。

二一世紀の特徴と言えるものに宇宙空間の探査や利用がある。宇宙基地も曲がりなりにも打ち上げられ、建設が進行中である。現在、宇宙食はすべて地球上で生産されているが、近未来には宇宙で生活する人の食糧は一部現地生産されるかもしれない。宇宙環境で有用な植物はどのようなものであろうか。これなども、二一世紀的有用植物の典型であろう。地球創生という構想がある。宇宙空間に第二の地球を作ろうという遠大な計画である。さしあたりの目的地は火星だとされる。というのは、太陽系惑星の中では一番地球に近い存在だと考えられるからである。二〇〇三年八月に火星は、六万年ぶりに地球に大接近して話題になった。火星には水が存在しているのではないかと言われ、かつて生命体が存在していたのではないかなどともいわれる。火星が第二の地球となった時はどのような植物が有用植物になるのであろうか。しかし、この問題は二一世紀を超えてもっと先の世紀の話題なのであろう。それより前に、地球の運命を考えるのが先決なのであろう。宇宙開発は、鬼才スタンレイ・キューブリックが映画の問題作「二〇〇一年宇宙の旅」で予想したものより、はるかに遅れているのが現実である。二〇〇四年の現在、あの映画で描かれたような宇宙旅行は実現していない[1]。

(1) Nishizawa, T., Chen, L., Higashitani, A., Takahashi, H., Takeda, K., Suge, H., "Responses of the first internodes of Hong Mang Mai wheat to ethylene, gibberellin and potassium", *Plant Prod Sci.* 5(2), 93–100, 2002.

あとがき

私は菊作りの名人であった母方の祖父の影響を受けて子どもの頃から植物に興味をもっていた。江戸時代末期に斑入り植物だけを三〇〇〇種も集録した『草本錦葉集』(和綴全八冊)を書いた幕府の士水野忠暁は私の母方の五代さかのぼった先祖にあたるというので、私の植物好きには遺伝的要素も多少はあったのかも知れない。

終戦の年に旧制中学に入ったが、祖父に貰った戦前の上質の紙に印刷された花のカタログを憧憬の目でみていた。戦後二年目くらいから種苗商のカタログが出はじめた。A４判一枚か二枚の写真も図版もない文字だけのカタログであったが、友人と夢中で集めた。あげくの果てに、友人三人と各自の庭にある草花や庭木の苗を載せた手書きのカタログをつくり、友人の間を回覧して必要なものを互いに交換し合ったりした。また、大学に入って家を出るまでは、懸崖菊と朝顔をつくり、夏には大輪朝顔の花の大きさを競い合ったりした。

中学に入るころから植物の研究を職業にしたいと思い、幸いに大学の農学部で遺伝育種学を専攻し、卒業後は農林省の農業試験場で七年間ムギ類の品種改良に従事した。この間いくつかの新品種に育成者として名前を連ねさせてもらった。その後は農林省内の基礎的な研究を行なう農業技術研究所に転じたが、なるべく広い基盤に立って植物を展望したいという気持は変わらなかった。

国の中南米計画の一環としてメキシコに一年間滞在し、メキシコ国立農科大学大学院で植物生理学関連の講義と実験指導を担当したが、このときにそこで見た多様な植物の利用のありさまや、その歴史的展開は私の植物にたいする興味をさらにかきたてるものであった。それより七年ほど前、カリフォルニア大学に研究のため一年間滞在した折も、そこで見たアメリカの農業、園芸の様子は植物利用の多様性を強く印象づけるものであった。

その後は東北大学に職場を変わったが、右に述べたような経験が学生に講義する上でも大変役に立ったのである。子供の頃から植物にいだいていた興味を、私なりにまとめてみたいと思い「有用植物」という視点からいろいろな文明と植物とのかかわりあいを基盤において書いたのが本書である。しかし、浅学非才のため多くの諸先人に負うところが多かった。参考にさせていただいた文献は章末に記載したが、これら諸先人に衷心よりお礼申しあげる。私と同じプログラムで私より先にメキシコに滞在され、その後も調査を行なわれた飯塚宗夫教授のご労作には特に敬意を表するものである。園芸植物については東北大学農学部の金濱耕基教授にいろいろご教示いただいた。お礼申しあげる。本文中の人名については敬称を省略させていただいた。失礼の段はご容赦お願いしたい。

本書に掲げた写真は、ほとんど私が自身で撮影したものだが、私以外の出所のものについては明記した。写真を提供された井之上準、佐々木次雄、ホスエ・コハシ、北海道立十勝農試甜菜科、高橋秀幸、松木正利の諸氏に厚くお礼申しあげる。

本書はこのようなわけで、私が植物にかかわった人生の中で多くの人々の友情なしには成立しなかったと思う。これらの友人にも心からお礼申しあげる。少年時代に植物に対する興味を共有した松木正利氏、農林省で研究に従事した頃の友人、特に農業技術研究所生理遺伝部生理一科の諸氏、メキシコで苦労を共にした松島久氏とお世話になった小金丸梅夫、山田康之、ホスエ・コハシ、ラルケ・サーベドラ、ドルセ・マリア・フローレスの諸氏、東北大学でお世話になった高橋成人、江刺洋司、服部勉、高橋秀幸、日向康吉、星川清親の諸氏に特に厚くお礼申しあげる。出版については法政大学出版局の松永辰郎氏にお世話になった。厚くお礼申しあげる次第である。

二〇〇四年一月

菅　洋

著者略歴

菅　洋（すげ　ひろし）

1932年山形県鶴岡市生まれ．東北大学農学部卒．東北大学名誉教授．著書：『作物の発育生理』（養賢堂，1979），『稲を創った人々—庄内平野の民間育種』（東北出版企画，79），『作物の生理活性—自立生育のしくみ』（農文協，86），『育種の原点—バイテク時代に問う』（農文協，87），『庄内における水稲民間育種の研究』（農文協，90），『稲—品種改良の系譜』（法政大学出版局，98）ほか．共著：『宇宙船の植物学』（学会出版センター，90），『宇宙植物学の課題—植物の重力反応』（学会出版センター，90），『稲学大成１・２巻』（農文協，90），『日本人が作りだした動植物—品種改良物語』（裳華房，96）ほか．

ものと人間の文化史　119・有用植物《ゆうようしょくぶつ》

2004年４月27日　　初版第１刷発行

著　者 © 菅　　洋

発行所 財団法人 法政大学出版局

〒102-0073 東京都千代田区九段北3-2-7
電話03(5214)5540／振替00160-6-95814
印刷／平文社　製本／鈴木製本所

ISBN4-588-21191-9

ものと人間の文化史

★第9回梓会出版文化賞受賞

文化の基礎をなすと同時に人間のつくり上げたもっとも具体的な「かたち」である個々の「もの」について、その根源から問い直し、「もの」とのかかわりにおいて営々と築かれてきたくらしの具体相を通じて歴史を捉え直す

1　須藤利一編

船

海国日本では古来、漁業・水運・交易はもとより、大陸文化も船によって運ばれた。本書は造船技術、航海の模様の推移を中心に、漂流、船霊信仰、伝説の数々を語る。　四六判368頁　'68

2　直良信夫

狩猟

人類の歴史は狩猟から始まった。本書は、わが国の遺跡に出土する獣骨、猟具の実証的考察をおこないながら、狩猟をつうじて発展した人間の知恵と生活の軌跡を辿る。　四六判272頁　'68

3　立川昭二

からくり

〈からくり〉は自動機械であり、驚嘆すべき庶民の技術的創意がこめられている。本書は、日本と西洋のからくりを発掘・復元・遍歴し、埋もれた技術の水脈をさぐる。　四六判410頁　'69

4　久下司

化粧

美を求める人間の心が生みだした化粧―その手法と道具に語らせた人間の欲望と本性、そして社会関係。歴史を溯り、全国を踏査して書かれた比類ない美と醜の文化史。　四六判368頁　'70

5　大河直躬

番匠

番匠はわが国中世の建築工匠。地方・在地を舞台に開花した彼らの造型・装飾・工法等の諸技術、さらに信仰と生活等、職人以前の独自で多彩な工匠的世界を描き出す。　四六判288頁　'71

6　額田巌

結び

〈結び〉の発達は人間の叡知の結晶である。本書はその諸形態および技法を作業・装飾・象徴の三つの系譜に辿り、〈結び〉のすべてを民俗学的・人類学的に考察する。　四六判264頁　'72

7　平島裕正

塩

人類史に貴重な役割を果たしてきた塩をめぐって、発見から伝承・製造技術の発展過程にいたる総体を歴史的に描き出すとともに、その多彩な効用と味覚の秘密を解く。　四六判272頁　'73

8　潮田鉄雄

はきもの

田下駄・かんじき・わらじなど、日本人の生活の礎となってきた伝統的はきものの成り立ちと変遷を、二〇年余の実地調査と細密な観察・描写によって辿る庶民生活史　四六判280頁　'73

9　井上宗和

城

古代城塞・城柵から近世代名の居城として集大成されるまでの日本の城の変遷を辿り、文化の各領野で果たしてきたその役割を再検討。あわせて世界城郭史に位置づける。　四六判310頁　'73

10 室井綽
竹
食生活、建築、民芸、造園、信仰等々にわたって、竹と人間との交流史は驚くほど深く永い。その多岐にわたる発展の過程を個々に辿り、竹の特異な性格を浮彫にする。四六判３２４頁・'73

11 宮下章
海藻
古来日本人にとって生活必需品とされてきた海藻をめぐって、その採取・加工法の変遷、商品としての流通史および神事・祭事での役割に至るまでを歴史的に考証する。四六判３３０頁・'74

12 岩井宏實
絵馬
古くは祭礼における神への献馬にはじまり、民間信仰と絵画のみごとな結晶として民衆の手で描かれ祀り伝えられてきた各地の絵馬を豊富な写真と史料によってたどる。四六判３０２頁・'74

13 吉田光邦
機械
畜力・水力・風力などの自然のエネルギーを利用し、幾多の改良を経て形成された初期の機械の歩みを検証し、日本文化の形成における科学・技術の役割を再検討する。四六判２４２頁・'74

14 千葉徳爾
狩猟伝承
狩猟には古来、感謝と慰霊の祭祀がともない、人獣交渉の豊かで意味深い歴史があった。狩猟用具、巻物、儀式具、またけものたちの生態を通して語る狩猟文化の世界。四六判３４６頁・'75

15 田淵実夫
石垣
採石から運搬、加工、石積みに至るまで、石垣の造成をめぐって積み重ねられてきた石工たちの苦闘の足跡を掘り起こし、その独自な技術の形成過程と伝承を集成する。四六判２２４頁・'75

16 高嶋雄三郎
松
日本人の精神史に深く根をおろした松の伝承に光を当て、食用、薬用等の実用の松、祭祀・観賞用の松、さらに文学・芸能・美術に表現された松のシンボリズムを説く。四六判３４２頁・'75

17 直良信夫
釣針
人と魚との出会いから現在に至るまで、釣針がたどった一万有余年の変遷を、世界各地の遺跡出土物を通して実証しつつ、漁撈によって生きた人々の生活と文化を探る。四六判２７８頁・'76

18 吉川金次
鋸
鋸鍛冶の家に生まれ、鋸の研究を生涯の課題とする著者が、出土遺品や文献・絵画により各時代の鋸を復元・実験し、庶民の手仕事にみられる驚くべき合理性を実証する。四六判３６０頁・'76

19 飯沼二郎／堀尾尚志
農具
鍬と犂の交代・進化の歩みとして発達したわが国農耕文化の発展経過を世界史的視野において再検討しつつ、無名の農具たちによる驚くべき創意のかずかずを記録する。四六判２２０頁・'76

20 額田巌
包み
結びとともに文化の起源にかかわる〈包み〉の系譜を人類史的視野において捉え、衣・食・住をはじめ社会・経済史、信仰、祭事などにおけるその実際と役割とを描く。四六判354頁・'77

21 阪本祐二
蓮
仏教における蓮の象徴的位置の成立と深化、美術・文芸等に見る人間とのかかわりを歴史的に考察。また大賀蓮はじめ多様な品種とその来歴を紹介しつつその美を語る。四六判306頁・'77

22 小泉袈裟勝
ものさし
ものをつくる人間にとって最も基本的な道具であり、数千年にわたって社会生活を律してきたその変遷を実証的に追求し、歴史の中で果たしてきた役割を浮彫りにする。四六判314頁・'77

23-I 増川宏一
将棋I
その起源を古代インドに、我国への伝播の道すじを海のシルクロードに探り、また伝来後一千年におよぶ日本将棋の変化と発展を盤、駒、ルール等にわたって跡づける。四六判280頁・'77

23-II 増川宏一
将棋II
わが国伝来後の普及と変遷を貴族や武家・豪商の日記等に博捜し、遊戯者の歴史をあとづけると共に、中国伝来説の誤りを正し、将棋宗家の位置と役割を明らかにする。四六判346頁・'85

24 金井典美
湿原祭祀 第2版
古代日本の自然環境に着目し、各地の湿原聖地を稲作社会との関連において捉え直して古代国家成立の背景を浮彫にしつつ、水と植物にまつわる日本人の宇宙観を探る。四六判410頁・'77

25 三輪茂雄
臼
臼が人類の生活文化の中で果たしてきた役割を、各地に遺る貴重な民俗資料・伝承と実地調査にもとづいて解明。失われゆく道具のなかに、未来の生活文化の姿を探る。四六判412頁・'78

26 盛田嘉徳
河原巻物
中世末期以来の被差別部落民が生きる権利を守るために偽作し護り伝えてきた河原巻物を全国にわたって踏査し、そこに秘められた最底辺の人びとの叫びに耳を傾ける。四六判226頁・'78

27 山田憲太郎
香料 日本のにおい
焼香供養の香から趣味としての薫物へ、さらに沈香木を焚く香道へと変遷した日本の「匂い」の歴史を豊富な史料に基づいて辿り、我国風俗史の知られざる側面を描く。四六判370頁・'78

28 景山春樹
神像 神々の心と形
神仏習合によって変貌しつつも、常にその原型＝自然を保持してきた日本の神々の造型を図像学的方法によって捉え直し、その多彩な形象に日本人の精神構造をさぐる。四六判342頁・'78

29 増川宏一
盤上遊戯
祭具・占具としての発生を『死者の書』をはじめとする古代の文献にさぐり、形状・遊戯法を分類しつつその〈進化〉の過程を考察。〈遊戯者たちの歴史〉をも跡づける。四六判326頁・'78

30 田淵実夫
筆
筆の里・熊野に筆づくりの現場を訪ねて、筆匠たちの境涯と製筆の由来を克明に記録しつつ、筆の発生と変遷、種類、製筆法、さらには筆塚、筆供養にまで説きおよぶ。四六判204頁・'78

31 橋本鉄男
ろくろ
日本の山野を漂移しつづけ、高度の技術文化と幾多の伝説とをもたらした特異な旅職集団＝木地屋の生態を、その呼称、地名、伝承、文書等をもとに生き生きと描く。四六判460頁・'79

32 吉野裕子
蛇
日本古代信仰の根幹をなす蛇巫をめぐって、祭事におけるさまざまな蛇の「もどき」や各種の蛇の造型・伝承に鋭い考証を加え、忘れられたその呪性を大胆に暴き出す。四六判250頁・'79

33 岡本誠之
鋏（はさみ）
梃子の原理の発見から鋏の誕生に至る過程を推理し、日本鋏の特異な歴史的位置を明らかにするとともに、刀鍛冶等から転進した鋏職人たちの創意と苦闘の跡をたどる。四六判396頁・'79

34 廣瀬鎮
猿
嫌悪と愛玩、軽蔑と畏敬の交錯する日本人とサルとの関わりあいの歴史を、狩猟伝承や祭祀・風習、美術・工芸や芸能のなかに探り、日本人の動物観を浮彫りにする。四六判292頁・'79

35 矢野憲一
鮫
神話の時代から今日まで、津々浦々につたわるサメの伝承とサメをめぐる海の民俗を集成し、神饌、食用、薬用等に活用されてきたサメと人間のかかわりの変遷を描く。四六判292頁・'79

36 小泉袈裟勝
枡
米の経済の枢要をなす器として千年余にわたり日本人の生活の中に生きてきた枡の変遷をたどり、記録・伝承をもとにこの独特な計量器が果たした役割を再検討する。四六判322頁・'80

37 田中信清
経木
食品の包装材料として近年まで身近に存在した経木の起源を、こけら経や塔婆、木簡、屋根板等に遡って明らかにし、その製造・流通に携った人々の労苦の足跡を辿る。四六判288頁・'80

38 前田雨城
色　染と色彩
わが国古代の染色技術の復元と文献解読をもとに日本色彩史を体系づけ、赤・白・青・黒等におけるわが国独自の色彩感覚を探りつつ日本文化における色の構造を解明。四六判320頁・'80

39　吉野裕子
狐　陰陽五行と稲荷信仰
その伝承と文献を渉猟しつつ、中国古代哲学＝陰陽五行の原理の応用という独自の視点から、謎とされてきた稲荷信仰と狐との密接な結びつきを明快に解き明かす。　四六判２３２頁・'80

40-I　増川宏一
賭博I
時代、地域、階層を超えて連綿と行なわれてきた賭博。——その起源を古代の神判、スポーツ、遊戯等の中に探り、抑圧と許容の歴史を物語る。全III分冊の〈総説篇〉。　四六判２９８頁・'80

40-II　増川宏一
賭博II
古代インド文学の世界からラスベガスまで、賭博の形態・用具・方法の時代的特質を明らかにし、夥しい禁令に賭博の不滅のエネルギーを見る。全III分冊の〈外国篇〉。　四六判４５６頁・'82

40-III　増川宏一
賭博III
聞香、闘茶、笠附等、わが国独特の賭博を中心にその具体例を網羅し、方法の変遷に賭博の時代性を探りつつ禁令の改廃に時代の賭博観を追う。全III分冊の〈日本篇〉。　四六判３８８頁・'83

41-I　むしゃこうじ・みのる
地方仏I
古代から中世にかけて全国各地で作られた無銘の仏像を訪ね、素朴で多様なノミの跡に民衆の祈りと地域の願望を探る。宗教の伝播、文化の創造を考える異色の紀行。　四六判２５６頁・'80

41-II　むしゃこうじ・みのる
地方仏II
紀州や飛騨を中心に草の根の仏たちを訪ねて、その相好と像容の魅力を探り、技法を比較考証して仏像彫刻史に位置づけつつ、中世地域社会の形成と信仰の実態に迫る。　四六判２６０頁・'97

42　岡田芳朗
南部絵暦
田山・盛岡地方で「盲暦」として古くから親しまれてきた独得の絵解き暦を詳しく紹介しつつその全体像を復元する。その無類の生活暦は、南部農民の哀歓をつたえる。　四六判２８８頁・'80

43　青葉高
野菜　在来品種の系譜
蕪、大根、茄子等の日本在来野菜をめぐって、その渡来・伝播経路、品種分布と栽培のいきさつを各地の伝承や古記録をもとに辿り、畑作文化の源流とその風土を描く。　四六判３６８頁・'81

44　中沢厚
つぶて
弥生投弾、古代・中世の石戦と印地の様相、投石具の発達を展望しつつ、願かけの小石、正月つぶて、石こづみ等の習俗を辿り、石塊に託した民衆の願いや怒りを探る。　四六判３３８頁・'81

45　山田幸一
壁
弥生時代から明治期に至るわが国の壁の変遷を壁塗＝左官工事の側面から辿り直し、その技術的復元・考証を通じて建築史・文化史における壁の役割を浮き彫りにする。　四六判２９６頁・'81

46 小泉和子
簞笥（たんす）
★第II回江馬賞受賞
近世における簞笥の出現＝箱から抽斗への転換に着目し、以降近現代に至るその変遷を社会・経済・技術の側面からあとづける。著者自身による簞笥製作の記録を付す。 四六判３７８頁・'82

47 松山利夫
木の実
山村の重要な食糧資源であった木の実をめぐる各地の記録・伝承を集成し、その採集・加工における幾多の試みを実地に検証しつつ、稲作農耕以前の食生活文化を復元。 四六判３８４頁・'82

48 小泉袈裟勝
秤（はかり）
秤の起源を東西に探るとともに、わが国律令制下における中国制度の導入、近世商品経済の発展に伴う秤座の出現、明治期近代化政策による洋式秤受容等の経緯を描く。 四六判３２６頁・'82

49 山口健児
鶏（にわとり）
神話・伝説をはじめ遠い歴史の中の鶏を古今東西の伝承・文献に探り、特に我国の信仰・絵画・文学等に遺された鶏の足跡を追って、鶏をめぐる民俗の記憶を蘇らせる。 四六判３４６頁・'83

50 深津正
燈用植物
人類が燈火を得るために用いてきた多種多様な植物との出会いと個々の植物の来歴、特性及びはたらきを詳しく検証しつつ「あかり」の原点を問いなおす異色の植物誌。 四六判４４２頁・'83

51 吉川金次
斧・鑿・鉋（おの・のみ・かんな）
古墳出土品や文献・絵画をもとに、古代から現代までの斧・鑿・鉋を復元・実験し、労働体験によって生まれた民衆の知恵と道具の変遷を蘇らせる異色の日本木工具史。 四六判３０４頁・'84

52 額田巌
垣根
大和・山辺の道に神々と垣との関わりを探り、各地に垣の伝承を訪ねて、寺院の垣、民家の垣、露地の垣など、風土と生活に培われた生垣の独特のはたらきと美を描く。 四六判２３４頁・'84

53-I 四手井綱英
森林I
森林生態学の立場から、森林のなりたちとその生活史を辿りつつ、産業の発展と消費社会の拡大により刻々と変貌する森林の現状を語り、未来への再生のみちをさぐる。 四六判３０６頁・'85

53-II 四手井綱英
森林II
森林と人間との多様なかかわりを包括的に語り、人と自然が共生するための森や里山をいかにして創出するか、森林再生への具体的な方策を提示する21世紀への提言。 四六判３０８頁・'98

53-III 四手井綱英
森林III
地球規模で進行しつつある森林破壊の現状を実地に踏査し、森と人が共存する日本人の伝統的自然観を未来へ伝えるために、いま何が必要なのかを具体的に提言する。 四六判３０４頁・'00

54 酒向昇
海老（えび）
人類との出会いからエビの科学、漁法、さらには調理法を語り、めでたい姿態と色彩にまつわる多彩なエビの民俗を、地名や人名、詩歌・文学、絵画や芸能の中に探る。四六判428頁 '85

55-Ⅰ 宮崎清
藁（わら）Ⅰ
稲作農耕とともに二千年余の歴史をもち、日本人の全生活領域に生きてきた藁の文化を日本文化の原型として捉え、風土に根ざしたそのゆたかな遺産を詳細に検討する。四六判400頁 '85

55-Ⅱ 宮崎清
藁（わら）Ⅱ
床・畳から壁・屋根にいたる住居における藁の製作・使用のメカニズムを明らかにし、日本人の生活空間における藁の役割を見なおすとともに、藁の文化の復権を説く。四六判400頁 '85

56 松井魁
鮎
清楚な姿態と独特な味覚によって、日本人の目と舌を魅了しつづけてきたアユ――その形態と分布、生態、漁法等を詳述し、古今のアユ料理や文芸にみるアユにおよぶ。四六判296頁 '86

57 額田巌
ひも
物と物、人と物とを結びつける不思議な力を秘めた「ひも」の謎を追って、民俗学的視点から多角的なアプローチを試みる。『結び』、『包み』につづく三部作の完結篇。四六判250頁 '86

58 北垣聰一郎
石垣普請
近世石垣の技術者集団「穴太」の足跡を辿り、各地城郭の石垣遺構の実地調査と資料・文献をもとに石垣普請の歴史的系譜を復元しつつ石工たちの技術伝承を集成する。四六判438頁 '87

59 増川宏一
碁
その起源を古代の盤上遊戯に探ると共に、定着以来二千年の歴史を時代の状況や遊び手の社会環境との関わりにおいて跡づける。逸話や伝説を排して綴る初の囲碁全史。四六判366頁 '87

60 南波松太郎
日和山（ひよりやま）
千石船の時代、航海の安全のために観天望気した日和山――多くは忘れられ、あるいは失われた船舶・航海史の貴重な遺跡を追って、全国津々浦々におよんだ調査紀行。四六判382頁 '88

61 三輪茂雄
篩（ふるい）
臼とともに人類の生産活動に不可欠な道具であった篩、箕（み）、笊（ざる）の多彩な変遷を豊富な図解入りでたどり、現代技術の先端に再生するまでの歩みをえがく。四六判334頁 '89

62 矢野憲一
鮑（あわび）
縄文時代以来、貝肉の美味と貝殻の美しさによって日本人を魅了し続けてきたアワビ――その生態と養殖、神饌としての歴史、漁法、螺鈿の技法からアワビ料理に及ぶ。四六判344頁 '89

63 むしゃこうじ・みのる

絵師

日本古代の渡来画工から江戸前期の菱川師宣まで、時代の代表的絵師の列伝で辿る絵画制作の文化史。前近代社会における絵画の意味や芸術創造の社会的条件を考える。　四六判２３０頁・'90

64 碓井益雄

蛙（かえる）

動物学の立場からその特異な生態を描き出すとともに、和漢洋の文献資料を駆使して故事・習俗・神事・民話・文芸・美術工芸にわたる蛙の多彩な活躍ぶりを活写する。　四六判３８２頁・'89

65-I 竹内淳子

藍（あい）I　風土が生んだ色

全国各地の〈藍の里〉を訪ねて、藍栽培から染色・加工のすべてにわたり、藍とともに生きた人々の伝承を克明に描き、風土と人間が生んだ〈日本の色〉の秘密を探る。　四六判４１６頁・'91

65-II 竹内淳子

藍（あい）II　暮らしが育てた色

日本の風土に生まれ、伝統に育てられた藍が、今なお暮らしの中で生き生きと活躍しているさまを、手わざに生きる人々との出会いを通じて描く。藍の里紀行の続篇。　四六判４０６頁・'99

66 小山田了三

橋

丸木橋・舟橋・吊橋から板橋・アーチ型石橋まで、人々に親しまれてきた各地の橋を訪ねて、その来歴と築橋の技術伝承を辿り、土木文化の伝播・交流の足跡をえがく。　四六判３１２頁・'91

67 宮内悊　★平成三年度日本技術史学会賞受賞

箱

日本の伝統的な箱（櫃）と西欧のチェストを比較文化史の視点から考察し、居住・収納・運搬・装飾の各分野における箱の重要な役割とその多彩な文化を浮彫りにする。　四六判３９０頁・'91

68-I 伊藤智夫

絹I

養蚕の起源を神話や説話に探り、伝来の時期とルートを跡づけ、記紀・万葉の時代から近世に至るまで、それぞれの時代・社会・階層が生み出した絹の文化を描き出す。　四六判３０４頁・'92

68-II 伊藤智夫

絹II

生糸と絹織物の生産と輸出が、わが国の近代化にはたした役割を描くと共に、養蚕の道具、信仰や庶民生活にわたる養蚕と絹の民俗、さらには蚕の種類と生態におよぶ。　四六判２９４頁・'92

69 鈴木克美

鯛（たい）

古来「魚の王」とされてきた鯛をめぐって、その生態・味覚から漁法、祭り、工芸、文芸にわたる多彩な伝承文化を語りつつ、鯛と日本人とのかかわりの原点をさぐる。　四六判４１８頁・'92

70 増川宏一

さいころ

古代神話の世界から近現代の博徒の動向まで、さいころの役割を各時代・社会に位置づけ、木の実や貝殻のさいころから投げ棒型や立方体のさいころへの変遷をたどる。　四六判３７４頁・'92

71 樋口清之
木炭
炭の起源から炭焼、流通、経済、文化にわたる木炭の歩みを歴史・考古・民俗の知見を総合して描き出し、独自で多彩な文化を育んできた木炭の尽きせぬ魅力を語る。 四六判296頁・'93

72 朝岡康二
鍋・釜（なべ・かま）
日本をはじめ韓国、中国、インドネシアなど東アジアの各地を歩きながら鍋・釜の製作と使用の現場に立ち会い、調理をめぐる庶民生活の変遷とその交流の足跡を探る。 四六判326頁・'93

73 田辺悟
海女（あま）
その漁の実際と社会組織、風習、信仰、民具などを克明に描くとともに海女の起源・分布・交流を探り、わが国漁撈文化の古層としての海女の生活と文化をあとづける。 四六判294頁・'93

74 刀禰勇太郎
蛸（たこ）
蛸をめぐる信仰や多彩な民間伝承を紹介するとともに、その生態・分布・捕獲法・繁殖と保護・調理法などを集成し、日本人と蛸との知られざるかかわりの歴史を探る。 四六判370頁・'94

75 岩井宏實
曲物（まげもの）
桶・樽出現以前から伝承され、古来最も簡便・重宝な木製容器として愛用された曲物の加工技術と機能・利用形態の変遷をさぐり、手づくりの「木の文化」を見なおす。 四六判318頁・'94

76-I 石井謙治
和船I
★第49回毎日出版文化賞受賞

江戸時代の海運を担った千石船（弁才船）について、その構造と技術、帆走性能を綿密に調査し、通説の誤りを正すとともに、海難と信仰、船絵馬等の考察にもおよぶ。 四六判436頁・'95

76-II 石井謙治
和船II
★第49回毎日出版文化賞受賞

造船史から見た著名な船を紹介し、遣唐使船や遣欧使節船、幕末の洋式船における外国技術の導入について論じつつ、船の名称と船型を海船・川船にわたって解説する。 四六判316頁・'95

77-I 金子功
反射炉I
日本初の佐賀鍋島藩の反射炉と精錬方＝理化学研究所、島津藩の反射炉と集成館＝近代工場群を軸に、日本の産業革命の時代における人と技術を現地に訪ねて発掘する。 四六判244頁・'95

77-II 金子功
反射炉II
伊豆韮山の反射炉をはじめ、全国各地の反射炉建設にかかわった有名無名の人々の足跡をたどり、開国か攘夷かに揺れる幕末の政治と社会の悲喜劇をも生き生きと描く。 四六判226頁・'95

78-I 竹内淳子
草木布（そうもくふ）I
風土に育まれた布を求めて全国各地を歩き、木綿普及以前に山野の草木を利用して豊かな衣生活文化を築き上げてきた庶民の知られざる知恵のかずかずを実地にさぐる。 四六判282頁・'95

78-II 竹内淳子
草木布（そうもくふ）II
アサ、クズ、シナ、コウゾ、カラムシ、フジなどの草木の繊維から、どのようにして糸を採り、布を織っていたのか――聞書きをもとに忘れられた技術と文化を発掘する。四六判282頁・'95

79-I 増川宏一
すごろくI
古代エジプトのセネト、ヨーロッパのバクギャモン、中近東のナルド、中国の双陸などの系譜に日本の盤雙六を位置づけ、遊戯・賭博としてのその数奇なる運命を辿る。四六判312頁・'95

79-II 増川宏一
すごろくII
ヨーロッパの鵞鳥のゲームから日本中世の浄土双六、近世の華麗な絵双六、さらには近現代の少年誌の附録まで、絵双六の変遷を追って時代の社会・文化を読みとる。四六判390頁・'95

80 安達巖
パン
古代オリエントに起ったパン食文化が中国・朝鮮を経て弥生時代の日本に伝えられたことを史料と伝承をもとに解明し、わが国パン食文化二〇〇〇年の足跡を描き出す。四六判260頁・'96

81 矢野憲一
枕（まくら）
神さまの枕・大嘗祭の枕から枕絵の世界まで、人生の三分の一を共に過す枕をめぐって、その材質の変遷を辿り、伝説と怪談、俗信と民俗、エピソードを興味深く語る。四六判252頁・'96

82-I 石村真一
桶・樽（おけ・たる）I
日本、中国、朝鮮、ヨーロッパにわたる厖大な資料を集成してその豊かな文化の系譜を探り、東西の木工技術史を比較しつつ世界史的視野から桶・樽の文化を描き出す。四六判388頁・'97

82-II 石村真一
桶・樽（おけ・たる）II
多数の調査資料と絵画・民俗資料をもとにその製作技術を復元し、東西の木工技術を比較考証しつつ、技術文化史の視点から桶・樽製作の実態とその変遷を跡づける。四六判372頁・'97

82-III 石村真一
桶・樽（おけ・たる）III
樹木と人間とのかかわり、製作者と消費者とのかかわりを通じて桶樽と生活文化の変遷を考察し、木材資源の有効利用という視点から桶樽の文化史的役割を浮彫にする。四六判352頁・'97

83-I 白井祥平
貝I
世界各地の現地調査と文献資料を駆使して、古来至高の財宝とされてきた宝貝のルーツとその変遷を探り、貝と人間とのかかわりの歴史を「貝貨」の文化史として描く。四六判386頁・'97

83-II 白井祥平
貝II
サザエ、アワビ、イモガイなど古来人類とかかわりの深い貝をめぐって、その生態・分布・地方名、装身具や貝貨としての利用法などを豊富なエピソードを交えて語る。四六判328頁・'97

83-Ⅲ　白井祥平
貝Ⅲ
シンジュガイ、ハマグリ、アカガイ、シャコガイなどをめぐって世界各地の民族誌を渉猟し、それらが人類文化に残した足跡を辿る。参考文献一覧／総索引を付す。　四六判392頁・'97

84　有岡利幸
松茸（まつたけ）
秋の味覚として古来珍重されてきた松茸の由来を求めて、稲作文化と里山（松林）の生態系から説きおこし、日本人の伝統的生活文化の中に松茸流行の秘密をさぐる。　四六判296頁・'97

85　朝岡康二
野鍛冶（のかじ）
鉄製農具の製作・修理・再生を担ってきた農鍛冶の歴史的役割を探り、近代化の大波の中で変貌する職人技術の実態をアジア各地のフィールドワークを通して描き出す。　四六判280頁・'98

86　菅　洋
稲　品種改良の系譜
作物としての稲の誕生、稲の渡来と伝播の経緯から説きおこし、明治以降主として庄内地方の民間育種家の手によって飛躍的発展をとげたわが国品種改良の歩みを描く。　四六判332頁・'98

87　吉武利文
橘（たちばな）
永遠のかぐわしい果実として日本の神話・伝説に特別の位置を占めて語り継がれてきた橘をめぐって、その育まれた風土とかずかずの伝承の中に日本文化の特質を探る。　四六判286頁・'98

88　矢野憲一
杖（つえ）
神の依代としての杖や仏教の錫杖に杖と信仰とのかかわりを探り、人類が突きつつ歩んだその歴史と民俗を興味ぶかく語る。多彩な材質と用途を網羅した杖の博物誌。　四六判314頁・'98

89　渡部忠世／深澤小百合
もち（糯・餅）
モチイネの栽培・育種から食品加工、民俗、儀礼にわたってそのルーツと伝承の足跡をたどり、アジア稲作文化という広範な視野からこの特異な食文化の謎を解明する。　四六判330頁・'98

90　坂井健吉
さつまいも
その栽培の起源と伝播経路を跡づけるとともに、わが国伝来後四百年の経緯を詳細にたどり、世界に冠たる育種と栽培・利用法を築いた人々の知られざる足跡をえがく。　四六判328頁・'99

91　鈴木克美
珊瑚（さんご）
海岸の自然保護に重要な役割を果たす岩石サンゴから宝飾品として知られる宝石サンゴまで、人間生活と深くかかわってきたサンゴの多彩な姿を人類文化史として描く。　四六判370頁・'99

92-Ⅰ　有岡利幸
梅Ⅰ
万葉集、源氏物語、五山文学などの古典や天神信仰に表れた梅の足跡を克明に辿りつつ日本人の精神史に刻印された梅を浮彫にし、梅と日本人の二〇〇〇年史を描く。　四六判274頁・'99

92-II　有岡利幸
梅II
その植生と栽培、伝承、梅の名所や鑑賞法の変遷から戦前の国定教科書に表れた梅まで、梅と日本人との多彩なかかわりを探り、桜との対比において梅の文化史を描く。四六判３３８頁・'99

93　福井貞子
木綿口伝（もめんくでん）第2版
老女たちからの聞書を経糸とし、厖大な遺品・資料を緯糸として、母から娘へと幾代にも伝えられた手づくりの木綿文化を掘り起し、近代の木綿の盛衰を描く。増補版　四六判３３６頁・'00

94　増川宏一
合せもの
「合せる」には古来、一致させるの他に、競う、闘う、比べる等の意味があった。貝合せや絵合せ等の遊戯・賭博を中心に、広範な人間の営みを「合せる」行為に辿る。四六判３００頁・'00

95　福井貞子
野良着（のらぎ）
明治初期から昭和四〇年までの野良着を収集・分類・整理し、それらの用途と年代、形態、材質、重量、呼称などを精査して、働く庶民の創意にみちた生活史を描く。四六判２９２頁・'00

96　山内昶
食具（しょくぐ）
東西の食文化に関する資料を渉猟し、食法の違いを人間の自然に対するかかわり方の違いとして捉えつつ、食具を人間と自然をつなぐ基本的な媒介物として位置づける。四六判２９０頁・'00

97　宮下章
鰹節（かつおぶし）
黒潮からの贈り物・カツオの漁法から鰹節の製法や食法、商品としての流通までを歴史的に展望するとともに、沖縄やモルジブ諸島の調査をもとにそのルーツを探る。四六判３８２頁・'00

98　出口晶子
丸木舟（まるきぶね）
先史時代から現代の高度文明社会まで、もっとも長期にわたり使われてきた刳り舟に焦点を当て、その技術伝承を辿りつつ、森や水辺の文化の広がりと動態をえがく。四六判３２４頁・'01

99　有岡利幸
梅干（うめぼし）
日本人の食生活に不可欠の自然食品・梅干をつくりだした先人たちの知恵に学ぶとともに、健康増進に驚くべき薬効を発揮する、その知られざるパワーの秘密を探る。四六判３００頁・'01

100　森郁夫
瓦（かわら）
仏教文化と共に中国・朝鮮から伝来し、一四〇〇年にわたり日本の建築を飾ってきた瓦をめぐって、発掘資料をもとにその製造技術、形態、文様などの変遷をたどる。四六判３２０頁・'01

101　長澤武
植物民俗
衣食住から子供の遊びまで、幾世代にも伝承された植物をめぐる暮らしの知恵を克明に記録し、高度経済成長期以前の農山村の豊かな生活文化を愛惜をこめて描き出す。四六判３４８頁・'01

102 箸（はし） 向井由紀子／橋本慶子
そのルーツを中国、朝鮮半島に探るとともに、日本人の食生活に不可欠の食具となり、日本文化のシンボルとされるまでに洗練された箸の文化の変遷を総合的に描く。四六判334頁・'01

103 採集 ブナ林の恵み 赤羽正春
縄文時代から今日に至る採集・狩猟民の暮らしを復元し、動物の生態系と採集生活の関連を明らかにしつつ、民俗学と考古学の両面から山に生かされた人々の姿を描く。四六判298頁・'01

104 下駄 神のはきもの 秋田裕毅
古墳や井戸等から出土する下駄に着目し、下駄が地上と地下の他界を結ぶ聖なるはきものであったという大胆な仮説を提出、日本の神々の忘れられた側面を浮彫にする。四六判304頁・'02

105 絣（かすり） 福井貞子
膨大な絣遺品を収集・分類し、絣産地を実地に調査して絣の技法と文様の変遷を地域別・時代別に跡づけ、明治・大正・昭和の手づくりの染織文化の盛衰を描き出す。四六判310頁・'02

106 網（あみ） 田辺悟
漁網を中心に、網に関する基本資料を網羅して網の変遷と網をめぐる民俗を体系的に描き出し、網の文化を集成する。「網に関する小事典」「網のある博物館」を付す。四六判316頁・'02

107 蜘蛛（くも） 斎藤慎一郎
「土蜘蛛」の呼称で畏怖される一方「クモ合戦」など子供の遊びとしても親しまれてきたクモと人間との長い交渉の歴史をその深層に遡って追究した異色のクモ文化論。四六判320頁・'02

108 襖（ふすま） むしゃこうじ・みのる
襖の起源と変遷を建築史・絵画史の中に探りつつその用と美を浮彫にし、衝立・障子・屏風等と共に日本建築の空間構成に不可欠の建具となるまでの経緯を描き出す。四六判270頁・'02

109 漁撈伝承（ぎょろうでんしょう） 川島秀一
漁師たちからの聞き書きをもとに、寄り物、船霊、大漁旗など、漁撈にまつわる〈もの〉の伝承を集成し、海の道によって運ばれた習俗や信仰の民俗地図を描き出す。四六判334頁・'03

110 チェス 増川宏一
世界中に数億人の愛好者を持つチェスの起源と文化を、欧米における膨大な研究の蓄積を渉猟しつつ探り、日本への伝来の経緯から美術工芸品としてのチェスにおよぶ。四六判298頁・'03

111 海苔（のり） 宮下章
海苔の歴史は厳しい自然とのたたかいの歴史だった——採取から養殖、加工、流通、消費に至る先人たちの苦難の歩みを史料と実地調査によって浮彫にする食物文化史。四六判　頁・'03

112 原田多加司

屋根　檜皮葺と柿葺

屋根葺師一〇代の著者が、自らの体験と職人の本懐を語り、連綿として受け継がれてきた伝統の手わざを体系的にたどりつつ伝統技術の保存と継承の必要性を訴える。　四六判340頁・'03

113 鈴木克美

水族館

初期水族館の歩みを創始者たちの足跡を通して辿りなおし、水族館をめぐる社会の発展と風俗の変遷を描き出すとともにその未来像をさぐる初の〈日本水族館史〉の試み。　四六判290頁・'03

114 朝岡康二

古着（ふるぎ）

仕立てと着方、管理と保存、再生と再利用等にわたり衣生活の変容を近代の日常生活の変化として捉え直し、衣服をめぐるリサイクル文化が形成される経緯を描き出す。　四六判292頁・'03

115 今井敬潤

柿渋（かきしぶ）

染料・塗料をはじめ生活百般の必需品であった柿渋の伝承を記録し、文献資料をもとにその製造技術と利用の実態を明らかにして、忘れられた豊かな生活技術を見直す。　四六判294頁・'03

116-I 武部健一

道I

道の歴史を先史時代から説き起こし、古代律令制国家の要請によって駅路が設けられ、しだいに幹線道路として整えられてゆく経緯を技術史・社会史の両面からえがく。　四六判248頁・'03

116-II 武部健一

道II

中世の鎌倉街道、近世の五街道、近代の開拓道路から現代の高速道路網までを通観し、道路を拓いた人々の手によって今日の交通ネットワークが形成された歴史を語る。　四六判280頁・'03

117 狩野敏次

かまど

日常の煮炊きの道具であるとともに祭りと信仰に重要な位置を占めてきたカマドをめぐる忘れられた伝承を掘り起こし、民俗空間の壮大なコスモロジーを浮彫りにする。　四六判292頁・'04

118-I 有岡利幸

里山I

縄文時代から近世までの里山の変遷を人々の暮らしと植生の変化の両面から跡づけ、その源流を記紀万葉に描かれた里山の景観や大和・三輪山の古記録・伝承等に探る。　四六判276頁・'04

118-II 有岡利幸

里山II

明治の地租改正による山林の混乱、相次ぐ戦争による山野の荒廃、エネルギー革命、高度成長による大規模開発など、近代化の荒波に翻弄される里山の見直しを説く。　四六判274頁・'04

119 菅　洋

有用植物